THE EXPERIMENTS OF DIGITAL CIRCUITS

디지털 회로실험

홍성민, 김용성, 소용철
손진근, 조명현 공저

동일출판사

머 리 말

본서는 저자들이 디지털 회로 설계에 관한 교육과 실무를 여러 해 동안 수행하여 오면서 느낀 내용을 반영하고자 집필하였던 이론 교육서인 디지털 공학에 이어 실험을 위한 교재로 집필하였다.

디지털 공학은 매우 논리적인 학문 분야이므로 이론에서의 논리적 흐름을 그대로 실험으로 확인할 수 있다. 디지털 공학을 배우는 학생들에게 있어서 가장 중요한 점은 개념이며, 흐름이고 이것을 완성하는 것은 실제 회로를 설계하고, 구성하는 실험이 될 것이다.

특히 본 서는 이론서인 디지털 공학을 뒷받침하는 실험서이므로 이론에 연계된 실험으로 디지털 공학의 기초 부분을 완전히 정복할 수 있다. 또, 디지털 공학에서 소개한 각종 IC 소자들을 게이트 회로로 구성 실험하여 내부 논리를 이해하게 하고, MSI 급의 IC를 이용한 회로 설계를 많이 다루어 실제 응용에 적용하기 쉽게 하였다.

본 서의 내용은 다음과 같다.

1. 디지털 회로 실험의 준비

0장 (디지털 회로 실험 준비) 디지털 회로 실험을 진행하기 위하여 필요한 장비와 없을 경우의 대체 장비 및 입력과 출력을 대체하기 위한 회로를 소개하며, 실험에 관련된 본 서의 표현 방법과 예비 및 결과 보고서에 대하여 설명한다.

2. 디지털 회로의 게이트(1~3장)

1장 (논리 게이트 NOT/AND/OR) 디지털 회로 실험의 가장 기초가 되는 기본 논리 게이트 NOT, AND, OR의 IC를 이용하여 회로를 구성하고 실험한다.
2장 (논리 게이트 NAND/NOR) 디지털 회로에서 많이 사용하는 만능의 게이트 NAND와 NOR 게이트 IC를 이용하여 실험을 수행한다.

3장 (응용 논리 게이트 XOR/Ex-NOR/A-O-I) 기본 논리 연산으로 불 대수에서 정의되지 않았으나 편리하여 많이 사용되는 XOR, Ex-NOR 게이트와 A-O-I 게이트 IC를 다룬다.

3. 조합 논리 회로의 설계 및 실험(4~9장)

4장 (조합 논리 회로 - 코드 변환기) 디지털 회로 중 조합 논리 회로의 설계를 본격적으로 접근하는 단계인 코드 변환기에 대하여 그 설계 방법과 설계된 회로를 구성하고 실험하는 과정을 다룬다.

5장 (조합 논리 회로 - 연산 회로) 조합 논리 회로 중 가산기와 감산기의 연산 회로를 게이트 레벨에서 설계하고 실험한다. 또, n비트 병렬 연산을 위한 확장의 개념을 실험을 통하여 이해한다.

6장 (조합 논리 회로 - MSI 연산 회로) 5장에서 이해한 게이트 레벨의 연산 회로를 4비트 또는 8비트의 병렬 연산으로 확장하여 실험한다. 실험에는 MSI 급의 IC로 제공되는 4비트 가산기를 사용하여 2진 연산, 10진 연산을 실험하며, 4비트 ALU에 대하여도 실험을 통하여 그 기능과 구성을 이해한다.

7장 (조합 논리 회로 - 비교기/인코더) 조합 논리 회로로 설계되어 있는 회로 모듈들 중 많이 사용되는 비교기와 인코더에 대하여 실험을 하여 이해한다.

8장 (조합 논리 회로 - 디코더) 조합 논리 회로로 설계되어 사용되는 회로 모듈 중에서도 특히 디코더는 중요한 회로로 많이 쓰이는 회로이며, MSI급 IC로도 매우 중요한 회로이므로 이에 대하여도 그 내부 논리와 사용 방법을 실험을 통하여 이해한다. **9장 (조합 논리 회로 - 멀티플렉서/디멀티플렉서)** 조합 논리 회로의 마지막으로 멀티플렉서와 디멀티플렉서 회로의 설계와 구성을 실험을 통하여 이해하며, MSI급 IC의 구성과 사용 방법을 실험한다.

4. 순서 논리 회로(10~13장)

10장 (플립플롭) 플립플롭의 기본 게이트 회로에 대하여 그 구성과 동작을 실험을 통하여 확인하고, 각 플립플롭 IC를 사용한 여러 가지 기능 및 구성을 실험한다.

11장 (카운터) 순서 논리 회로의 한 형태인 카운터를 플립플롭을 이용하여 설계하는 단계와 MSI 카운터 IC로 제공되는 소자들의 구성과 동작 사용법 등을 실험을 통하여 이해한다.

12장 (레지스터) 여러 형태의 레지스터들의 구조를 플립플롭을 이용하여 설계하고 실험하여 이해한 후 MSI 레지스터 IC를 이용한 실험으로 그 구성과 동작, 사용 방법을 이해한다.

13장 (순서 논리 회로) 순서 논리 회로의 설계 과정을 이해하고, 구성된 순서 논리 회로의 실험 및 분석을 수행하며, 직렬 반복 회로로 구성되는 순서 논리 회로를 실험을 통하여 이해한다.

본문의 구성은 먼저 실험의 목적을 기술하고, 실험에 사용되는 기기 및 부품을 정리하였으며, 실험에 들어가기 전에 알아야 할 개념을 간단하게 설명하고, 실험의 작업을 지시하는 부분은 별도의 순서로 마련하였다. 실험에 사용되는 각종 IC들의 소개와 핀 배치도의 그림은 최초로 소개되는 곳에 삽입하였으며, 추후에 다시 사용될 때 찾기 어려운 점을 감안하여 부록에도 별도로 TTL IC 전체의 핀 배치도를 수록하였다.

각 장의 실험 부분에는 매실험마다 기록하여야 할 내용들에 대한 각종 표 등의 양식을 마련하였으며, 각 장의 끝에는 실험에 관련하여 예비 보고서와 결과 보고서 양식을 별도로 수록하여 제출할 수 있도록 하였다.

본 서는 전자공학, 전기공학, 전자계산학 등을 전공하는 학생들에게 초점을 맞추어 시간적으로나 디지털 회로 실험의 내용 등에서 다루기 어려운 부분과 컴퓨터 관련 부분은 포함시키지 않았으며, 각 학과의 특성에 따라 조금씩 가감이 가능할 것이다. 또한 컴퓨터공학, 전자통신공학, 정보통신공학, 전자계산기공학, 제어계측공학, 전자재료공학 등 전자공학 관련 학과에서의 실험 교재로도 충분한 참고가 되리라 생각한다.

실험 시간은 4시간 한 학기 또는 2시간 두 학기가 적당하리라 생각되지만, 담당 교수님들의 재량에 따라서는 2시간 한 학기에서부터 3시간 두 학기까지 조절이 가능할 것이다.

끝으로, 저자 나름대로 최선을 다한다고 하였지만 오류가 있으리라 생각되며, 이 점 독자들께 양해를 구한다. 또, 본 서가 출판되기까지 애써 주신 동일출판사 이윤희 사장님과 편집에 힘써 주신 분들께 감사 드리고, 저술하는 동안 많은 이해를 하여 준 가족들에게도 감사드리며, 디지털 회로를 공부하는 학생들에게 미력하나마 도움이 되기를 간절히 바라는 바이다.

저자 씀

차 례

4 조합 논리 회로(코드 변환기)

5 조합 논리 회로(연산 회로)

6 조합 논리 회로(MSI 연산 회로)

7 조합 논리 회로(비교기/인코더)

8 조합 논리 회로(디코더)

9 조합 논리 회로(MUX/DEMUX)

10 플립플롭

11 카운터

12 레지스터

13 순서 논리 회로

부록 TTL Logic IC 핀배치도

디지털 회로 실험 준비

본 장은 디지털 회로 실험을 위한 준비로 본 서의 실험에 쓰이는 장비 등 실험 기기와 소모품의 표현을 설명하며, 본 서를 이용한 실험 진행상의 표현과 보고서 양식 등에 관하여 설명한다.

실험 기기

본 서에서는 디지털 회로 실험을 진행하기 위한 실험 기기로 논리 회로 실험 장치(Logic Lab Unit)를 기본으로 사용한다. 따라서 논리 회로 실험 장치가 있는 경우에는 그것을 사용하면 되고, 그렇지 않은 경우에는 대체할 수 있는 기기가 있어야만 한다. 논리 회로 실험 장치의 기본 구성과 이를 대체하기 위한 장비는 다음과 같다.

논리 회로 실험 장치가 있는 경우

논리 회로 실험 장치의 기본 구성은 다음과 같아야 한다.

1. 전원(DC +5 V, GND)
2. 브레드 보드(bread board)
3. 입력용 스위치(논리 0과 1을 선택적으로 발생) 5개 이상
4. 출력용 LED 5개 이상(8개 권장)
5. 클록 신호(1 Hz, 10 Hz, 기타)

논리 회로 실험 장치가 없는 경우

논리 회로 실험 장치를 보유하고 있지 않은 실험실에서는 다음과 같은 장비와 간단한 회로의 구성으로 논리 회로 실험 장치를 대체하여 실험을 진행할 수 있다.

1. 직류 전원 공급기 (DC +5 V)

2. 브레드 보드 (bread board)

3. 입력용 스위치

입력용 스위치라 함은 디지털 회로의 입력(논리 0 또는 논리 1) 신호를 발생시키기 위한 것으로, 슬라이드 스위치 또는 토글 스위치로 그림 1과 같은 회로를 구성한다. 스위치가 없는 경우에는 스위치 대신에 점퍼선과 저항을 이용하여 풀-업(논리 1), 또는 풀-다운(논리 0)하여도 가능하다. 물론 그림 1의 스위치 회로는 가장 간단한 형태의 것으로 채터링 등의 문제가 있으므로 그 점을 감안하여야 할 것이다.

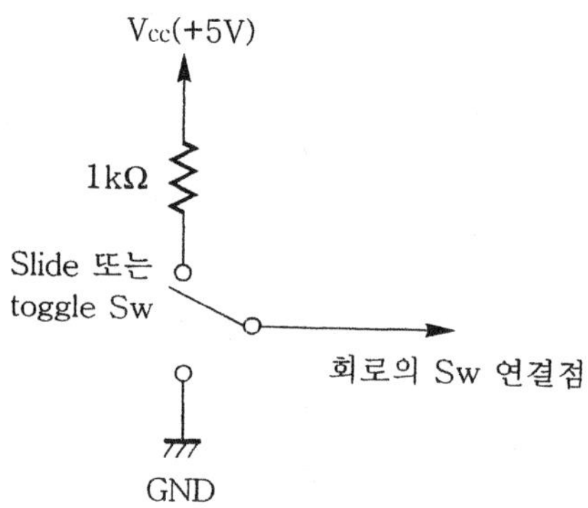

그림 1 입력 스위치 회로를 직접 구성할 경우의 회로

4. 출력용 LED

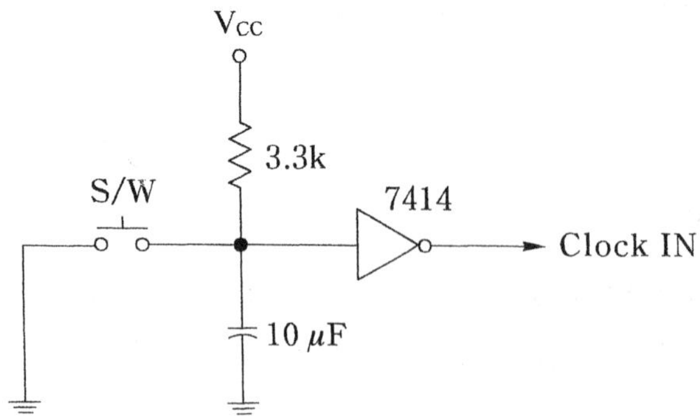

그림 2 클럭발생회로

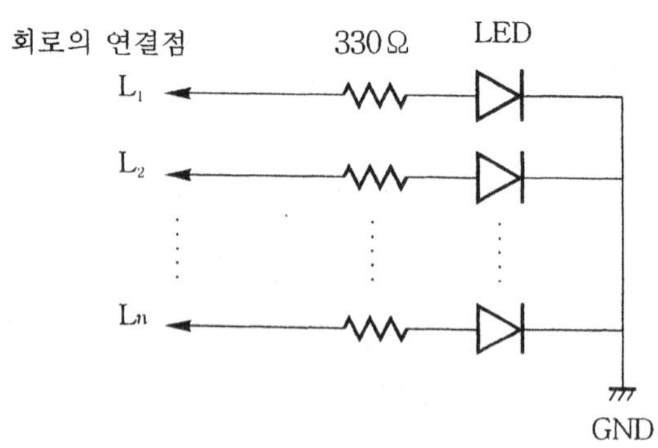

그림 3 출력 LED 회로를 직접 구성할 경우의 회로

출력용 LED라 함은 디지털 회로의 출력 신호를 관찰하기 위한 것으로, 여러 개의 LED가 필요하므로 캐소드-공통(common-cathode) 타입으로 연결하여 논리 1의 출력에서 LED가 온(ON) 상태가 되도록 그림 2와 같이 구성하여 LED의 애노드(anode) 단자를 회로의 출력에 연결하여 사용한다.

5. 함수 발생기 또는 신호 발생기 (구형파 1 Hz, 10 Hz, 기타)

본 서에서의 표현

본 서의 디지털 회로 실험을 진행하기 위한 각 장의 작업 지시서에는 표현을 간략하게 하기 위하여 통상적인 스위치 입력과 LED 출력의 회로는 별도로 표시하지 않으며, 입력은 Sw_1, Sw_2, ...로, 출력은 L_1, L_2, ...로 표기한다. 이는 입력 A, B를 각각 스위치에 연결하라는 의미이며, 출력 Y를 LED에 연결하라는 의미이다. 스위치와 LED는 앞의 논리 회로 실험 장치 또는 대체 장치에서 구성된 것을 의미한다.

실험 회로상에서 게이트 또는 논리 기호 위에 표기된 번호는 IC의 핀 번호를 나타낸다. 대부분 TTL IC를 사용하며 MSI 급의 IC는 7474, 7476 등으로 표기하고, 게이트 IC들은 00, 02, ... 등으로 표기하지만 7400, 7402, ... 등을 의미한다. 또, 각 논리 기호의 입출력 신호선에 표기된 번호는 각 IC의 핀 번호를 의미하며, 점퍼선으로 연결하는 곳을 나타낸다.

실험에 사용하는 TTL IC의 회로의 타입, 즉 S, LS, ALS, ... 등은 별도로 표기하지 않고 74XX, 또는 XX만으로 표기하며, TTL 타입이라면 어느것을 사용하여도 실험에는 지장이 없다.

각 장에서는 실험에 필요한 IC에 대한 핀 배치도를 그림으로 보여 주며 필요한 경우 약간의 설명을 하지만, 부록에 전체적으로 TTL IC에 대한 핀 배치도를 실어 실험에 도움이 되도록 하였다. 참고로 본 서에서 실험에 사용할 IC의 표기법을 다음의 참고 박스에 나타낸다.

IC 표기법

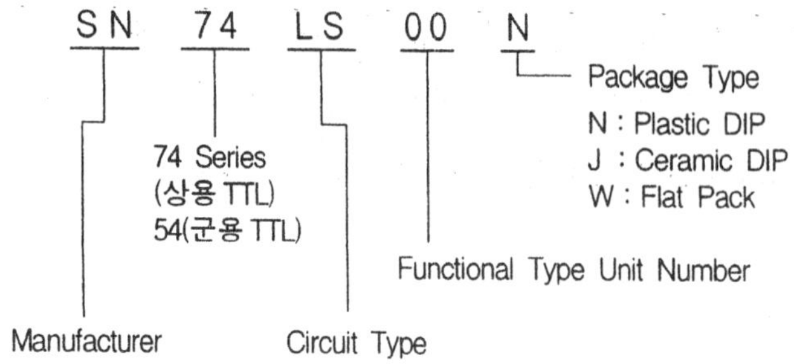

Manufacturer	
SN	: Texas Instrument
MC	: Motorola
DM	: National Semiconductor
IM	: Intersil
N	: Signetics
MM	: Monolithic Memories
P	: Intel
H	: Harries
F	: Fairchild
AM	: Advanced Micro Devices
CD	: RCA
HD	: Hitach
DN/MN	: Matsushita
M	: Mitsubishi
MB	: Fujitsu
TC	: Toshiba
HY	: Hyundai
GD	: GoldStar
K-	: Samsung

Circuit Type	
	: standard
S	: high speed Schottky
L	: Low power
LS	: Low power Schottky
H	: High power
F	: Fast
HC	: High speed CMOS(CMOS compatible)
HCT	: High speed CMOS TTL(LSTTL compatible)
AC	: Advanced
AS	: Advanced Schottky
ALS	: Advanced Low power Schottky

실험 결과의 기록과 보고서

편의를 위하여 각 장마다 끝부분에 실험 보고서 양식을 준비하였으며, 실험을 위한 준비 사항을 예비 보고서에, 실험 결과 및 검토 사항을 결과 보고서에 기록한다. 보고서는 절취하여 제출할 수 있도록 절취선을 인쇄하였으며, 보고서의 제출로 실험 후에 결과가 남지 않는 것을 방지하기 위하여 본문의 실험 부분에 보고서로 정리하여 제출할 내용을 실험과 동시에 기록할 수 있도록 별도의 양식을 마련하였다.

따라서 본문 중의 완성되지 않은 표와 그림 등은 실험 과정에서 완성시킨 후 보고서를 정리하여 제출하는 것이 좋을 것이다.

1 CHAPTER 논리 게이트 NOT/AND/OR

1-1 목 적

1. 논리 회로 실험 장치와 논리 게이트 IC의 사용을 익힌다.
2. 디지털 논리 회로의 표현과 실제 회로의 구현을 이해한다.
3. NOT/AND/OR 논리 게이트가 각 연산의 진리표와 같이 동작함을 확인한다.
4. AND/OR 연산의 다중 입력 확장에 대하여 이해한다.

1-2 사용 기기 및 부품

기기	논리 회로 실험 장치(또는 대체 장비)
부품	IC 7404 (hex inverters) 1개 IC 7408 (quad 2-input AND gates) 1개 IC 7432 (quad 2-input OR gates) 1개 점퍼선 약간

1-3 개 념

(1) NOT 게이트

NOT 연산은 부정 연산으로 정의한 논리 연산으로, 입력 불 변수를 A라 하고, 출력 함수를 Y라 하면 식 (1-1)로 표현되고, 이의 진리표는 표 1-1로 정의된다.

$$Y = \overline{A} \tag{1-1}$$

표 1-1 NOT 연산의 진리표

A	$Y=\overline{A}$
0	1
1	0

NOT 연산을 수행하는 전자 논리 게이트는 NOT 게이트 혹은 인버터(inverter)라고도 부르며, 그림 1-1로 표현된다.

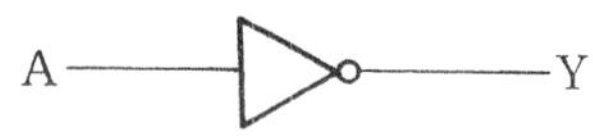

그림 1-1 NOT 게이트(인버터)

(2) AND 게이트

AND 연산은 논리곱 연산이라고도 부르며 입력 불 변수를 A, B라 하고, 출력 함수를 Y라 한다면 식 (1-2)의 불 식으로 정의한다.

$$Y = A \cdot B \tag{1-2}$$

AND 연산의 논리 동작은 표 1-2의 진리표로 표현된다.

표 1-2 AND 연산의 진리표

A	B	$Y = A \cdot B$
0	0	0
0	1	0
1	0	0
1	1	1

AND 연산을 수행하는 전자 논리 게이트는 그림 1-2로 나타낸다.

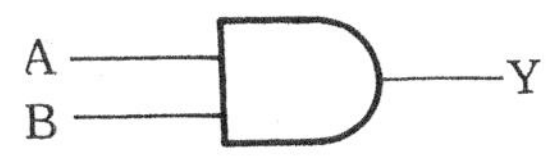

그림 1-2 AND 게이트

다중 입력 AND 게이트

AND 연산은 불 대수의 정리 중 결합 법칙이 성립하는 연산으로 3입력 이상의 불 변수에 대한 연산을 2입력 게이트로 실현하여도 크게 복잡해지지 않는다. 그림 1−3은 다중 입력과 다단계 입력을 나타내는 AND 게이트 회로이다.

(a) 3입력 AND 게이트 (b) 2단계 3입력 AND 게이트

그림 1-3 AND 게이트의 다중 입력과 다단계 입력

(3) OR 게이트

논리합 연산은 OR 연산이라고 하며, 두 입력 A, B에 대하여 출력 Y는 식 (1−3)으로 정의하는 기본 논리 연산이다.

$$Y = A + B \qquad (1-3)$$

OR 연산의 논리 동작은 표 1−3의 진리표로 나타내어진다.

표 1-3 OR 연산의 진리표

A	B	Y = A+B
0	0	0
0	1	1
1	0	1
1	1	1

OR 연산을 수행하는 게이트는 그림 1-4의 논리 기호로 표현한다.

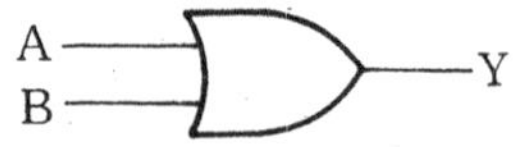

그림 1-4 OR 게이트

다중 입력 OR 게이트

다중 입력의 OR 연산은 AND와 마찬가지로 불 대수의 정리 중 결합 법칙이 성립하므로 간단하게 확장할 수 있다. 다중 입력과 다단계 입력의 실현을 그림 1-5에 나타낸다.

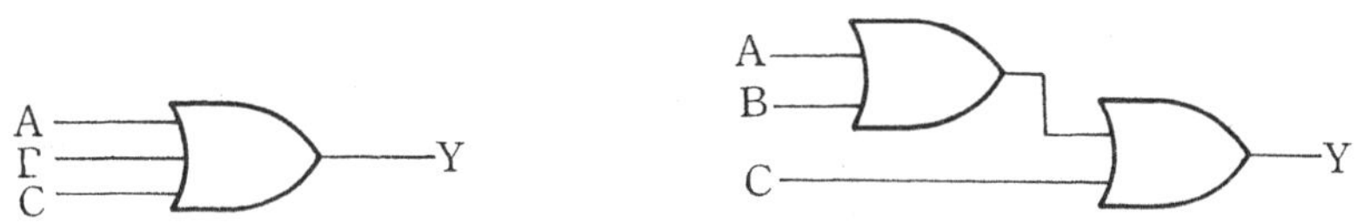

(a) 3입력 OR 게이트 (b) 2단계 3입력 OR 게이트

그림 1-5 OR 게이트의 다중 입력과 다단계 입력

1-4 실 험

(1) NOT 게이트 (Inverter)

NOT 게이트의 IC 소자로는 TTL 7404가 대표적으로 쓰이며, 14핀 IC에 6조의 인버터가 집적되어 있다. 그림 1 6에 7404의 핀 배치도를 나타내며, 표 1-4에는 인버터 IC의 여러 종류를 정리하였다.

표 1-4 인버터 IC의 여러 종류

part No.	description	pin	비고
7404	Hex Inverters	14	TTL
7405	Hex Inverters(Open Collector output)	14	7404의 O.C.형
7406	Hex Inverters(Open Collector output)	14	고내압형(30 V)
7414	Hex Schmitt Trigger Inverters	14	Schmitt 회로
4049	Hex Inverters/Buffers	16	CMOS
4069	Hex Inverters	14	CMOS

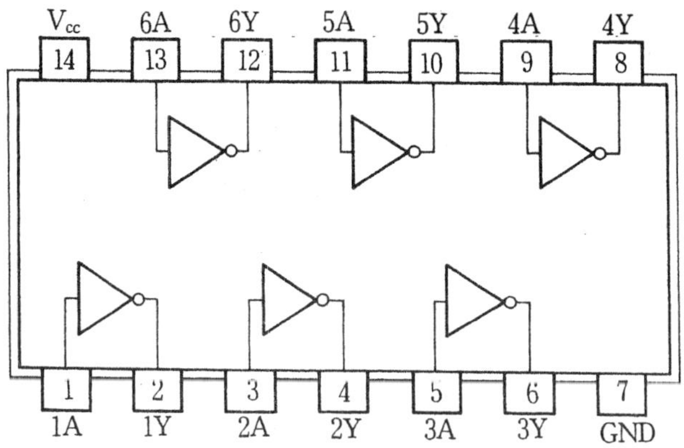

그림 1-6 인버터 7404의 핀 배치도

실험 1-1 인터버 기본 회로

7404 IC를 브레드 보드에 장착하고, 14번 핀을 +5 V 전원에, 7번 핀을 GND에 연결한다. 실험을 위한 회로는 그림 1-7과 같이 구성하며, 입력은 스위치에, 출력은 LED에 연결하여 입력의 변화에 따른 출력을 관찰한다. 관찰 결과는 LED의 온 상태를 1로 하여 표 1-5에 기록하고 진리표와 같은가 확인한다.

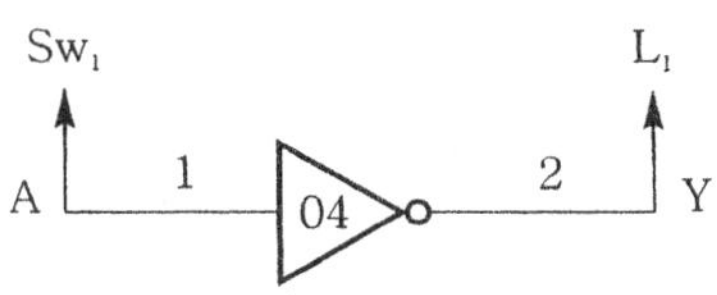

그림 1-7 인버터의 실험 회로

표 1-5 인버터 실험 결과

입 력	출 력
A(Sw_1)	Y(L_1)
0	___
1	___

실험 1-2 이중 부정 회로

실험 1-1에서 사용한 회로를 기본으로 그림 1-8과 같이 실험 회로를 구성하며, 측정 결과는 표 1-6에 기록하고 이론값과 같은가 확인한다.

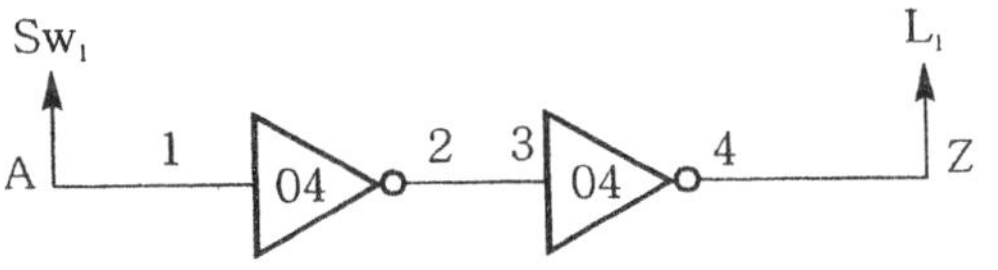

그림 1-8 이중 부정 실험 회로

표 1-6 이중 부정 실험 결과

입 력	출 력
A(Sw_1)	Z(L_1)
0	___
1	___

실험 1-3 전파 지연 시간

실험 1-2에서 사용한 회로에서 입력과 출력의 논리적인 관계와 시간적인 관계를 설명하라.

(2) AND 게이트

AND 게이트 IC 소자로는 7408이 대표적으로 쓰이며, 14핀 IC에 4조의 AND 게이트가 집적되어 있다. 그림 1-9에는 7408의 핀 배치도를 나타낸다. AND 게이트에는 여러 가지 변형된 게이트가 많으며 그 중 대표적인 것들을 표 1-7에 나타낸다.

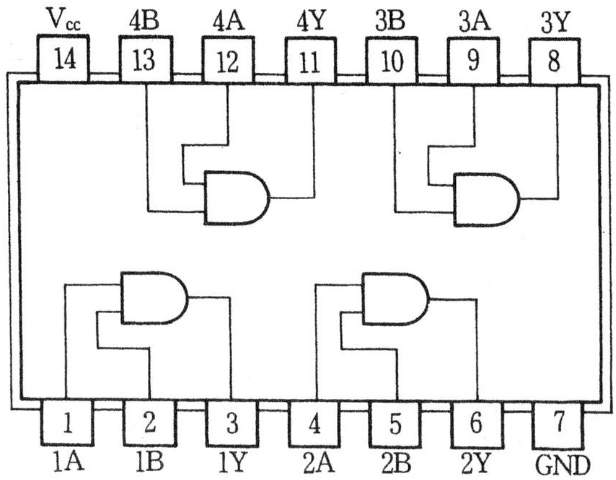

그림 1-9 AND 게이트 IC 7408의 핀 배치도

표 1-7 AND 게이트 IC의 여러 종류

part No.	description	pin	비고
7408	Quad 2-Input AND	14	TTL
7409	Quad 2-Input Open Collector AND	14	7408의 O.C.형
7411	Triple 3-Input AND	14	
7415	Triple 3-Input Open Collector AND	14	7411의 O.C.형
7421	Dual 4-Input AND	14	
4073	Triple 3-Input AND	14	CMOS
4081	Quad 2-Input AND	14	CMOS
4082	Dual 4-Input AND	14	CMOS

실험 1-4 AND 게이트 기본 회로

7408 IC를 브레드 보드에 장착하고, 14번 핀을 +5 V 전원에, 7번 핀을 GND에 연결한다. 실험을 위한 회로는 그림 1-10과 같이 구성하며, 입력은 스위치에 출력은 LED에 연결하여 관찰한다. 측정 결과는 표 1-8에 기록하고 진리표와 같은가 확인한다.

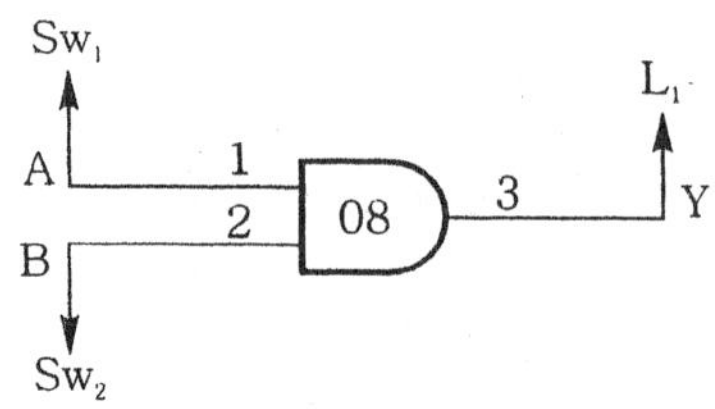

그림 1-10 AND 게이트 실험 회로

표 1-8 AND 게이트 실험 결과

입 력		출 력
A(Sw1)	B(Sw2)	Y(L1) = A · B
0	0	___
0	1	___
1	0	___
1	1	___

실험 1-5 다중 입력 AND 게이트 회로

1) 2단계 3입력 AND 게이트 회로

실험 1-4의 회로를 그림 1-11과 같은 회로로 변형하여 다중 입력을 다단계로 실현하는 방법을 이해하고, 결과를 관찰하여 표 1-9에 기록하고 결합 법칙이 성립함을 확인한다.

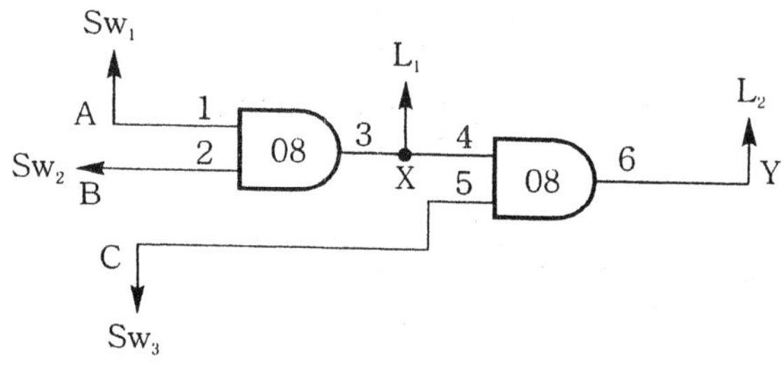

그림 1-11 2단계 3입력 AND 게이트 실험 회로

표 1-9 2단계 3입력 AND 게이트 실험 결과

입 력			출 력	
A(Sw1)	B(Sw2)	C(Sw3)	X(L1) = A · B	Y(L2) = A · B · C
0	0	0	___	___
0	0	1	___	___
0	1	0	___	___
0	1	1	___	___
1	0	0	___	___
1	0	1	___	___
1	1	0	___	___
1	1	1	___	___

2) 2단계 4입력 AND 게이트 회로

브레드 보드에 그림 1-12와 같은 회로를 구성하고 결과를 관찰하여 표 1-10에 작성하고, 4입력 AND 논리를 2단계로 실현 가능함을 확인하라.

표 1-10 2단계 4입력 AND 게이트 실험 결과

입 력				출 력		
A(Sw1)	B(Sw2)	C(Sw3)	D(Sw4)	W(L1) =A · B	X(L2) = C · D	Y(L3) = (A · B) · (C · D)
0	0	0	0	___	___	___
0	0	0	1	___	___	___
0	0	1	0	___	___	___
0	0	1	1	___	___	___
0	1	0	0	___	___	___
0	1	0	1	___	___	___
0	1	1	0	___	___	___
0	1	1	1	___	___	___
1	0	0	0	___	___	___
1	0	0	1	___	___	___
1	0	1	0	___	___	___
1	0	1	1	___	___	___
1	1	0	0	___	___	___
1	1	0	1	___	___	___
1	1	1	0	___	___	___
1	1	1	1	___	___	___

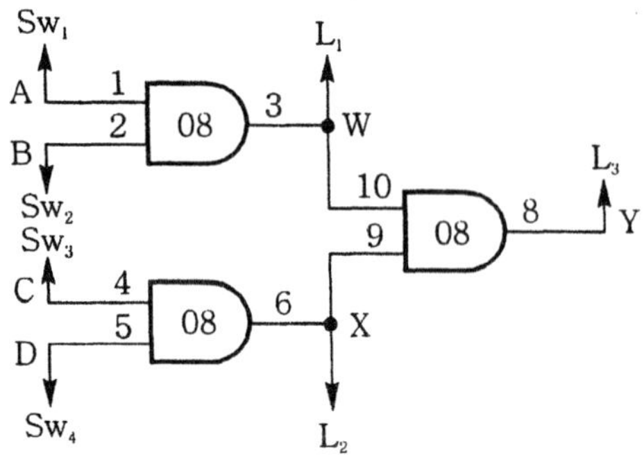

그림 1-12 2단계 4입력 AND 게이트 실험 회로

3) 3단계 4입력 AND 게이트 회로

실험 1-5-(2)의 그림 1-12 회로는 그림 1-13과 같은 회로로 변형하여도 등가의 회로가 된다. 두 회로가 등가임을 증명(불 대수의 정리, 진리표 또는 실험 결과 중 택)하고 두 회로의 차이점을 설명하라.

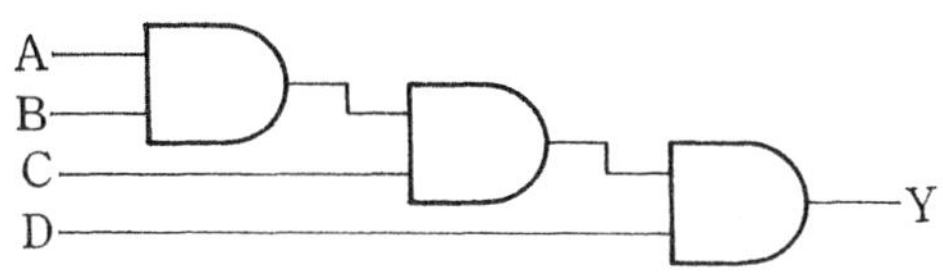

그림 1-13 3단계 4입력 AND 게이트 회로

증명 :

4) 다중 입력 AND 게이트 IC

실험 1-5의 회로들은 그림 1-14와 같은 회로로 변형하여 표현하여도 무방하며, 회로의 구현도 2입력 AND 게이트를 다단계로 사용하거나, 다중 입력 AND 게이트 IC를 사용하여도 된다. 3조 3입력 AND 게이트 IC 7411과 2조 4입력 AND 게이트 IC 7421의 핀 배치도를 조사하여 그림 1-15에 그려 보아라. 또한 다단계와 다중 입력 게이트 회로의 차이점을 설명하라.

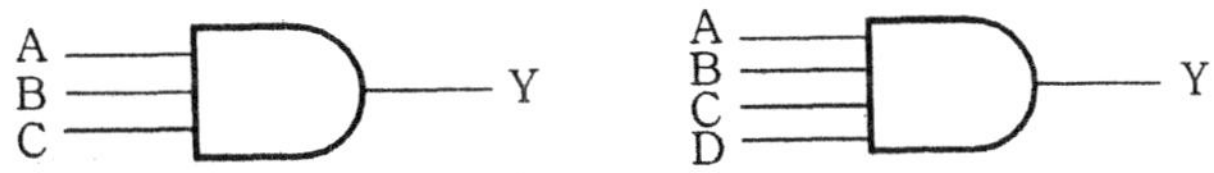

그림 1-14 3입력과 4입력 AND 게이트

그림 1-15 3입력 AND 게이트 7411과 4입력 AND 게이트 7421의 핀 배치

(3) OR 게이트

OR 게이트의 IC 소자로는 대표적으로 7432가 쓰이며, 14핀 IC에 4조의 OR 게이트가 집적되어 있다. 이의 핀 배치도는 그림 1-16에 나타내고, OR 게이트 IC의 종류는 표 1-11에 정리하였다.

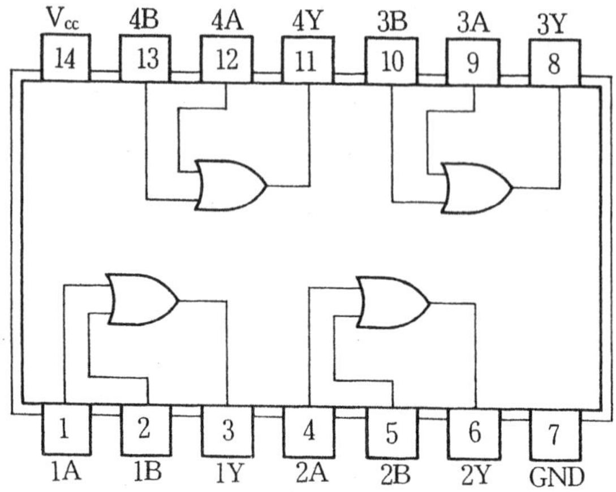

그림 1-16 OR 게이트 IC 7432의 핀 배치도

표 1-11 OR 게이트 IC의 여러 종류

part No.	description	pin	비고
7432	Quad 2-Input OR	14	
4072	Dual 4-Input OR	14	CMOS
4075	Triple 3-Input OR	14	CMOS
4078	8-Input NOR/OR	14	CMOS, NOR/OR 출력

실험 1-6 OR 게이트 기본 회로

7432 IC를 브레드 보드에 장착하고, 14번 핀을 +5 V 전원에, 7번 핀을 GND에 연결한다. 실험을 위한 회로는 그림 1-17과 같이 구성하며, 입력은 스위치에, 출력은 LED에 연결하여 관찰한다. 측정 결과는 표 1-12에 기록하고 진리표와 같은가 확인한다.

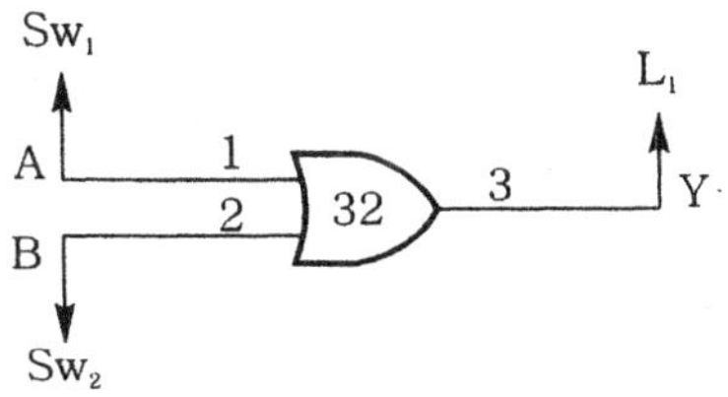

그림 1-17 OR 게이트 실험 회로

표 1-12 OR 게이트 실험 결과

입력		출력
A(Sw1)	B(Sw2)	Y(L1) = A+B
0	0	___
0	1	___
1	0	___
1	1	___

실험 1-7 다중 입력 OR 게이트 회로

실험 1-6의 회로를 그림 1-18의 회로로 변형하여 다중 입력을 다단계로 실현하는 방법을 이해하고, 결과를 관찰하여 표 1-13에 기록하고 결합 법칙이 성립함을 확인한다.

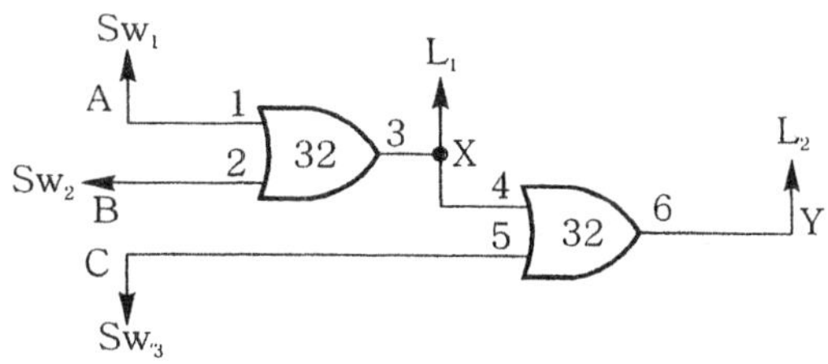

그림 1-18 다중 입력 OR 게이트 실험 회로

표 1-13 다중 입력 OR 게이트 실험 결과

입 력			출 력	
A(Sw_1)	B(Sw_2)	C(Sw_3)	X(L_1)=A+B	Y(L_2)=A+B+C
0	0	0	___	___
0	0	1	___	___
0	1	0	___	___
0	1	1	___	___
1	0	0	___	___
1	0	1	___	___
1	1	0	___	___
1	1	1	___	___

절
취
선

실험 예비 보고서

제 1 장 논리 게이트 NOT/AND/OR

과 목 명 :

실 험 일 : 년 월 일 요일

담당교수 :

실험조교 :

학 과 : 과 반

실 험 조 : 조

학 번 :

성 명 :

확 인	

※ 실험을 진행하는 데 필요한 다음 사항을 정리하라.

1. NOT 논리 연산의 특성

2. AND 논리 연산의 특성

3. OR 논리 연산의 특성

4. 다단계 입력과 다중 입력의 표현과 차이점

5. 전파 지연

절
취
선

실험 결과 보고서

제 1 장 논리 게이트 NOT/AND/OR

과 목 명 :

실 험 일 : 년 월 일 요일

담당교수 :

실험조교 :

학 과 : 과 반

실 험 조 : 조

학 번 :

성 명 :

평 가	

실험 1-1 인버터 기본 회로

입 력	출 력
A(Sw_1)	Y(L_1)
0	___
1	___

실험 1-2 이중 부정 회로

입 력	출 력
A(Sw_1)	Z(L_1)
0	___
1	___

실험 1-3 전파 지연 시간

실험 1-4 AND 게이트 기본 회로

입 력		출 력
A(Sw_1)	B(Sw_2)	Y(L_1)=A · B
0	0	___
0	1	___
1	0	___
1	1	___

실험 1-5 다중 입력 AND 게이트 회로

1) 2단계 3입력 AND 게이트 회로

입 력			출 력	
A(Sw_1)	B(Sw_2)	C(Sw_3)	X(L_1)=A · B	Y(L_2)=A · B · C
0	0	0	___	___
0	0	1	___	___
0	1	0	___	___
0	1	1	___	___
1	0	0	___	___
1	0	1	___	___
1	1	0	___	___
1	1	1	___	___

절취선

2) 2단계 4입력 AND 게이트 회로

입 력				출 력		
A(Sw_1)	B(Sw_2)	C(Sw_3)	D(Sw_4)	W(L_1) =A · B	X(L_2) = C · D	Y(L_3) = (A · B) · (C · D)
0	0	0	0	___	___	___
0	0	0	1	___	___	___
0	0	1	0	___	___	___
0	0	1	1	___	___	___
0	1	0	0	___	___	___
0	1	0	1	___	___	___
0	1	1	0	___	___	___
0	1	1	1	___	___	___
1	0	0	0	___	___	___
1	0	0	1	___	___	___
1	0	1	0	___	___	___
1	0	1	1	___	___	___
1	1	0	0	___	___	___
1	1	0	1	___	___	___
1	1	1	0	___	___	___
1	1	1	1	___	___	___

3) 3단계 4입력 AND 게이트 회로

증명 :

4) 다중 입력 AND 게이트 IC

실험 1-6 OR 게이트 기본 회로

입력		출력
A(Sw_1)	B(Sw_2)	Y(L_1)=A+B
0	0	___
0	1	___
1	0	___
1	1	___

실험 1-7 다중 입력 OR 게이트 회로

입 력			출 력	
A(Sw_1)	B(Sw_2)	C(Sw_3)	X(L_1)=A+B	Y(L_2)=A+B+C
0	0	0	___	___
0	0	1	___	___
0	1	0	___	___
0	1	1	___	___
1	0	0	___	___
1	0	1	___	___
1	1	0	___	___
1	1	1	___	___

절취선

▶ **결 론** 실험 결과 검토 및 논의

2
CHAPTER

논리 게이트 NAND/NOR

2-1 목 적

1. NAND/NOR 논리 게이트가 진리표와 같이 동작함을 확인한다.
2. NAND/NOR 연산의 다중 입력 확장에 대하여 실험하고 이해한다.
3. NAND/NOR 연산은 기본 논리 연산을 수행할 수 있음을 확인한다.

2-2 사용 기기 및 부품

기기	논리 회로 실험 장치 (또는 대체 장비)
부품	IC 7400 (quad 2-input NAND gates) 1개 IC 7402 (quad 2-input NOR gates) 1개 점퍼선 약간

2-3 개 념

(1) NAND 게이트

NAND 게이트는 NOT-AND 연산을 수행하는 게이트로 기본 논리 연산으로 정의된 것은 아니지만 TTL의 가장 기본적인 회로로 정의된 게이트이다. 두 입력을 A, B라 한다면 출력 Y는 식 (2-1)의 불 식으로 정의되는 연산이다. 물론 NAND 연산은 AND 연산의 부정과 같다.

$$Y = \overline{A \cdot B} \tag{2-1}$$

NAND 연산의 논리 동작은 표 2-1의 진리표로 설명할 수 있으며, AND 연산의 부정이 됨을 확인할 수 있다.

표 2-1 NAND 연산의 진리표

A	B	AB	$Y=\overline{A\cdot B}$
0	0	0	1
0	1	0	1
1	0	0	1
1	1	1	0

NAND 연산을 수행하는 게이트는 그림 2-1(a)의 논리 기호로 표현하며, (b)의 게이트 회로와 등가이다.

(a) NAND 게이트 (b) 등가의 게이트 표현

그림 2-1 NAND 게이트

다중 입력 NAND 게이트

NAND 게이트도 다중 입력의 NAND 게이트가 존재하지만 2입력 게이트로 다중 입력을 실현할 수 있다. 그러나 NAND의 논리는 결합 법칙이 성립하지 않으므로 다중 입력을 실현하는 데에는 AND 연산이나 OR 연산보다는 복잡한 회로가 구성된다. 식 (2-2)는 3입력 NAND 연산을 나타낸다. 이를 2입력 NAND 논리로 논리식을 변형하면 식 (2-3)이 되며, 이를 2입력 NAND 게이트로 실현한 회로를 그림 2-2에 보인다.

$$Y = \overline{ABC} \tag{2-2}$$

$$= \overline{(AB)C}$$

$$= \overline{\overline{\overline{AB}}\,C} \tag{2-3}$$

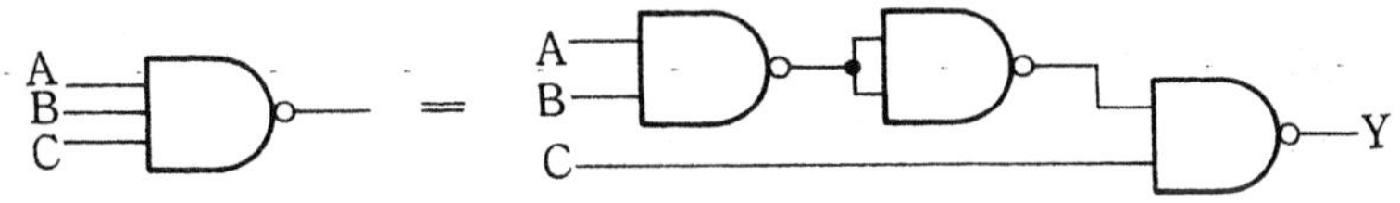

그림 2-2 2입력 NAND 게이트로 실현한 3입력 NAND 연산

(2) NOR 게이트

NOR 게이트는 NOT-OR 연산을 수행하는 게이트로 NAND와 마찬가지로 기본 논리 연산으로 정의된 것은 아니지만 논리 게이트로 정의된 회로이다. 두 입력을 A, B라 한다면 출력 Y는 식 (2-4)의 불 식으로 정의된다. NOR 연산은 OR 연산의 부정과 같다.

$$Y = \overline{A+B} \qquad (2-4)$$

NOR 연산의 논리 동작은 표 2-2의 진리표로 설명할 수 있으며, OR 연산의 부정이 된다.

표 2-2 NOR 연산의 진리표

A	B	A+B	$Y=\overline{A+B}$
0	0	0	1
0	1	1	0
1	0	1	0
1	1	1	0

NOR 연산을 수행하는 게이트는 그림 2-3(a)의 논리 기호로 표현하며, (b)의 회로와 등가이다.

(a) NOR 게이트 (b) 등가의 게이트 표현

그림 2-3 NOR 게이트

다중 입력 NOR 게이트

NOR 게이트도 다중 입력의 게이트가 존재하며 이를 이용할 경우에는 다중 입력이 간단하게 이루어지지만, 2입력 NOR 게이트를 사용하여도 다중 입력을 실현할 수 있다. 식 (2-5)는 3변수 NOR 연산을 나타내며, 식 (2-6)은 2변수 NOR 연산을 이용하여 표현한 등가의 논리식이다.

$$Y = \overline{A+B+C} \qquad (2-5)$$
$$= \overline{(A+B)+C}$$
$$= \overline{\overline{\overline{(A+B)}}+C} \qquad (2-6)$$

식 (2-5)와 식 (2-6)을 게이트 회로로 표현하면 그림 2-4와 같으며 이들은 서로 등가의 회로이다.

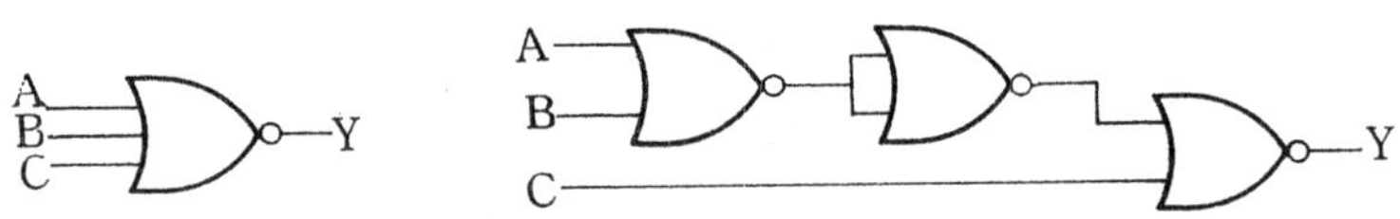

그림 2-4 3입력 NOR 게이트의 실현

2-4 실 험

(1) NAND 게이트

NAND 게이트 IC는 TTL 논리의 대표적인 회로로 7400이 있다. 이는 14핀 IC에 4조의 NAND 게이트를 집적하여 놓은 것으로 그림 2-5와 같은 핀 배치를 갖는다. NAND 게이트는 많이 사용하는 게이트 논리로 여러 가지 형태의 것이 만들어져 있다. 표 2-3에는 NAND 게이트 IC의 여러 가지 종류를 정리하였다.

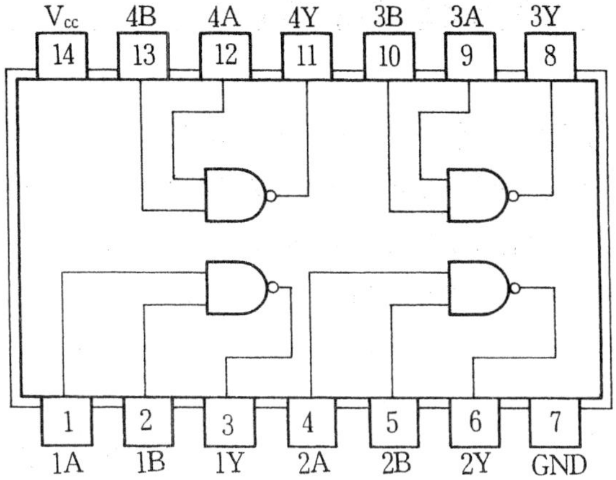

그림 2-5 NAND 게이트 IC 7400의 핀 배치도

표 2-3 NAND 게이트 IC의 여러 종류

part No.	description	pin	비고
7400	Quad 2-Input NAND	14	TTL
7401	Quad 2-Input Open Collector NAND	14	입출력 방향 반대 배치
7403	Quad 2-Input Open Collector NAND	14	7400의 O.C.형
7410	Triple 3-Input NAND	14	다중(3) 입력 게이트
7412	Triple 3-Input Open Collector NAND	14	7410의 O.C.형
7413	Dual 4-Input Schmitt Trigger NAND	14	Schmitt 회로
7418	Dual 4-Input Schmitt Trigger NAND	14	Schmitt 회로
7420	Dual 4-Input NAND	14	다중(4) 입력 게이트
7422	Dual 4-Input Open Collector NAND	14	7420의 O.C.형
7424	Quad 2-Input Schmitt Trigger NAND	14	Schmitt 회로
7426	Quad 2-Input Open Collector NAND	14	7403의 고내압형(15 V)
7430	8-Input NAND	14	다중(8) 입력 게이트
7437	Quad 2-Input NAND Buffers	14	7400의 버퍼형
74133	13-Input NAND	16	다중(13) 입력 게이트
4011	Dual 4-Input NAND	14	CMOS 다중(4) 입력
4012	Dual 4-Input NAND	16	CMOS 다중(4) 입력
4023	Triple 3-Input NAND	14	CMOS 다중(3) 입력
4068	8-Input NAND	14	CMOS 다중(8) 입력
4093	Quad 2-Input Schmitt Trigger NAND	14	CMOS Schmitt 회로
40107	Dual 2-Input NAND Buffer/Driver	8	CMOS

실험 2-1 NAND 게이트 기본 회로

7400 IC를 브레드 보드에 장착하고, 14번 핀을 +5 V 전원에, 7번 핀을 GND에 연결한다. 실험을 위한 회로는 그림 2-6과 같이 구성하며, 입력은 스위치에, 출력은 LED에 연결하여 관찰한다. 측정 결과는 표 2-4에 기록하고 진리표와 같은가 확인한다.

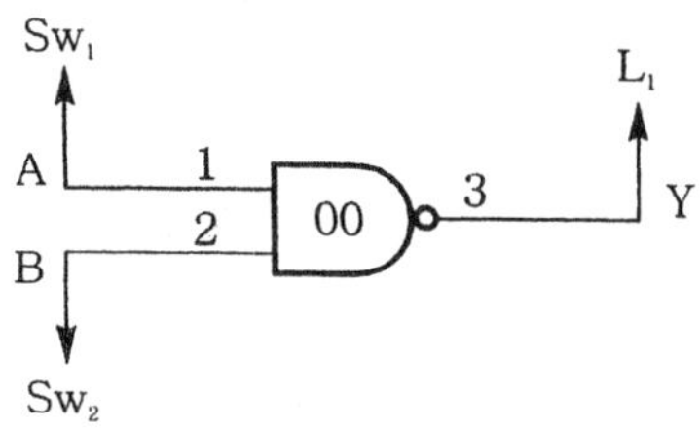

그림 2-6 NAND 게이트 실험 회로

표 2-4 NAND 게이트 실험 결과

입 력		출 력
A(Sw_1)	B(Sw_2)	$Y(L_1)=\overline{A \cdot B}$
0	0	___
0	1	___
1	0	___
1	1	___

실험 2-2 인버터로서의 NAND 게이트

NAND 게이트는 두 입력을 공통으로 연결하면 인버터로 동작할 수 있다. 그림 2-7의 회로를 실험하여 표 2-5에 기록하고 NOT 게이트의 진리표와 비교하라.

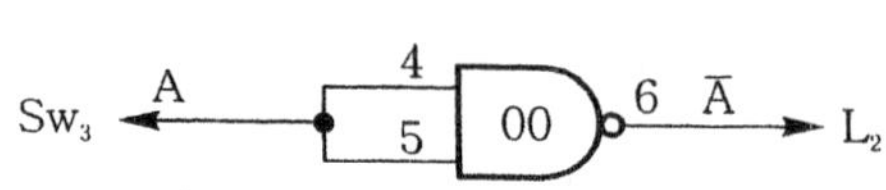

그림 2-7 인버터로서의 NAND 게이트 실험 회로

표 2-5 인버터로서의 NAND 게이트 실험 결과

입 력	출 력
A(Sw_3)	$Y(L_2)=\overline{A}$
0	___
1	___

실험 2-3 NAND 게이트의 AND 논리 수행

NAND 게이트는 NOT-AND 연산을 수행하기 때문에 출력에 인버터를 연결하면 AND 게이트처럼 동작한다. 그림 2-8의 회로를 실험하여 표 2-6을 완성하고 AND 논리의 진리표와 비교하라.

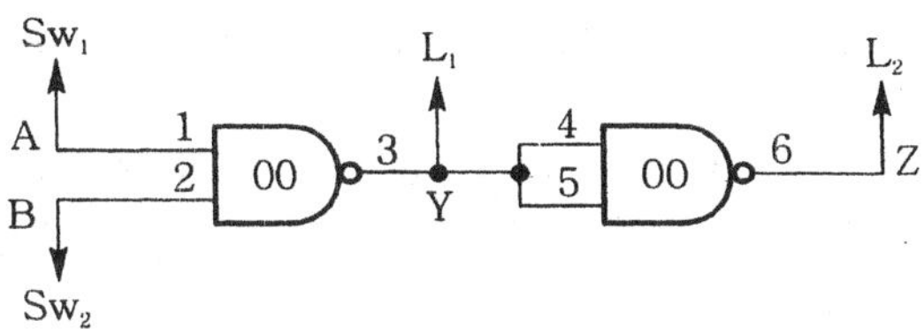

그림 2-8 NAND 게이트의 AND 논리 수행 실험 회로

표 2-6 NAND 게이트의 AND 논리 수행 실험 결과

입 력		출 력	
A(Sw1)	B(Sw2)	Y(L1)=$\overline{A \cdot B}$	Z(L2)=$\overline{\overline{A \cdot B}}$
0	0	___	___
0	1	___	___
1	0	___	___
1	1	___	___

실험 2-4 다중 입력 NAND 게이트

2입력 NAND 게이트 IC 7400을 이용하여 3입력 NAND 논리를 수행하는 회로를 그림 2-9와 같이 구성하여 실험하고, 결과를 관찰하여 표 2-7에 기록하라.

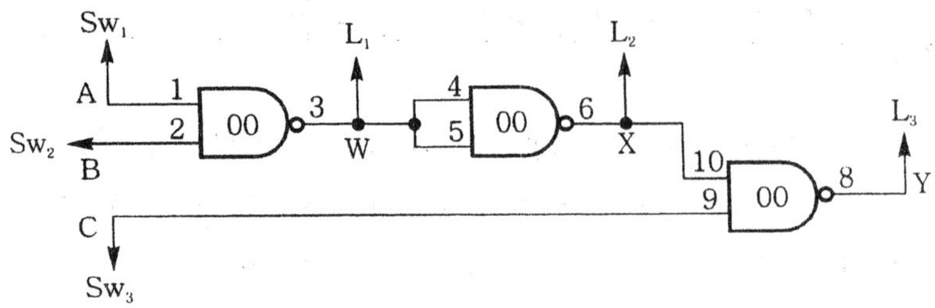

그림 2-9 3단계 3입력 NAND 게이트 실험 회로

표 2-7 3단계 3입력 NAND 게이트 실험 결과

입 력			출 력		
A(Sw1)	B(Sw2)	C(Sw3)	$W(L_1)=\overline{A \cdot B}$	$X(L_2)=\overline{\overline{A \cdot B}}$	$Y(L_3)=\overline{A \cdot B \cdot C}$
0	0	0	___	___	___
0	0	1	___	___	___
0	1	0	___	___	___
0	1	1	___	___	___
1	0	0	___	___	___
1	0	1	___	___	___
1	1	0	___	___	___
1	1	1	___	___	___

실험 2-5 NAND 게이트의 OR 논리 수행

NAND 게이트는 만능의 게이트이므로 앞에서 실험한 NOT, AND 논리 이외에도 OR 논리를 수행할 수 있다. 그러나 NAND 게이트는 3개로 OR 게이트 1개를 대신하게 된다. 그림 2-10에 2입력 NAND 게이트로 OR 논리를 수행하는 회로를 구성하라.

그림 2-10 NAND 게이트의 OR 논리 수행 회로 설계

(2) NOR 게이트

대표적인 NOR 게이트 IC는 7402가 있다. 이는 14핀 IC에 4조의 NOR 게이트를 집적하여 놓은 것으로 그림 2-11과 같은 핀 배치도를 갖는다. 7402는 일반적인 2입력 게이트와 핀 배치가 반대 방향이므로 사용에 주의를 요한다.

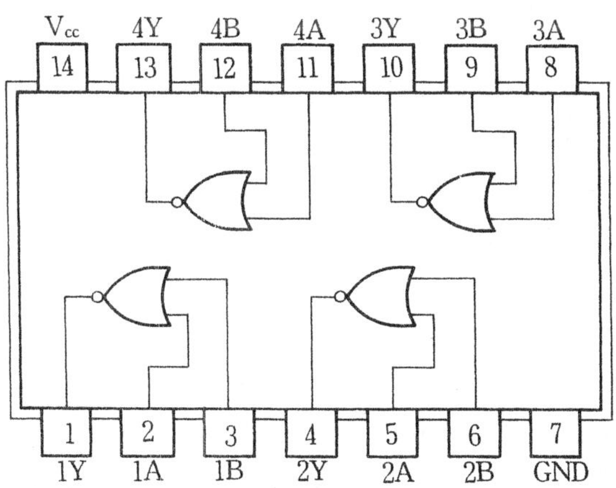

그림 2-11 NOR 게이트 IC 7402의 핀 배치도

NOR 게이트도 NAND 게이트와 함께 많이 사용하는 게이트 논리로 여러 가지 형태의 것이 만들어져 있다. 표 2-8에는 NOR 게이트 IC의 여러 가지 종류를 정리하였다.

표 2-8 NOR 게이트 IC의 여러 종류

part No.	description	pin	비고
7402	Quad 2-Input NOR	14	TTL, 핀 배치 반대
7423	Dual Expandable 4-Input NOR(strobe)	16	확장성, strobe 입력
7425	Dual 4-Input NOR(strobe)	14	7423의 Exp 생략형
7427	Triple 3-Input NOR	14	다중(3) 입력
7428	Quad 2-Input NOR Buffers	14	7402의 버퍼형
7433	Quad 2-Input Open Collector NOR	14	7428의 O.C.형
7436	Quad 2-Input NOR	14	7432의 NOR형, 일반 핀 배치
74260	Dual 5-Input NOR	14	다중(5) 입력
4000	Dual 3-Input NOR plus Inverters	14	CMOS, 다중(3), 인버터
4001	Quad 2-Input NOR	14	CMOS
4002	Dual 4-Input NOR	14	CMOS 다중(4) 입력
4025	Triple 3-Input NOR	14	CMOS 다중(3) 입력

실험 2-6 NOR 게이트 기본 회로

7402 IC를 브레드 보드에 장착하고, 14번 핀을 +5 V 전원에, 7번 핀을 GND에 연결한다. 실험을 위한 회로는 그림 2-12와 같이 구성하며, 입력은 스위치에, 출력은 LED에 연결하여 관찰한다. 측정 결과는 표 2-9에 기록하고 진리표와 같은가 확인한다.

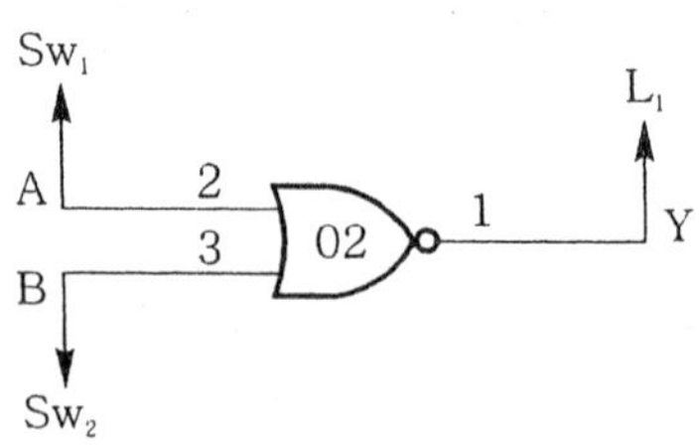

그림 2-12 NOR 게이트 실험 회로

표 2-9 NOR 게이트 실험 결과

입력		출력
A(Sw1)	B(Sw2)	$Y(L_1)=\overline{A+B}$
0	0	___
0	1	___
1	0	___
1	1	___

실험 2-7 인버터로서의 NOR 게이트

NOR 게이트는 NAND 게이트와 마찬가지로 두 입력을 공통으로 연결하면 인버터로 동작할 수 있다. 그림 2-13의 회로를 실험하여 표 2-10에 기록하고, NOT 게이트의 진리표와 비교하라.

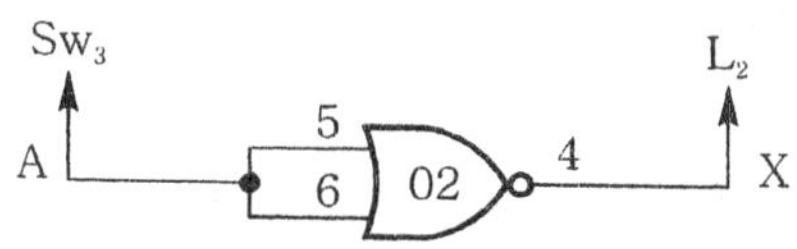

그림 2-13 인버터로서의 NOR 게이트 실험 회로

표 2-10 인버터로서의 NOR 게이트 실험 결과

입력	출력
A(Sw3)	$X(L_2)=\overline{A}$
0	___
1	___

실험 2-8 NOR 게이트의 OR 논리 수행

NOR 게이트는 NOT-OR 연산을 수행하기 때문에 출력에 인버터를 연결하면 OR 게이트처럼 동작한다. 그림 2-14의 회로를 실험하여 표 2-11에 기록하고, NOR 게이트만으로 OR 논리를 수행할 수 있음을 확인하라.

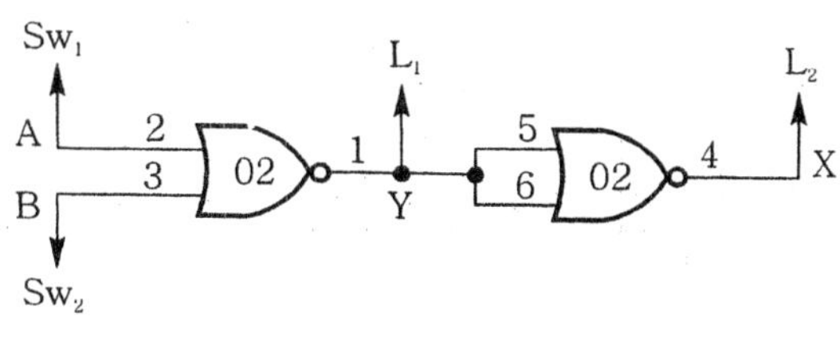

그림 2-14 NOR 게이트의 OR 논리 수행 실험 회로

표 2-11 NOR 게이트의 OR 논리 수행 실험 결과

입 력		출 력	
A(Sw_1)	B(Sw_2)	$Y(L_1)=\overline{A+B}$	$X(L_2)=A+B$
0	0	___	___
0	1	___	___
1	0	___	___
1	1	___	___

실험 2-9 다중 입력 NOR 게이트

2입력 NOR 게이트 IC 7402를 이용하여 3입력 NOR 논리를 수행하는 회로를 그림 2-15와 같이 구성하여 실험하고, 결과를 관찰하여 표 2-12에 기록하라.

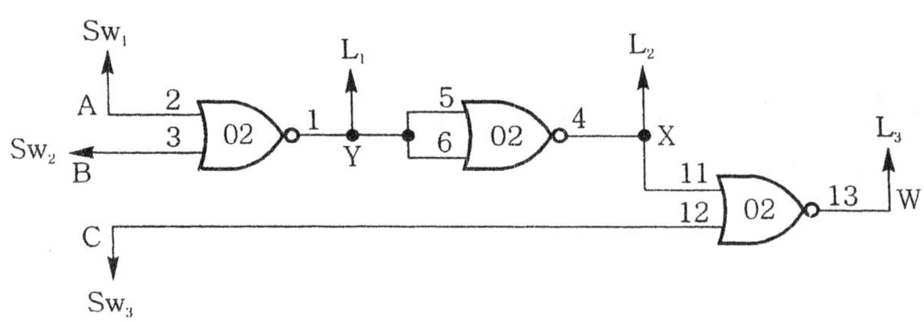

그림 2-15 3단계 3입력 NOR 게이트 실험 회로

표 2-12 3단계 3입력 NOR 게이트 실험 결과

입 력			출 력		
A(Sw_1)	B(Sw_2)	C(Sw_3)	$Y(L_1)=\overline{A+B}$	$X(L_2)=\overline{\overline{A+B}}$	$W(L_3)=\overline{A+B+C}$
0	0	0	___	___	___
0	0	1	___	___	___
0	1	0	___	___	___
0	1	1	___	___	___
1	0	0	___	___	___
1	0	1	___	___	___
1	1	0	___	___	___
1	1	1	___	___	___

실험 2-10 NOR 게이트의 AND 논리 수행

NOR 게이트도 NAND 게이트처럼 만능의 게이트이므로 앞에서 실험한 NOT, OR 논리 외에도 AND 논리를 수행할 수 있다. 그러나 NOR 게이트 3개가 AND 게이트 1개를 대신하게 된다. 그림 2-16의 2입력 NOR 게이트로 AND 논리를 수행하는 회로를 구성하고 실험하여 표 2-13에 결과를 기록하고 AND 논리의 진리표와 비교하라.

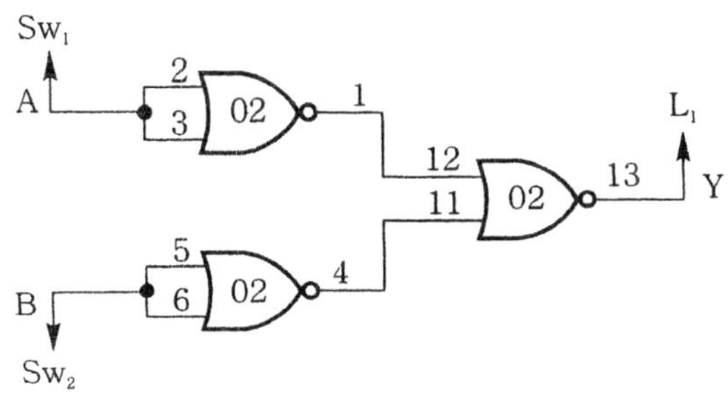

그림 2-16 NOR 게이트의 AND 논리 수행 실험 회로

표 2-13 NOR 게이트의 AND 논리 수행 실험 결과

입 력		출 력
A(Sw1)	B(Sw2)	$Y(L_1)=\overline{\overline{A}+\overline{B}}$
0	0	___
0	1	___
1	0	___
1	1	___

절취선

실험 예비 보고서

제 2 장 논리 게이트 NAND/NOR

과 목 명 :

실 험 일 : 년 월 일 요일

담당교수 :

실험조교 :

학 과 : 과 반

실 험 조 : 조

학 번 :

성 명 :

확 인	

※ 실험을 진행하는 데 필요한 다음 사항을 정리하라.

1. NAND 논리 연산의 특성

2. NOR 논리 연산의 특성

3. NAND/NOR 논리 연산의 다단계 입력과 다중 입력의 표현과 차이점

4. NAND 게이트만으로 기본 논리 연산 NOT/AND/OR 연산의 표현

5. NOR 게이트만으로 기본 논리 연산 NOT/AND/OR 연산의 표현

6. 팬-아웃

절
취
선

실험 결과 보고서

제 2 장 논리 게이트 NAND/NOR

과 목 명 :

실 험 일 : 년 월 일 요일

담당교수 :

실험조교 :

학 과 : 과 반

실 험 조 : 조

학 번 :

성 명 :

평 가	

실험 2-1 NAND 게이트 기본 회로

입 력		출 력
A(Sw_1)	B(Sw_2)	Y(L_1)=$\overline{A \cdot B}$
0	0	___
0	1	___
1	0	___
1	1	___

실험 2-2 인버터로서의 NAND 게이트

입 력	출 력
A(Sw_3)	Y(L_2)=$\overline{A}$
0	___
1	___

실험 2-3 NAND 게이트의 AND 논리 수행

입 력		출 력	
A(Sw_1)	B(Sw_2)	Y(L_1)=$\overline{A \cdot B}$	Z(L_2)=$\overline{\overline{A \cdot B}}$
0	0	___	___
0	1	___	___
1	0	___	___
1	1	___	___

실험 2-4 다중 입력 NAND 게이트

입 력			출 력		
A(Sw_1)	B(Sw_2)	C(Sw_3)	W(L_1)=$\overline{A \cdot B}$	X(L_2)=$\overline{\overline{A \cdot B}}$	Y(L_3)=$\overline{A \cdot B \cdot C}$
0	0	0	___	___	___
0	0	1	___	___	___
0	1	0	___	___	___
0	1	1	___	___	___
1	0	0	___	___	___
1	0	1	___	___	___
1	1	0	___	___	___
1	1	1	___	___	___

절취선

실험 2-5 NAND 게이트의 OR 논리 수행

실험 2-6 NOR 게이트 기본 회로

입력		출력
A(Sw_1)	B(Sw_2)	$Y(L_1)=\overline{A+B}$
0	0	___
0	1	___
1	0	___
1	1	___

실험 2-7 인버터로서의 NOR 게이트

입력	출력
A(Sw_3)	$X(L_2)=\overline{A}$
0	___
1	___

실험 2-8 NOR 게이트의 OR 논리 수행

입 력		출 력	
A(Sw_1)	B(Sw_2)	$Y(L_1)=\overline{A+B}$	$X(L_2)=A+B$
0	0	___	___
0	1	___	___
1	0	___	___
1	1	___	___

실험 2-9 다중 입력 NOR 게이트

입 력			출 력		
A(Sw_1)	B(Sw_2)	C(Sw_3)	$Y(L_1)=\overline{A+B}$	$X(L_2)=\overline{\overline{A+B}}$	$W(L_3)=\overline{A+B+C}$
0	0	0	___	___	___
0	0	1	___	___	___
0	1	0	___	___	___
0	1	1	___	___	___
1	0	0	___	___	___
1	0	1	___	___	___
1	1	0	___	___	___
1	1	1	___	___	___

실험 2-10 NOR 게이트의 AND 논리 수행 (표 2-13)

입 력		출 력
A(Sw_1)	B(Sw_2)	$Y(L_1)=\overline{\overline{A}+\overline{B}}$
0	0	___
0	1	___
1	0	___
1	1	___

▶ **결 론** 실험 결과 검토 및 논의

3 CHAPTER

응용 논리 게이트 XOR/Ex-NOR/A-O-I

3-1 목 적

1. XOR 게이트의 논리를 이해한다.
2. Ex-NOR 게이트의 논리를 이해한다.
3. 프로그래머블 인버터를 이해한다.
4. XOR 게이트의 다중 입력 확장을 이해한다.
5. A-O-I(AND - OR - Invert) 게이트의 논리를 이해한다.

3-2 사용 기기 및 부품

기기	논리 회로 실험 장치 (또는 대체 장비)
부품	IC 7400 (quad 2-input NAND gates) 1개 IC 7404 (hex inverters) 1개 IC 7408 (quad 2-input AND gates) 1개 IC 7432 (quad 2-input OR gates) 1개 IC 7451 (dual A-O-I gates) 1개 IC 7486 (quad 2-input XOR gates) 1개 IC 74135 (quad XOR/Ex-NOR gates) 1개 점퍼선 약간

3-3 개 념

(1) XOR 게이트

XOR(Ex-OR) 게이트는 불 대수로 정의되지 못하는 응용 논리 연산을 수행하는 게이트이다. XOR 연산은 배타적 논리합(eXclusive OR) 연산이라고도 부르며, 서로 다른 입력에 대하여만 출력 1을 내는 논리 연산이다. 게이트도 기본 논리 게이트로서 정의된 게이트가 아니라, 게이트들의 조합 논리로 정의된 게이트이지만 매우 쓸모 있는 게이트이며, 기본적으로 5개의 게이트를 대신할 수 있는 게이트이다.

XOR 연산은 식 (3−1)로 정의하며, 이의 등가의 불 대수식은 식 (3−2)이다.

$$Y = A \oplus B \quad (3-1)$$

$$Y = \overline{A}B + A\overline{B} \quad (3-2)$$

XOR 연산의 논리 동작은 표 3−1의 진리표로 나타내어진다.

표 3-1 XOR 연산의 진리표

A	B	$A \oplus B$	$\overline{A}B$	$A\overline{B}$	$\overline{A}B+A\overline{B}$
0	0	0	0	0	0
0	1	1	1	0	1
1	0	1	0	1	1
1	1	0	0	0	0

XOR 게이트는 그림 3−1(b)로 정의된 논리 기호를 사용한다. (a)에는 AND, OR, NOT 게이트를 사용한 등가의 회로도를 나타낸다.

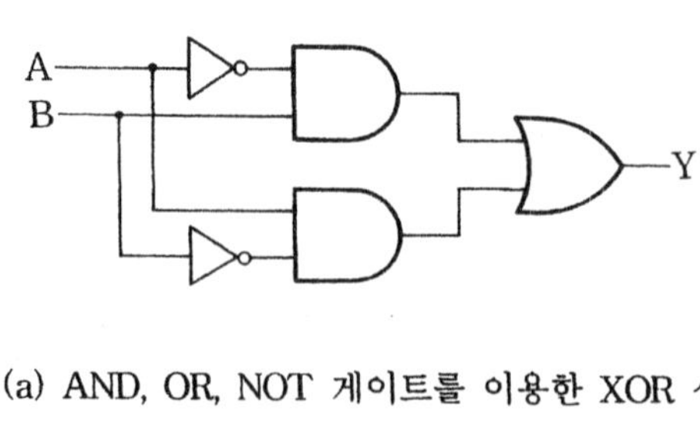

(a) AND, OR, NOT 게이트를 이용한 XOR 실현

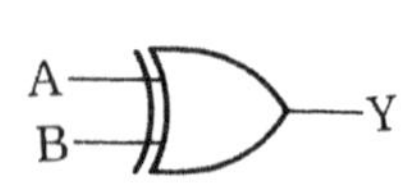

(b) XOR 게이트

그림 3-1 XOR 연산 회로

다중 입력 XOR 게이트

XOR 연산은 불 대수로 정의되지 못한 논리 연산이지만 결합 법칙은 성립한다. 즉, AND 혹은 OR 연산처럼 다중 입력을 2입력 게이트로 실현하는 것이 그림 3-2처럼 간단하게 이루어진다. 다만 다중 입력인 경우는 XOR 연산의 기본 정의를 '입력 중 1의 개수가 홀수일 때 출력이 1이 되는 연산'으로 바꾸어야 한다.

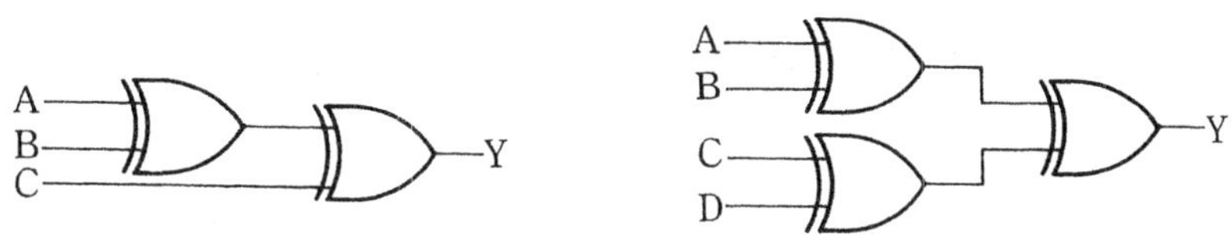

(a) 3입력 XOR 게이트 (b) 4입력 XOR 게이트

그림 3-2 다중 입력 XOR 게이트

(2) Ex-NOR 게이트

Ex-NOR 게이트는 XOR 연산의 부정 출력을 내는 게이트로, 동치(Equivalence) 게이트라고도 부르며, XOR 연산과 마찬가지로 기본 논리 연산은 아니다. Ex-NOR 연산은 식 (3-3)으로 정의하며, 식 (3-4), 식 (3-5)는 등가의 표현들이다. 일반적으로는 식 (3-4)를 많이 사용한다.

$$Y = A \equiv B \ (\text{또는 } A \odot B) \qquad (3-3)$$
$$= \overline{A \oplus B} \qquad (3-4)$$
$$= \overline{\overline{A}B + A\overline{B}}$$
$$= \overline{A}\,\overline{B} + AB \qquad (3-5)$$

Ex-NOR 게이트의 동작은 서로 같은 입력이 인가될 때, 출력이 1이 되는 연산으로 표 3-2에 진리표를 나타낸다.

표 3-2 Ex-NOR 연산의 진리표

A	B	A⊕B	$\overline{A \oplus B}$	$\overline{A}\,\overline{B}$	AB	$\overline{A}\,\overline{B}+AB$
0	0	0	1	1	0	1
0	1	1	0	0	0	0
1	0	1	0	0	0	0
1	1	0	1	0	1	1

Ex-NOR 게이트의 논리 기호는 그림 3-3(a) 또는 (b)로 표현하며, (c)는 등가의 표현이다. Ex-NOR라는 이름을 사용할 경우에는 (b)의 기호를 주로 사용한다.

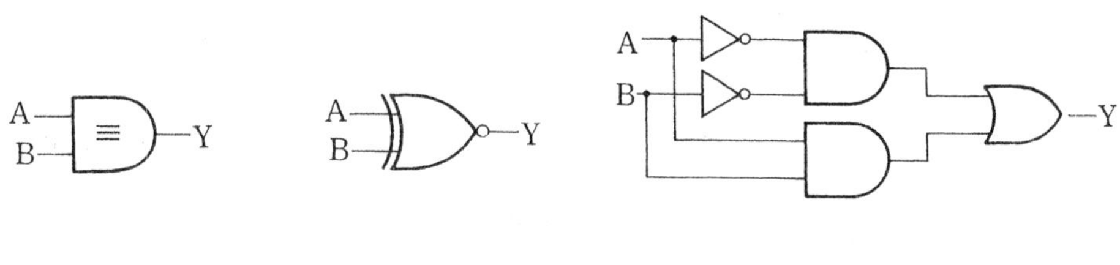

(a) 동치 게이트 (b) Ex-NOR 게이트 (c) 등가의 게이트 회로

그림 3-3 Ex-NOR 게이트

3-4 실 험

(1) XOR 게이트

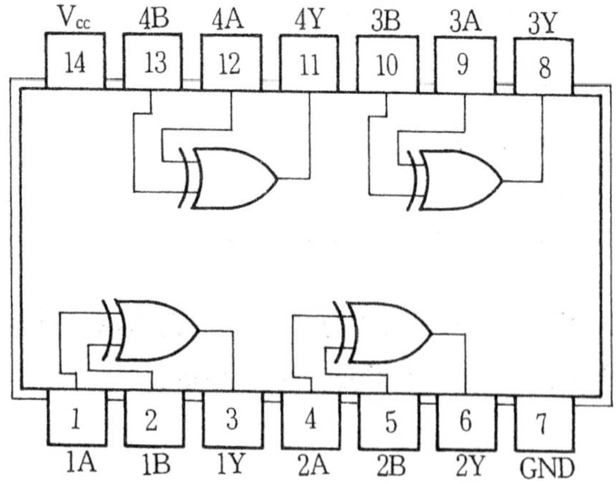

그림 3-4 XOR 게이트 7486의 핀 배치도

XOR 논리를 수행하는 게이트의 IC 소자로는 대표적으로 7486이 쓰이며, 이는 14핀 IC에 4조의 XOR 게이트를 집적한 회로이다. 그림 3-4는 7486 XOR 게이트의 핀 배치도를 나타낸다.

XOR 게이트도 몇 종류의 IC 소자가 제공되고 있으나 3입력 이상의 다중 입력은 없으며, 이들을 표 3-3에 정리하였다.

표 3-3 XOR 게이트의 여러 종류

part No.	description	pin	비고
7486	Quad 2-Input XOR	14	TTL
74135	Quad 2-Input XOR/Ex-NOR	16	XOR/Ex-NOR 선택형
74136	Quad 2-Input Open Collector XOR	14	7486의 O.C.형
74386	Quad 2-Input XOR	14	핀 배치가 부분적으로 다름
4030	Quad 2-Input XOR	14	CMOS

실험 3-1 기본 논리 게이트에 의한 XOR 연산 회로

인버터 7404, AND 게이트 7408, OR 게이트 7432 IC를 브레드 보드에 장착하고, 14번 핀을 +5 V 전원에, 7번 핀을 GND에 연결한다. 실험을 위한 회로는 그림 3-5와 같이 구성하며, 입력은 스위치에, 출력은 LED에 연결하여 관찰한다. 관찰 결과는 표 3-4에 기록하고 진리표와 같은가 확인한다.

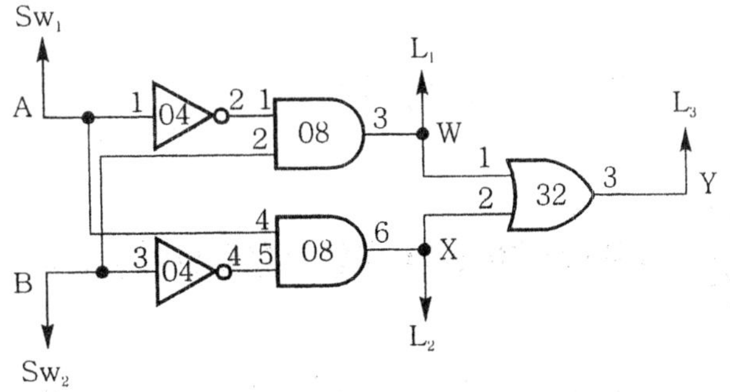

그림 3-5 기본 논리 게이트에 의한 XOR 연산 실험 회로

표 3-4 기본 논리 게이트에 의한 XOR 연산 실험 결과

입 력		출 력		
A(Sw1)	B(Sw2)	$W(L_1)=\overline{A}\cdot B$	$X(L_2)=A\cdot\overline{B}$	$Y(L_3)=\overline{A}\cdot B+A\cdot\overline{B}$
0	0	___	___	___
0	1	___	___	___
1	0	___	___	___
1	1	___	___	___

실험 3-2 XOR 게이트 회로

XOR 게이트 IC 7486을 브레드 보드에 장착하고, 14번 핀을 +5 V 전원에, 7번 핀을 GND에 연결한다. 실험을 위한 회로는 그림 3-6과 같이 구성하며, 입력은 스위치에, 출력은 LED에 연결하여 관찰한다. 관찰 결과는 표 3-5에 기록하고 진리표와 같은가 확인한다.

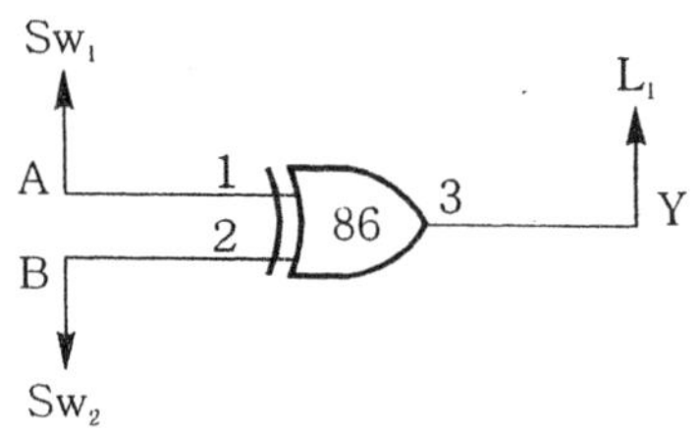

그림 3-6 XOR 게이트 실험 회로

표 3-5 XOR 게이트 실험 결과

입 력		출 력
A(Sw1)	B(Sw2)	$Y(L_1)=A\oplus B$
0	0	___
0	1	___
1	0	___
1	1	___

실험 3-3 NAND 게이트에 의한 XOR 연산 회로

NAND만의 논리로 XOR 연산을 수행하기 위하여는 먼저 NAND만의 논리식으로 만드는 과정이 필요하다. NAND만의 XOR 연산 논리식은 식 (3-6)에서 식 (3-8)까지의 여러 가지 형태가 가능하지만 식 (3-8)의 경우가 NAND 게이트가 가장 적게 소요된다.

IC 7400을 브레드 보드에 장착하고 식 (3-8)을 회로도로 표현한 그림 3-7을 실험하여 결과는 표 3-6에 기록하고 진리표와 비교하라.

$$Y = \overline{A}B + A\overline{B} = \overline{\overline{\overline{A}B + A\overline{B}}} = \overline{\overline{\overline{A}B} \cdot \overline{A\overline{B}}} \qquad (NAND\times5) \qquad (3-6)$$

$$= \overline{\overline{A}\,\overline{B} + AB} = \overline{\overline{\overline{A}\,\overline{B}} \cdot \overline{AB}} \qquad (NAND\times6) \qquad (3-7)$$

$$= \overline{A}B + A\overline{B} = (\overline{A}B + B\overline{B}) + (A\overline{B} + A\overline{A})$$

$$= B(\overline{A} + \overline{B}) + A(\overline{B} + \overline{A})$$

$$= B(\overline{AB}) + A(\overline{AB})$$

$$= \overline{\overline{B(\overline{AB}) + A(\overline{AB})}}$$

$$= \overline{\overline{B(\overline{AB})} \cdot \overline{A(\overline{AB})}} \qquad (NAND\times4) \qquad (3-8)$$

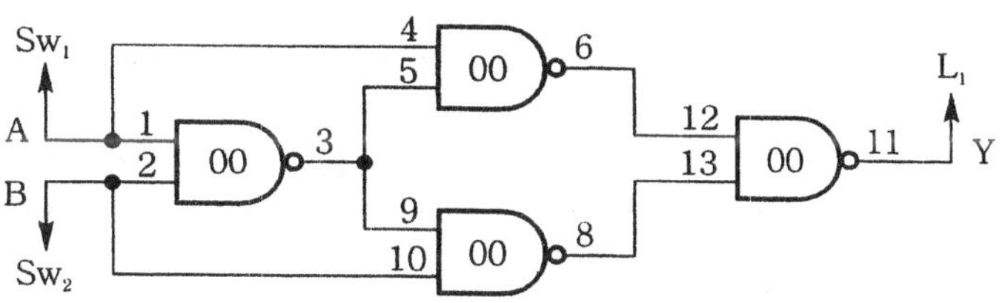

그림 3-7 NAND 게이트만의 XOR 논리 실험 회로

표 3-6 NAND 게이트만의 XOR 논리 실험 결과

입 력		출 력
A(Sw_1)	B(Sw_2)	$Y(L_1) = \overline{\overline{A(\overline{AB})} \cdot \overline{B(\overline{AB})}}$
0	0	___
0	1	___
1	0	___
1	1	___

실험 3-4 다중 입력 XOR 게이트

XOR 게이트는 다중 입력의 게이트가 제공되지 않으며 다중 입력이 필요한 경우라도 2입력 게이트로 구현하여야만 한다. IC 7486을 브레드 보드에 장착하고 그림 3-8의 2단계 3입력 XOR 논리를 실험하여 결과는 표 3-7에 기록하고 이론값과 같은가 확인하라.

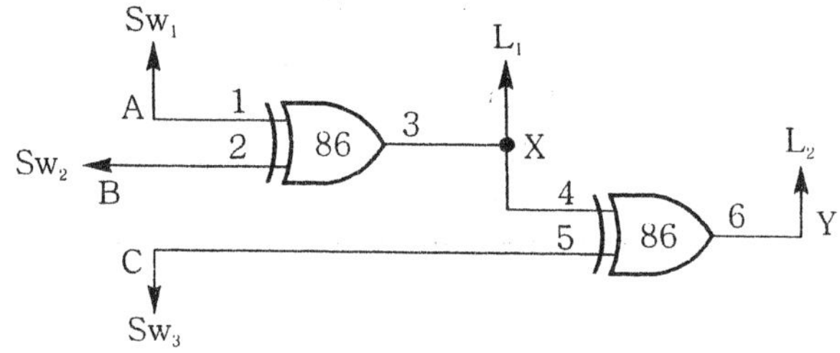

그림 3-8 다중 입력 XOR 게이트 실험 회로

표 3-7 다중 입력 XOR 게이트 실험 결과

입 력			출 력	
A(Sw1)	B(Sw2)	C(Sw3)	X(L1)=A⊕B	Y(L2)=A⊕B⊕C
0	0	0	___	___
0	0	1	___	___
0	1	0	___	___
0	1	1	___	___
1	0	0	___	___
1	0	1	___	___
1	1	0	___	___
1	1	1	___	___

실험 3-5 프로그래머블 인버터

XOR 게이트는 입력 신호 1개를 제어 단자로 사용하면 제어 신호의 값에 따라 버퍼 혹은 인버터로 작용하는 프로그래머블 인버터로 사용할 수 있다. 그림 3-9의 회로는 프로그래머블 인버터의 실험을 나타낸다. 실험 결과를 표 3-8에 기록하고 제어 단자의 값에 따라 버퍼 혹은 인버터로 동작함을 확인하라.

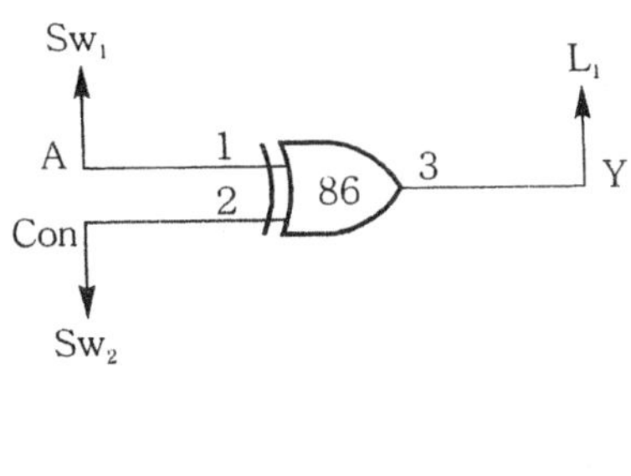

그림 3-9 프로그래머블 인버터 실험 회로

표 3-8 프로그래머블 인버터 실험 결과

입 력			출 력
A(Sw1)	Con(Sw2)		Y(L1)=A or $\overline{A}$
0	0	버퍼	___
1	0		___
0	1	인버터	___
1	1		___

(2) Ex-NOR 게이트

Ex-NOR 게이트는 XOR 게이트에 인버터를 사용하든가 또는 다른 게이트의 조합으로 사용하는 경우가 많기 때문에 IC 소자로는 그다지 많은 종류가 있지는 않다. 표 3-9에 Ex-NOR 게이트 IC 소자를 나타낸다.

표 3-9 Ex-NOR 게이트의 여러 종류

part No.	description	pin	비고
74135	Quad 2-Input XOR/Ex-NOR	16	선택 사용
74266	Quad 2-Input Open Collector Ex-NOR	14	O.C.형
4077	Quad 2-Input Ex−NOR	14	CMOS

Ex-NOR 게이트 74135는 XOR와 Ex-NOR가 혼합적으로 제공되고 있는 IC로, 16핀 칩에 4조의 XOR/Ex-NOR 게이트를 집적하여 놓았다. XOR 게이트 2개를 1그룹으로 묶어 각 출력을 제어하여 XOR 혹은 Ex-NOR로 동작

할 수 있도록 만들어 놓은 회로이다. 74135의 핀 배치도를 그림 3-10에 나타내었다.

74135의 1개의 XOR/Ex-NOR 게이트 내부 회로는 XOR 게이트 2개가 연결된 형태로 그들의 역할은 각각 다르다. 첫 번째 단의 XOR 게이트는 XOR 논리 연산을 수행하며, 두 번째 XOR 게이트는 프로그래머블 인버터로 출력을 조절하는 역할을 한다.

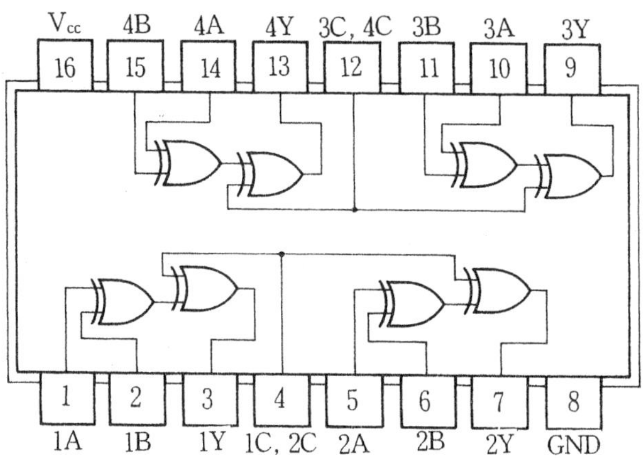

그림 3-10 XOR/Ex-NOR 게이트 IC 74135의 핀 배치도

표 3-10에는 XOR/Ex-NOR 게이트 한 개의 논리가 진리표로 정리되어 있다. C의 값이 0일 때 XOR 게이트로, C의 값이 1일 때 Ex-NOR 게이트로 동작함을 확인할 수 있다.

표 3-10 XOR/Ex-NOR 게이트의 진리표

제어 입력	입 력		출 력
C	A	B	Y
0	0	0	0
0	0	1	1
0	1	0	1
0	1	1	0
1	0	0	1
1	0	1	0
1	1	0	0
1	1	1	1

실험 3-6 XOR/Ex-NOR 게이트

XOR/Ex-NOR 게이트 IC 74135를 브레드 보드에 장착하고, 16번 핀을 +5 V 전원에, 8번 핀을 GND에 연결한다. 실험을 위한 회로는 그림 3-11과 같이 구성하며, 입력은 스위치에, 출력은 LED에 연결하여 관찰한다. 관찰 결과는 표 3-11에 기록하고 진리표와 같은가 확인한다.

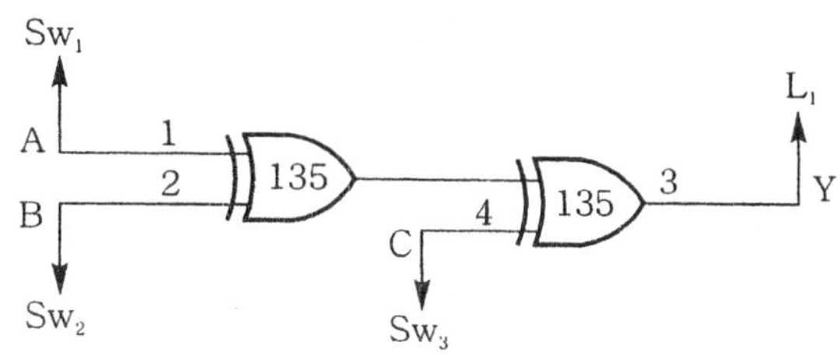

그림 3-11 XOR/Ex-NOR 게이트 실험 회로

표 3-11 XOR/Ex-NOR 게이트 실험 결과

제어 입력	입 력		출 력
$C(Sw_3)$	$A(Sw_1)$	$B(Sw_2)$	$Y(L_1)=A\oplus B$ or $\overline{A\oplus B}$
0	0	0	___
0	0	1	___
0	1	0	___
0	1	1	___
1	0	0	___
1	0	1	___
1	1	0	___
1	1	1	___

(3) AND-OR-Invert 게이트

A-O-I(AND-OR-Invert) 게이트는 AND-OR-NOT 조합 논리를 그림 3-12의 회로로 구성하여 놓은 것이다. 이들은 각각의 AND, OR, NOT 게이트를 이용하여 구현할 수 있는 회로이지만 하나의 IC에 집적시켜 놓은 것은 사용의 편리성과 그를 응용하여 특수한 목적에 사용하도록 하기 위함이다.

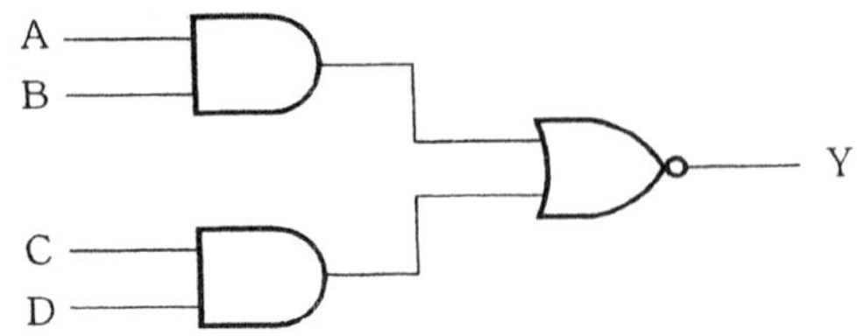

그림 3-12 AND-OR-Invert 논리

이의 논리를 불 함수로 표현하면 식 (3-9)가 된다.

$$Y = \overline{AB + CD} \tag{3-9}$$

A-O-I 게이트는 TTL 7450, 7451, 7453, 7454, 7455, 7464, 7465 등 여러 가지가 있으며, 입력이 몇 개이고, AND 게이트가 몇 개인가에 따라 달라진다. 대표적으로 많이 쓰이는 7451은 그림 3-12의 논리로 구성되어 있으며 14핀 IC에 2조의 A-O-I 게이트가 집적되어 있다. 그림 3-13은 A-O-I 게이트 7451의 핀 배치도이다.

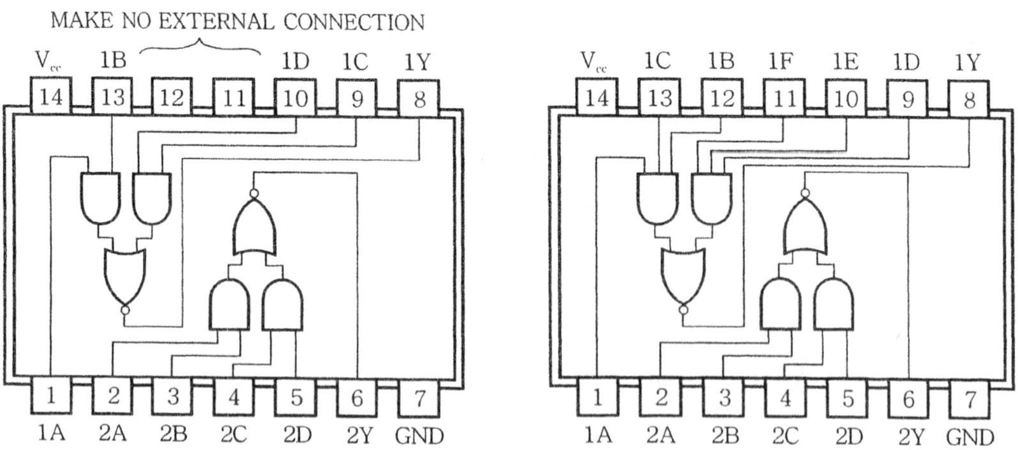

(a) 7451, 74S51

(b) 74LS51, 74ALS51

그림 3-13 A-O-I 게이트 IC 7451의 핀 배치도

실험 3-7 AND-OR-Invert 게이트

A-O-I 게이트 IC 7451을 브레드 보드에 장착하고, 14번 핀을 +5 V 전원에, 7번 핀을 GND에 연결한다. 실험을 위한 회로는 그림 3-14와 같이 구성하며, 입력은 스위치에, 출력은 LED에 연결하여 관찰한다. 관찰 결과는 표 3-12에 기록하고 이론값과 같은가 확인한다. 회로는 분해하지 말고 그대로 두어 실험 3-8에 활용하기 바란다.

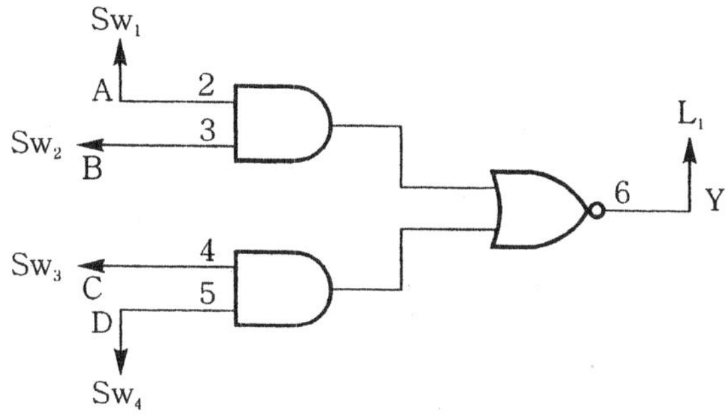

그림 3-14 A-O-I 게이트 실험 회로

표 3-12 A-O-I 게이트 실험 결과

입 력				출 력
A(Sw_1)	B(Sw_2)	C(Sw_3)	D(Sw_4)	$Y(L_1)=\overline{AB+CD}$
0	0	0	0	__
0	0	0	1	__
0	0	1	0	__
0	0	1	1	__
0	1	0	0	__
0	1	0	1	__
0	1	1	0	__
0	1	1	1	__
1	0	0	0	__
1	0	0	1	__
1	0	1	0	__
1	0	1	1	__
1	1	0	0	__
1	1	0	1	__
1	1	1	0	__
1	1	1	1	__

실험 3-8 데이터 선택 회로

A−O−I 게이트는 데이터 선택 회로로 쓰일 수 있다. AND 입력을 그림 3−15와 같이 데이터 입력과 인에이블 입력으로 결선하고 데이터를 인가한 후 인에이블 단자를 제어하면 두 개의 입력 중 하나를 선택하는 회로가 된다. 다만 출력에 인버터를 가지므로 입력이 반전되어 출력에 나타남을 주의하여야 한다. 그림 3−15의 회로에 대하여 실험하여 표 3−13에 기록하고, 데이터 선택 논리가 이루어짐을 확인하라.

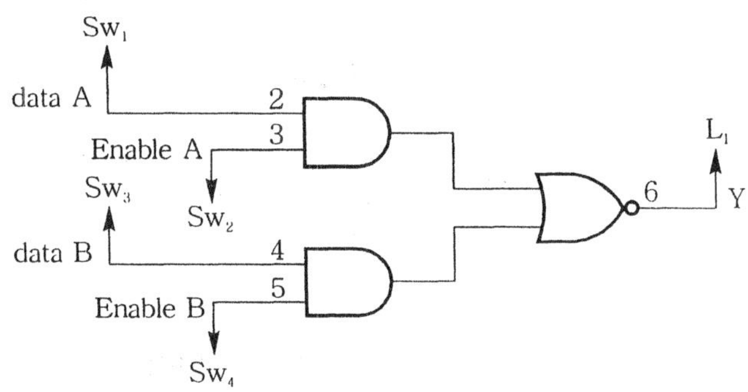

그림 3-15 A-O-I 게이트의 데이터 선택 회로

표 3-13 A-O-I 게이트의 데이터 선택 진리표

제 어 입 력		데 이 터 입 력		출 력
Enable A (Sw2)	Enable B (Sw4)	data A (Sw1)	data B (Sw3)	Y(L1) = $\overline{A}$ or $\overline{B}$
0	0	0	0	__
0	0	0	1	__
0	0	1	0	__
0	0	1	1	__
0	1	0	0	__
0	1	0	1	__
0	1	1	0	__
0	1	1	1	__
1	0	0	0	__
1	0	0	1	__
1	0	1	0	__
1	0	1	1	__

절취선

실험 예비 보고서

제 3 장 응용 논리 게이트 XOR/Ex-NOR/A-O-I

과 목 명 :

실 험 일 : 년 월 일 요일

담당교수 :

실험조교 :

학 과 : 과 반

실 험 조 : 조

학 번 :

성 명 :

확 인	

※ 실험을 진행하는 데 필요한 다음 사항을 정리하라.

1. XOR 논리 연산의 특성

2. Ex-NOR 논리 연산의 특성

3. 다중 입력 XOR 논리 연산의 특성

4. 프로그래머블 인버터

5. AND-OR-Invert 게이트의 응용

절
취
선

실험 결과 보고서

제 3 장 응용 논리 게이트 XOR/Ex-NOR/A-O-I

과 목 명 :

실 험 일 : 년 월 일 요일

담당교수 :

실험조교 :

학 과 : 과 반

실 험 조 : 조

학 번 :

성 명 :

평 가	

실험 3-1 기본 논리 게이트에 의한 XOR 연산 회로

입 력		출 력		
A(Sw_1)	B(Sw_2)	W(L_1)$=\overline{A}\cdot B$	X(L_2)$=A\cdot\overline{B}$	Y(L_3)$=\overline{A}\cdot B+A\cdot\overline{B}$
0	0	___	___	___
0	1	___	___	___
1	0	___	___	___
1	1	___	___	___

실험 3-2 XOR 게이트 회로

입 력		출 력
A(Sw_1)	B(Sw_2)	Y(L_1)$=A\oplus B$
0	0	___
0	1	___
1	0	___
1	1	___

실험 3-3 NAND 게이트에 의한 XOR 연산 회로

입 력		출 력
A(Sw_1)	B(Sw_2)	Y(L_1)$=\overline{\overline{A(\overline{AB})}\cdot\overline{B(\overline{AB})}}$
0	0	___
0	1	___
1	0	___
1	1	___

실험 3-4 다중 입력 XOR 게이트

입 력			출 력	
A(Sw_1)	B(Sw_2)	C(Sw_3)	X(L_1)=$A \oplus B$	Y(L_2)=$A \oplus B \oplus C$
0	0	0	____	____
0	0	1	____	____
0	1	0	____	____
0	1	1	____	____
1	0	0	____	____
1	0	1	____	____
1	1	0	____	____
1	1	1	____	____

절취선

실험 3-5 프로그래머블 인버터

입 력			출 력
A(Sw_1)	Con(Sw_2)		Y(L_1)=A or $\overline{A}$
0	0	버퍼	____
1	0		____
0	1	인버터	____
1	1		____

실험 3-6 XOR/Ex-NOR 게이트

제어 입력	입 력		출 력
C(Sw_3)	A(Sw_1)	B(Sw_2)	Y(L_1)=$A \oplus B$ or $\overline{A \oplus B}$
0	0	0	____
0	0	1	____
0	1	0	____
0	1	1	____
1	0	0	____
1	0	1	____
1	1	0	____
1	1	1	____

실험 3-7 AND−OR−Invert 게이트

입 력				출 력
A(Sw_1)	B(Sw_2)	C(Sw_3)	D(Sw_4)	$Y(L_1)=\overline{AB+CD}$
0	0	0	0	___
0	0	0	1	___
0	0	1	0	___
0	0	1	1	___
0	1	0	0	___
0	1	0	1	___
0	1	1	0	___
0	1	1	1	___
1	0	0	0	___
1	0	0	1	___
1	0	1	0	___
1	0	1	1	___
1	1	0	0	___
1	1	0	1	___
1	1	1	0	___
1	1	1	1	___

실험 3-8 데이터 선택 회로

제 어 입 력		데 이 터 입 력		출 력
Enable A (Sw_2)	Enable B (Sw_4)	data A (Sw_1)	data B (Sw_3)	$Y(L_1) = \overline{A}$ or $\overline{B}$
0	0	0	0	___
0	0	0	1	___
0	0	1	0	___
0	0	1	1	___
0	1	0	0	___
0	1	0	1	___
0	1	1	0	___
0	1	1	1	___
1	0	0	0	___
1	0	0	1	___
1	0	1	0	___
1	0	1	1	___

▶ **결 론** 실험 결과 검토 및 논의

4 CHAPTER

조합 논리 회로(코드 변환기)

4-1 목 적

1. 조합 논리 회로의 설계 단계를 이해하고 실제 설계를 수행한다.
2. BCD-3초과 코드 변환기의 설계와 구현을 이해한다.
3. 3초과-BCD 코드 변환기의 설계와 구현을 이해한다.
4. 2진수-그레이 코드/그레이 코드- 2진수 변환기의 설계와 구현을 이해한다.
5. 패리티 제너레이터/체커 회로를 이해한다.

4-2 사용 기기 및 부품

기기	논리 회로 실험 장치 (또는 대체 장비)
부품	IC 7400 (quad 2-input NAND gates) 4개 IC 7404 (hex inverters) 1개 IC 7408 (quad 2-input AND gates) 1개 IC 7432 (quad 2-input OR gates) 1개 IC 7486 (quad 2-input XOR gates) 1개 점퍼선 약간

4-3 개 념

(1) 조합 논리 회로 설계 단계

① 제목 : 문제를 분석하여 기능에 적합한 제목을 달아 준다.

② 입출력 정의 : 입력과 출력으로 사용되는 불 변수를 정의한다.

③ 블록도 : 문제 분석의 최종 단계로 기능에 의하여 정의된 제목과 입출력 신호를 사용하여 논리적인 동작을 결정한다.

④ 진리표 : 입력과 출력 신호의 상호 관계를 진리표로 정의한다.

⑤ 논리식 : 출력 함수의 기본적인 논리식을 유도한다.

⑥ 간략화 : 카르노 맵 등의 간략화 방법을 사용하여 간략화한다.

⑦ 변형, 조작 : 간략화된 논리식에 대하여 조건에 따른 변형이나, 중복 사용 가능한 항, XOR 논리 등의 변형이나 조작을 행한다.

⑧ 회로도 : 최종 회로도를 그린다.

⑨ 검증 : 실제 회로를 IC를 이용하여 구성하여 동작이 이론값과 일치하는가 검증한다.

(2) BCD-3초과 코드 변환기

10진수를 표현하는 대표적인 자릿값(weighted) 코드로 BCD 8421 코드를 사용하며, 비자릿값(unweighted) 코드로는 3초과(excess-3) 코드를 들 수 있다. 이들의 코드값은 표 4-1로 정의할 수 있다.

표 4-1 8421 코드와 3초과 코드

10진수	8421 코드	3초과 코드
0	0000	0011
1	0001	0100
2	0010	0101
3	0011	0110
4	0100	0111
5	0101	1000
6	0110	1001
7	0111	1010
8	1000	1011
9	1001	1100

BCD 8421 코드는 표현과 이해가 쉬운 코드로 자릿값이 MSB부터 8, 4, 2, 1인 코드이며, 3초과 코드는 8421 코드에 대하여 항상 3이 큰 비자릿값 코드이다.

4비트의 BCD 입력이 인가될 때, 4비트의 3초과 코드로 변환하여 출력하는 디지털 회로의 논리는 그림 4-1처럼 표현할 수 있다.

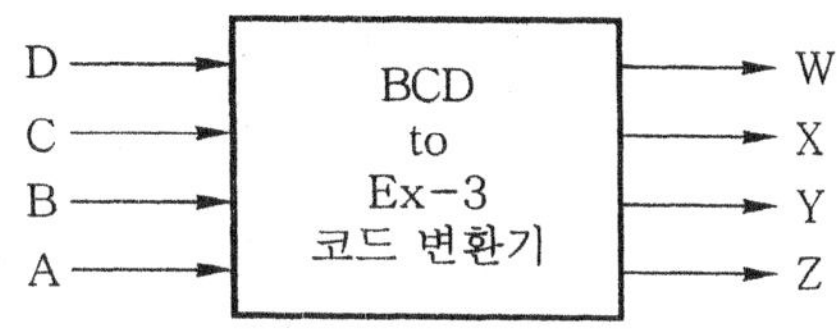

그림 4-1 BCD-3초과 코드 변환기의 블록도

그림 4-1 블록도의 내부 논리는 표 4-1의 코드표로부터 8421 코드를 입력 신호로, 3초과 코드를 출력 신호로 하여 설계할 수 있다.

(3) 2진수-그레이 코드 변환기

2진수는 n비트의 자릿값 코드 체계이며, 그레이 코드는 n비트의 비자릿값 코드 체계이다. 또한 그레이 코드는 인접한 코드간에 항상 한 비트씩만 달라지는 코드로 이의 변환은 다음의 변환 규칙으로 정의된다.

① 2진수의 MSB부터 시작하여 LSB까지 변환한다.
② MSB는 그대로 쓴다.
③ 두 번째 비트부터는 2진수의 앞의 비트와 현재 비트를 비교하여 같으면 0, 다르면 1이 된다.
④ LSB까지 반복하여 같은 길이만큼 만들어 낸다.

4비트의 2진수를 그레이 코드로 변환한 코드표는 표 4-2로 표현된다.

표 4-2 2진수와 그레이 코드

10진수	2진수	그레이 코드
0	0000	0000
1	0001	0001
2	0010	0011
3	0011	0010
4	0100	0110
5	0101	0111
6	0110	0101
7	0111	0100
8	1000	1100
9	1001	1101
10	1010	1111
11	1011	1110
12	1100	1010
13	1101	1011
14	1110	1001
15	1111	1000

2진수를 그레이 코드로 변환하는 변환기는 정상적인 조합 회로의 설계 단계를 거쳐서 설계하지 않아도 가능하다. 이유는 그레이 코드를 정의하는 단계에서 이미 정하여진 길이의 코드 체계로 정한 것이 아니라 n비트의 2진수에 대하여 n비트의 그레이 코드로 변환하는 규칙을 정의하였기 때문이다. 따라서 코드 변환기의 설계도 지정된 길이의 코드에 대하여 진리표로부터 유도되는 논리식으로 설계하지 않아도 같은 결과를 얻을 수 있다.

(4) 그레이-2진수 코드 변환기

그레이 코드를 2진수로 변환하는 변환기는 앞의 2진수-그레이 코드 변환기와 마찬가지로 변환 규칙에 의하여 설계할 수 있다. 그레이-2진수 코드 변환 규칙은 다음과 같다.

① 그레이 코드의 MSB부터 시작하여 LSB까지 변환한다.

② MSB는 그대로 쓴다.

③ 두 번째 비트부터는 앞자리의 2진수로 변환된 비트와 그레이 코드의 다음 비트를 비교하여 같으면 0, 다르면 1이 된다.

④ LSB까지 반복하여 같은 길이만큼 만들어 낸다.

(5) 패리티 제너레이터/체커

패리티 검사는 2진수를 사용하는 디지털 회로에서 오류를 쉽게 검출하기 위한 방법으로 많이 사용한다. 주어진 데이터 비트에 패리티 비트를 1비트 추가하는 회로를 패리티 제너레이터라고 하며, 데이터 비트들과 패리티 비트를 포함하여 저장, 전송 등이 이루어진 후에 오류가 있는가를 확인하는 것이 패리티 체커이다.

패리티 검사는 데이터들 중 1의 개수가 홀수(기수, odd)인가, 짝수(우수, even)인가에 따라 홀수 패리티와 짝수 패리티로 나눈다. 표 4-3은 BCD 코드에 대한 패리티 비트를 나타낸다. 홀수 패리티란 패리티 비트 자신을 포함하여 데이터 비트의 1의 개수가 홀수 개가 되도록 하는 패리티 비트이며, 짝수 패리티란 1의 개수가 짝수 개가 되도록 하는 패리티 비트이다.

표 4-3 패리티 비트가 추가된 BCD 코드

10진수	BCD 코드	홀수 패리티	짝수 패리티
0	0000	0000 1	0000 0
1	0001	0001 0	0001 1
2	0010	0010 0	0010 1
3	0011	0011 1	0011 0
4	0100	0100 0	0100 1
5	0101	0101 1	0101 0
6	0110	0110 1	0110 0
7	0111	0111 0	0111 1
8	1000	1000 0	1000 1
9	1001	1001 1	1001 0

4-4 실 험

실험 4-1 BCD-3초과 코드 변환기

4비트의 BCD 입력이 인가될 때, 4비트의 3초과 코드로 변환하여 출력하는 디지털 회로는 다음과 같이 설계된다. 간략화 및 회로 설계 등의 공란을 채워 넣어라.

① 제목 : BCD-3초과 코드 변환기

② 입출력 정의

- 입력 — D, C, B, A
- 출력 — W, X, Y, Z

③ 블록도 : 그림 4-2

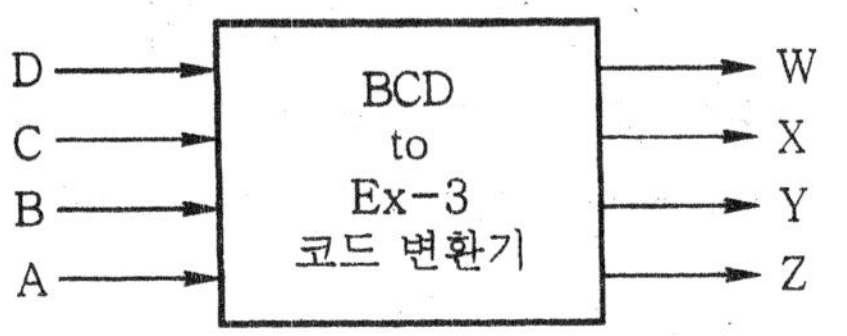

그림 4-2 BCD-3초과 코드 변환기의 블록도

④ 진리표 : 표 4-4

표 4-4 BCD-3초과 코드 변환기의 진리표

입 력				출 력			
D	C	B	A	W	X	Y	Z
0	0	0	0	___	___	___	___
0	0	0	1	___	___	___	___
0	0	1	0	___	___	___	___
0	0	1	1	___	___	___	___
0	1	0	0	___	___	___	___
0	1	0	1	___	___	___	___
0	1	1	0	___	___	___	___
0	1	1	1	___	___	___	___
1	0	0	0	___	___	___	___
1	0	0	1	___	___	___	___
1	0	1	0	___	___	___	___
1	0	1	1	___	___	___	___
1	1	0	0	___	___	___	___
1	1	0	1	___	___	___	___
1	1	1	0	___	___	___	___
1	1	1	1	___	___	___	___

⑤ 기본 논리식 : $W(D, C, B, A) = \Sigma m(\qquad\qquad)$
$X(D, C, B, A) = \Sigma m(\qquad\qquad)$
$Y(D, C, B, A) = \Sigma m(\qquad\qquad)$
$Z(D, C, B, A) = \Sigma m(\qquad\qquad)$

⑥ 간략화 : 그림 4-3으로 간략화

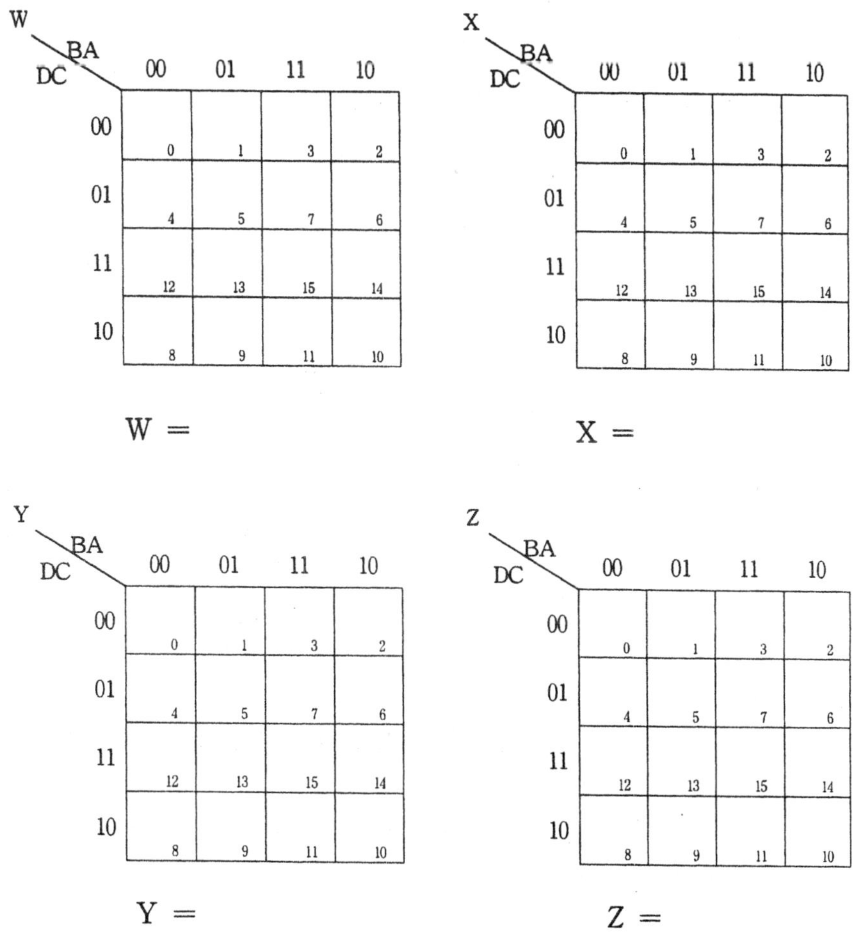

그림 4-3 BCD-3초과 코드 변환기 논리식의 간략화

⑦ 변형, 조작 : 간략화된 논리식은 그대로 회로도로 표현하여도 되지만 더 간단하게 회로를 설계하기 위하여 다음과 같이 변형, 조작한다.

$$W = D + C(B + A)$$

$$X = \overline{C}(B + A) + C\,\overline{(B + A)}$$

$$= C \oplus (B + A)$$

$$Y = \overline{(B + A)} + BA = \overline{B \oplus A}$$

$$Z = \overline{A}$$

⑧ 회로도 : 그림 4-4로 나타냄

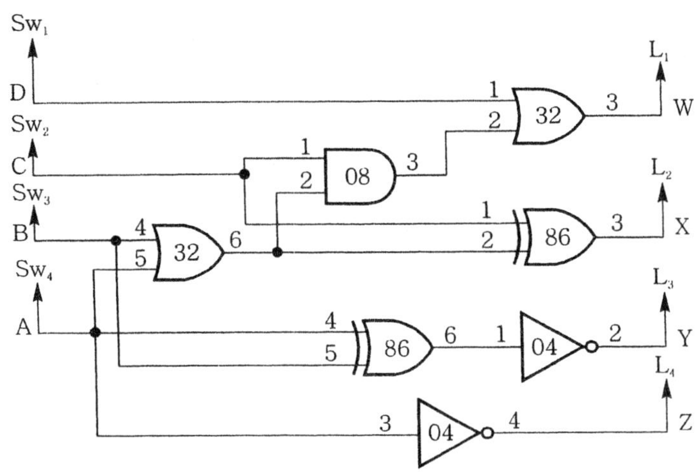

그림 4-4 BCD-3초과 코드 변환기의 실험 회로

⑨ 검증 : 그림 4-4의 회로를 실험하여 검증하고 결과를 표 4-5에 기록하라.

표 4-5 BCD-3초과 코드 변환기의 실험 결과

입 력				출 력			
D(Sw_1)	C(Sw_2)	B(Sw_3)	A(Sw_4)	W(L_1)	X(L_2)	Y(L_3)	Z(L_4)
0	0	0	0	___	___	___	___
0	0	0	1	___	___	___	___
0	0	1	0	___	___	___	___
0	0	1	1	___	___	___	___
0	1	0	0	___	___	___	___
0	1	0	1	___	___	___	___
0	1	1	0	___	___	___	___
0	1	1	1	___	___	___	___
1	0	0	0	___	___	___	___
1	0	0	1	___	___	___	___

실험 4-2 3초과-BCD 코드 변환기

3초과 코드를 BCD 코드로 변환하는 변환기를 NAND 게이트만으로 조합 논리 설계 9단계를 따라 설계하고 실험을 통하여 검증하라.

① 제목 :

② 입출력 정의

- 입력 –
- 출력 –

③ 블록도 : 그림 4-5에 그림

그림 4-5 3초과-BCD 코드 변환기의 블록도

④ 진리표 : 표 4−6 완성

표 4-6 3초과-BCD 코드 변환기의 진리표

입 력				출 력			
0	0	0	0	___	___	___	___
0	0	0	1	___	___	___	___
0	0	1	0	___	___	___	___
0	0	1	1	___	___	___	___
0	1	0	0	___	___	___	___
0	1	0	1	___	___	___	___
0	1	1	0	___	___	___	___
0	1	1	1	___	___	___	___
1	0	0	0	___	___	___	___
1	0	0	1	___	___	___	___
1	0	1	0	___	___	___	___
1	0	1	1	___	___	___	___
1	1	0	0	___	___	___	___
1	1	0	1	___	___	___	___
1	1	1	0	___	___	___	___
1	1	1	1	___	___	___	___

⑤ 기본 논리식 :

⑥ 간략화 : 그림 4-6에 표기하여 간략화

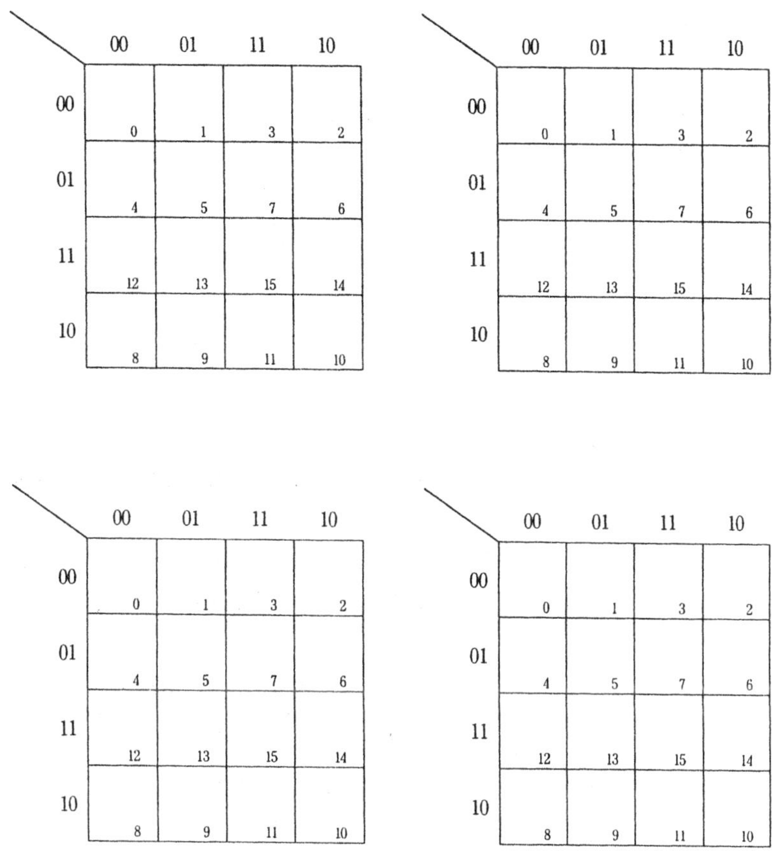

그림 4-6 3초과-BCD 코드 변환기 논리식의 간략화

⑦ 변형, 조작 : 간략화된 논리식을 NAND 게이트만의 회로가 되도록 변형 및 조작을 하여 다음에 기록한다.

⑧ 회로도 : 그림 4-7에 그림

그림 4-7 3초과-BCD 코드 변환기의 설계 회로

⑨ 검증 : 그림 4-7의 완성된 회로를 NAND 게이트 IC 7400을 사용하여 실험하고 결과를 표 4-7에 기록하고 확인한다.

표 4-7 3초과-BCD 코드 변환기의 실험 결과

입 력				출 력			
0	0	0	0	___	___	___	___
0	0	0	1	___	___	___	___
0	0	1	0	___	___	___	___
0	0	1	1	___	___	___	___
0	1	0	0	___	___	___	___
0	1	0	1	___	___	___	___
0	1	1	0	___	___	___	___
0	1	1	1	___	___	___	___
1	0	0	0	___	___	___	___
1	0	0	1	___	___	___	___
1	0	1	0	___	___	___	___
1	0	1	1	___	___	___	___
1	1	0	0	___	___	___	___
1	1	0	1	___	___	___	___
1	1	1	0	___	___	___	___
1	1	1	1	___	___	___	___

실험 4-3 2진수-그레이 코드 변환기

4비트 2진수를 그레이 코드로 변환하는 변환기를 변환 규칙을 적용하며 회로 설계의 과정을 따라 설계하면 코드 변환기의 설계는 다음과 같이 이루어진다. 공란을 메우고, 실험 회로를 구성하여 결과를 관찰하라.

① 제목 : 2진수 – 그레이 코드 변환기

② 입출력 정의

- 입력 – b_3, b_2, b_1, b_0
- 출력 – g_3, g_2, g_1, g_0

③ 블록도 : 그림 4-8로 나타냄

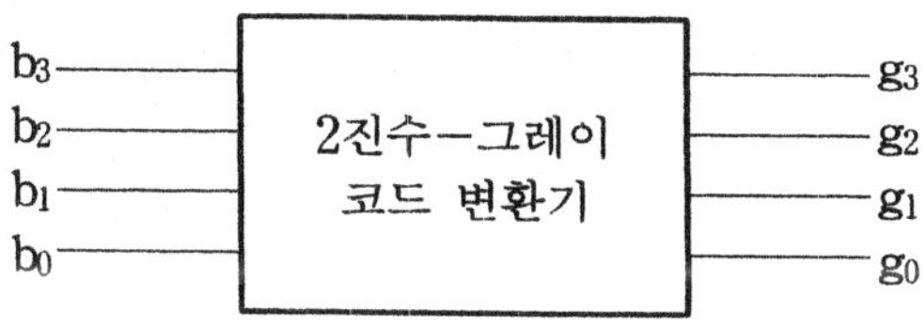

그림 4-8 2진수-그레이 코드 변환기의 블록도

⑤ 논리식 : 코드의 변환 규칙으로부터 논리식을 유도하여 정리하면 다음과 같다.

$$g_3 = b_3$$
$$g_2 = b_3 \oplus b_2$$
$$g_1 = b_2 \oplus b_1$$
$$g_0 = b_1 \oplus b_0 \ .$$

⑧ 회로도 : 그림 4-9로 나타냄

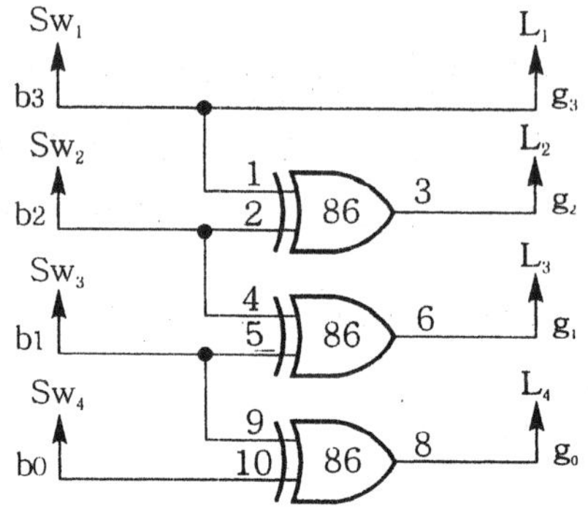

그림 4-9 2진수-그레이 코드 변환기 실험 회로

표 4-8 진수-그레이 코드 변환기의 실험 결과

입 력				출 력			
$b_3(Sw_1)$	$b_2(Sw_2)$	$b_1(Sw_3)$	$b_0(Sw_4)$	$g_3(L_1)$	$g_2(L_2)$	$g_1(L_3)$	$g_0(L_4)$
0	0	0	0	___	___	___	___
0	0	0	1	___	___	___	___
0	0	1	0	___	___	___	___
0	0	1	1	___	___	___	___
0	1	0	0	___	___	___	___
0	1	0	1	___	___	___	___
0	1	1	0	___	___	___	___
0	1	1	1	___	___	___	___
1	0	0	0	___	___	___	___
1	0	0	1	___	___	___	___
1	0	1	0	___	___	___	___
1	0	1	1	___	___	___	___
1	1	0	0	___	___	___	___
1	1	0	1	___	___	___	___
1	1	1	0	___	___	___	___
1	1	1	1	___	___	___	___

실험 4-4 그레이-2진수 코드 변환기

4비트 그레이 코드를 2진수로 변환하는 코드 변환기를 조합 논리 설계 절차에 따라 설계하라. 변환 규칙을 적용하며 회로 설계의 과정을 따라 설계하면 코드 변환기의 설계는 다음과 같이 이루어진다. 공란을 메우고, 실험 회로를 구성하여 결과를 관찰하라.

① 제목 : 그레이-2진수 코드 변환기

② 입출력 정의

- 입력 − g_3, g_2, g_1, g_0
- 출력 − b_3, b_2, b_1, b_0

③ 블록도 : 그림 4-10에 그림

그림 4-10 4비트 그레이-2진수 코드 변환기의 블록도

④ 진리표 : 표 4-9에 표기

표 4-9 4비트 그레이-2진수 코드 변환기의 진리표

입 력				출 력			
g_3	g_2	g_1	g_0	b_3	b_2	b_1	b_0

⑤ 기본 논리식 : $b_3(g_3,\ g_2,\ g_1,\ g_0) = \Sigma m\ (\qquad\qquad\qquad\qquad)$

$b_2(g_3,\ g_2,\ g_1,\ g_0) = \Sigma m\ (\qquad\qquad\qquad\qquad)$

$b_1(g_3,\ g_2,\ g_1,\ g_0) = \Sigma m\ (\qquad\qquad\qquad\qquad)$

$b_0(g_3,\ g_2,\ g_1,\ g_0) = \Sigma m\ (\qquad\qquad\qquad\qquad)$

⑥ 간략화 : 그림 4-11에 표기하여 간략화

b_3

g_3g_2 \ g_1g_0	00	01	11	10
00	0	1	3	2
01	4	5	7	6
11	12	13	15	14
10	8	9	11	10

$b_3 =$

b_2

g_3g_2 \ g_1g_0	00	01	11	10
00	0	1	3	2
01	4	5	7	6
11	12	13	15	14
10	8	9	11	10

$b_2 =$

b_1

g_3g_2 \ g_1g_0	00	01	11	10
00	0	1	3	2
01	4	5	7	6
11	12	13	15	14
10	8	9	11	10

$b_1 =$

b_0

g_3g_2 \ g_1g_0	00	01	11	10
00	0	1	3	2
01	4	5	7	6
11	12	13	15	14
10	8	9	11	10

$b_0 =$

그림 4-11 4비트 그레이-2진수 코드 변환기 논리식의 간략화

⑦ 변형, 조작 : 간략화된 논리식을 XOR 게이트만의 회로가 되도록 변형 및 조작을 한다.

$b_3 =$

$b_2 =$

$b_1 =$

$b_0 =$

⑧ 회로도 : 그림 4-12에 그림

그림 4-12 4비트 그레이-2진수 코드 변환기의 실험 회로

⑨ 검증 : 그림 4-12의 회로를 XOR 게이트 IC 7486을 이용하여 구현하고 실험 결과를 관찰하여 표 4-10에 기록하고 확인하라.

표 4-10 4비트 그레이-2진수 코드 변환기의 실험 결과

입 력				출 력			
$g_3(Sw_1)$	$g_2(Sw_2)$	$g_1(Sw_3)$	$g_0(Sw_4)$	$b_3(L_1)$	$b_2(L_2)$	$b_1(L_3)$	$b_0(L_4)$
0	0	0	0	___	___	___	___
0	0	0	1	___	___	___	___
0	0	1	1	___	___	___	___
0	0	1	0	___	___	___	___
0	1	1	0	___	___	___	___
0	1	1	1	___	___	___	___
0	1	0	1	___	___	___	___
0	1	0	0	___	___	___	___
1	1	0	0	___	___	___	___
1	1	0	1	___	___	___	___
1	1	1	1	___	___	___	___
1	1	1	0	___	___	___	___
1	0	1	0	___	___	___	___
1	0	1	1	___	___	___	___
1	0	0	1	___	___	___	___
1	0	0	0	___	___	___	___

실험 4-5 패리티 제너레이터

4비트 BCD에 대한 짝수 패리티 제너레이터는 '1의 개수가 홀수개일 때 출력이 1'인 다중 입력 XOR 게이트를 이용하면 간단하다. 또 홀수 패리티 제너레이터는 짝수 패리티 제너레이터의 출력에 인버터만 추가하면 된다. 그림 4-13의 4입력 XOR 논리는 그대로 4입력 짝수 패리티 제너레이터 회로와 홀수 패리티 제너레이터 회로가 된다. XOR 게이트 IC 7486과 인버터 IC 7404를 이용하여 BCD 입력에 대한 짝수 패리티 비트 출력과 홀수 패리티 비트 출력을 표 4-11에 기록하고 검토하라.

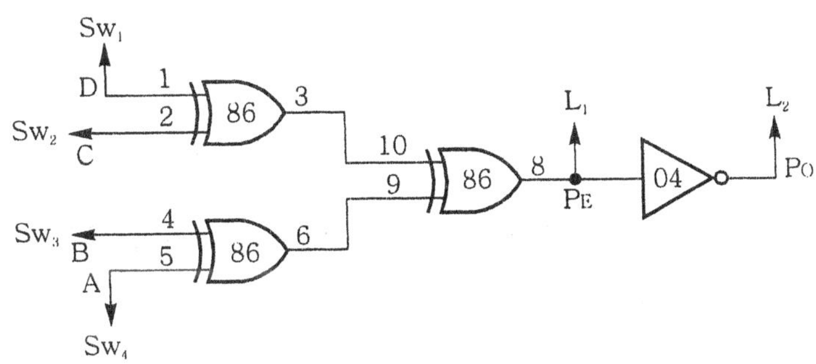

그림 4-13 4비트 패리티 제너레이터 실험 회로

표 4-11 BCD에 대한 패리티 제너레이터 실험 결과

입 력				출 력	
D(Sw1)	C(Sw2)	B(Sw3)	A(Sw4)	PE(L1)	PO(L2)
0	0	0	0	___	___
0	0	0	1	___	___
0	0	1	0	___	___
0	0	1	1	___	___
0	1	0	0	___	___
0	1	0	1	___	___
0	1	1	0	___	___
0	1	1	1	___	___
1	0	0	0	___	___
1	0	0	1	___	___

실험 4-6 짝수 패리티 체커

4비트 BCD에 짝수 패리티 비트 1비트를 추가하여 저장 또는 전송한 경우의 짝수 패리티 체커 회로를 설계하여 그려보아라.

그림 4-14 5비트 짝수 패리티 체커 회로 설계

절
취
선

실험 예비 보고서

제 4 장 조합 논리 회로 - 코드 변환기

과 목 명 :

실 험 일 : 년 월 일 요일

담당교수 :

실험조교 :

학 과 : 과 반

실 험 조 : 조

학 번 :

성 명 :

확 인	

※ 실험을 진행하는데 필요한 다음 사항을 정리하라.

1. BCD 코드와 3초과 코드의 특성

2. 2진수와 그레이 코드의 특성

3. 홀수 패리티와 짝수 패리티의 특성

4. 패리티 제너레이터와 체커의 관계

5. 논리 함수의 NAND 게이트만의 수행

6. 논리 함수의 NOR 게이트만의 수행

절취선

실험 결과 보고서

제 4 장 조합 논리 회로 - 코드 변환기

과 목 명 :

실 험 일 : 년 월 일 요일

담당교수 :

실험조교 :

학 과 : 과 반

실 험 조 : 조

학 번 :

성 명 :

평 가	

실험 4-1 BCD−3초과 코드 변환기

④ 진리표

입 력				출 력			
D	C	B	A	W	X	Y	Z
0	0	0	0	___	___	___	___
0	0	0	1	___	___	___	___
0	0	1	0	___	___	___	___
0	0	1	1	___	___	___	___
0	1	0	0	___	___	___	___
0	1	0	1	___	___	___	___
0	1	1	0	___	___	___	___
0	1	1	1	___	___	___	___
1	0	0	0	___	___	___	___
1	0	0	1	___	___	___	___
1	0	1	0	___	___	___	___
1	0	1	1	___	___	___	___
1	1	0	0	___	___	___	___
1	1	0	1	___	___	___	___
1	1	1	0	___	___	___	___
1	1	1	1	___	___	___	___

⑤ 기본 논리식 : $W(D, C, B, A) = \Sigma m(\qquad\qquad)$

$X(D, C, B, A) = \Sigma m(\qquad\qquad)$

$Y(D, C, B, A) = \Sigma m(\qquad\qquad)$

$Z(D, C, B, A) = \Sigma m(\qquad\qquad)$

$d(D, C, B, A) = \Sigma m(\qquad\qquad)$

⑥ 간략화 : 간략화된 논리식 표기

W =

X =

Y =

Z =

⑨ 검증 : BCD−3초과 코드 변환기의 실험 결과

입 력				출 력			
D(Sw_1)	C(Sw_2)	B(Sw_3)	A(Sw_4)	W(L_1)	X(L_2)	Y(L_3)	Z(L_4)
0	0	0	0	___	___	___	___
0	0	0	1	___	___	___	___
0	0	1	0	___	___	___	___
0	0	1	1	___	___	___	___
0	1	0	0	___	___	___	___
0	1	0	1	___	___	___	___
0	1	1	0	___	___	___	___
0	1	1	1	___	___	___	___
1	0	0	0	___	___	___	___
1	0	0	1	___	___	___	___

절취선

실험 4-2 3초과−BCD 코드 변환기

① 제목 :

② 입출력 정의

- 입력 −
- 출력 −

③ 블록도

④ 진리표

입 력				출 력			
0	0	0	0	___	___	___	___
0	0	0	1	___	___	___	___
0	0	1	0	___	___	___	___
0	0	1	1	___	___	___	___
0	1	0	0	___	___	___	___
0	1	0	1	___	___	___	___
0	1	1	0	___	___	___	___
0	1	1	1	___	___	___	___
1	0	0	0	___	___	___	___
1	0	0	1	___	___	___	___
1	0	1	0	___	___	___	___
1	0	1	1	___	___	___	___
1	1	0	0	___	___	___	___
1	1	0	1	___	___	___	___
1	1	1	0	___	___	___	___
1	1	1	1	___	___	___	___

⑤ 기본 논리식 :

⑥ 간략화 : 간략화된 논리식 표기

⑦ 변형, 조작 : 간략화된 논리식을 NAND 게이트만의 회로가 되도록 변형 및 조작을 하여 다음에 기록한다.

절취선

⑧ 회로도

⑨ 검증

입 력				출 력			
0	0	0	0				
0	0	0	1				
0	0	1	0				
0	0	1	1				
0	1	0	0				
0	1	0	1				
0	1	1	0				
0	1	1	1				
1	0	0	0				
1	0	0	1				
1	0	1	0				
1	0	1	1				
1	1	0	0				
1	1	0	1				
1	1	1	0				
1	1	1	1				

실험 4-3 2진수-그레이 코드 변환기

입 력				출 력			
$b_3(Sw_1)$	$b_2(Sw_2)$	$b_1(Sw_3)$	$b_0(Sw_4)$	$g_3(L_1)$	$g_2(L_2)$	$g_1(L_3)$	$g_0(L_4)$
0	0	0	0				
0	0	0	1				
0	0	1	0				
0	0	1	1				
0	1	0	0				
0	1	0	1				
0	1	1	0				
0	1	1	1				
1	0	0	0				
1	0	0	1				
1	0	1	0				
1	0	1	1				
1	1	0	0				
1	1	0	1				
1	1	1	0				
1	1	1	1				

절취선

실험 4-4 그레이-2진수 코드 변환기

③ 블록도

④ 진리표

입 력				출 력			
g_3	g_2	g_1	g_0	b_3	b_2	b_1	b_0

⑤ 기본 논리식 : $b_3(g_3,\ g_2,\ g_1,\ g_0) = \Sigma m\ (\qquad\qquad\qquad)$

$b_2(g_3,\ g_2,\ g_1,\ g_0) = \Sigma m\ (\qquad\qquad\qquad)$

$b_1(g_3,\ g_2,\ g_1,\ g_0) = \Sigma m\ (\qquad\qquad\qquad)$

$b_0(g_3,\ g_2,\ g_1,\ g_0) = \Sigma m\ (\qquad\qquad\qquad)$

⑥ 간략화 : 간략화된 논리식 표기

b_3 =

b_2 =

b_1 =

b_0 =

⑦ 변형, 조작 : 간략화된 논리식을 XOR 게이트만의 회로가 되도록 변형 및 조작을 한다.

b_3 =

b_2 =

b_1 =

b_0 =

⑧ 회로도

⑨ 검증

입 력				출 력			
$g_3(Sw_1)$	$g_2(Sw_2)$	$g_1(Sw_3)$	$g_0(Sw_4)$	$b_3(L_1)$	$b_2(L_2)$	$b_1(L_3)$	$b_0(L_4)$
0	0	0	0	___	___	___	___
0	0	0	1	___	___	___	___
0	0	1	1	___	___	___	___
0	0	1	0	___	___	___	___
0	1	1	0	___	___	___	___
0	1	1	1	___	___	___	___
0	1	0	1	___	___	___	___
0	1	0	0	___	___	___	___
1	1	0	0	___	___	___	___
1	1	0	1	___	___	___	___
1	1	1	1	___	___	___	___
1	1	1	0	___	___	___	___
1	0	1	0	___	___	___	___
1	0	1	1	___	___	___	___
1	0	0	1	___	___	___	___
1	0	0	0	___	___	___	___

절취선

실험 4-5 패리티 제너레이터

입 력				출 력	
$D(Sw_1)$	$C(Sw_2)$	$B(Sw_3)$	$A(Sw_4)$	$P_E(L_1)$	$P_O(L_2)$
0	0	0	0	___	___
0	0	0	1	___	___
0	0	1	0	___	___
0	0	1	1	___	___
0	1	0	0	___	___
0	1	0	1	___	___
0	1	1	0	___	___
0	1	1	1	___	___
1	0	0	0	___	___
1	0	0	1	___	___

실험 4-6 짝수 패리티 체커

▶ **결 론** 실험 결과 검토 및 논의

5 CHAPTER 조합 논리 회로(연산 회로)

5-1 목 적

1. 반가산기/전가산기의 논리를 이해하고 실험을 통하여 동작을 확인한다.
2. 병렬 가산기 구성을 위한 병렬 가산의 기초를 이해한다.
3. 반감산기/전감산기의 논리와 회로를 이해한다.
4. 가산기와 감산기의 회로상의 차이를 이해하고 하나의 회로로 설계한다.

5-2 사용 기기 및 부품

기기	논리 회로 실험 장치 (또는 대체 장비)
부품	IC 7404 (hex inverters) 1개 IC 7408 (quad 2-input AND gates) 1개 IC 7432 (quad 2-input OR gates) 1개 IC 7486 (quad 2-input XOR gates) 1개 점퍼선 약간

5-3 개념

(1) 반가산기

두 개의 1비트 수를 더하여 합(sum)과 자리올림(carry)을 만들어 내는 논리 회로인 반가산기는 그림 5-1의 논리 기호로 정의할 수 있다. 1비트의 두 수를 가산할 때, 피가수를 A, 가수를 B라 하고, 1비트의 합을 S (Sum), 1비트의 자리올림을 C (Carry)라 하면, 입력 A, B와 출력 S, C의 관계는 표 5-1의 진리표로 나타낼 수 있다. 이들 출력의 논리식은 식 (5-1)과 식 (5-3)으로 표현된다.

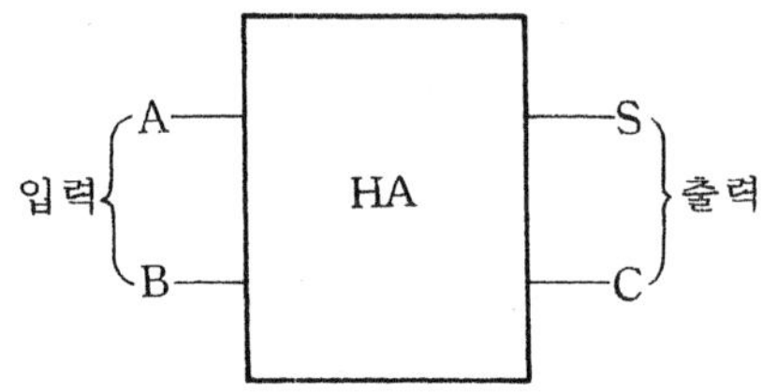

그림 5-1 반가산기의 논리 기호

표 5-1 반가산기의 진리표

피가수	가수	합	자리올림
A	B	S	C
0	0	0	0
0	1	1	0
1	0	1	0
1	1	0	1

$$S = \overline{A}B + A\overline{B} \quad (5-1)$$
$$= A \oplus B \quad (5-2)$$
$$C = AB \quad (5-3)$$

(2) 전가산기

n 비트의 수를 가산하기 위한 기본 모듈로는 전단의 자리올림을 가산할 수 있는 전가산기가 필요하며, 이의 논리는 그림 5-2의 논리 기호로 표현되고, 입력과 출력의 진리표는 표 5-2가 된다.

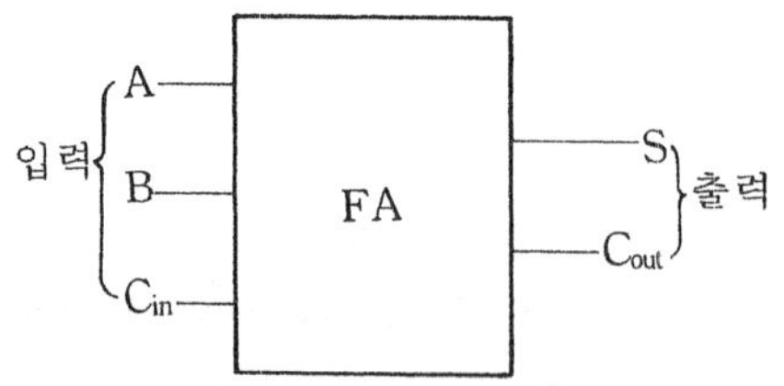

그림 5-2 전가산기의 논리 기호

표 5-2 전가산기의 진리표

피가수	가수	자리올림	합	자리올림
A	B	C_{in}	S	C_{out}
0	0	0	0	0
0	0	1	1	0
0	1	0	1	0
0	1	1	0	1
1	0	0	1	0
1	0	1	0	1
1	1	0	0	1
1	1	1	1	1

전가산기의 논리식은 식 (5−4), 식 (5−5)와 같다.

$$S = \overline{A}\,\overline{B}C_{in} + \overline{A}B\overline{C}_{in} + A\overline{B}\,\overline{C}_{in} + ABC_{in} \quad (5-4)$$

$$C_{out} = AB + AC_{in} + BC_{in} \quad (5-5)$$

전가산기의 논리 회로는 반가산기 모듈을 이용하여 구현하면 그림 5−3으로 표현된다.

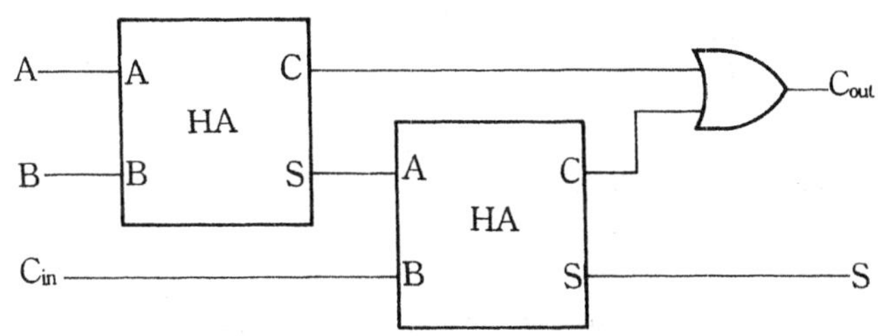

그림 5-3 반가산기 모듈을 이용한 전가산기의 논리 회로도

전가산기의 논리식을 가장 간략화된 형태인 XOR 논리를 사용하여 변환하면 식 (5−6)과 식 (5−7)로 유도될 수 있다.

$$\begin{aligned} S &= \overline{A}\,\overline{B}C_{in} + \overline{A}B\overline{C}_{in} + A\overline{B}\,\overline{C}_{in} + ABC_{in} \\ &= (\overline{A}B + A\overline{B})\overline{C}_{in} + (\overline{A}\,\overline{B} + AB)C_{in} \\ &= (A \oplus B)\overline{C}_{in} + (\overline{A \oplus B})C_{in} \\ &= (A \oplus B) \oplus C_{in} \quad (5-6) \end{aligned}$$

$$\begin{aligned} C_{out} &= AB + AC_{in} + BC_{in} \\ &= ABC(C_{in} + \overline{C}_{in}) + AC_{in}(B + \overline{B}) + BC_{in}(A + \overline{A}) \\ &= \overline{A}BC_{in} + A\overline{B}C_{in} + AB\overline{C}_{in} + ABC_{in} \\ &= (\overline{A}B + A\overline{B})C_{in} + AB \\ &= (A \oplus B)C_{in} + AB \quad (5-7) \end{aligned}$$

(3) 반감산기

피감수를 A, 감수를 B, 결과를 D(Difference), 그리고 자리빌림(Borrow)을 B_{out}이라 한다면, 반감산기는 그림 5-4의 논리 기호로 정의할 수 있고, 입출력 신호의 관계는 표 5-3의 진리표로 나타내어진다.

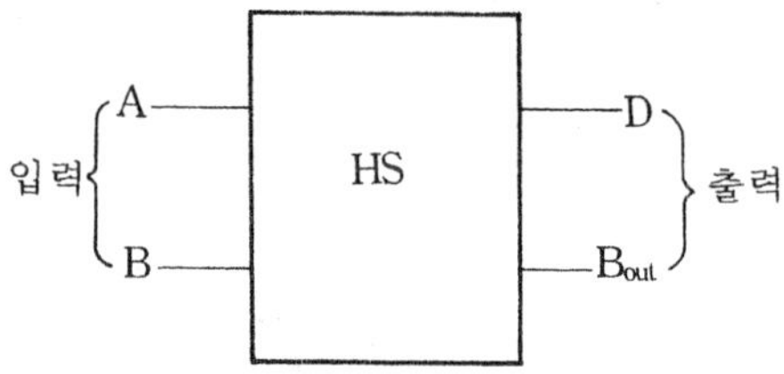

그림 5-4 반감산기의 논리 기호

표 5-3 반감산기의 진리표

피감수	감수	차	자리빌림
A	B	D	B_{out}
0	0	0	0
0	1	1	1
1	0	1	0
1	1	0	0

반감산기의 논리식을 구하면 식 (5-8)과 식 (5-9)가 된다. 이들 논리식을 논리 회로도로 구현하면 반가산기의 회로와 거의 유사하며 NOT 게이트가 추가된 점만이 다르다.

$$D = \overline{A}B + A\overline{B} = A \oplus B \qquad (5-8)$$

$$B_{out} = \overline{A}B \qquad (5-9)$$

(4) 전감산기

반감산기는 전단에서 자리빌림이 발생하였어도 그것을 처리할 수 없으므로 전단의 자리빌림을 감산할 수 있는 전감산기가 필요하며, 이의 논리는 그림 5-5처럼 반감산기 두 개와 OR 게이트로 설계되며, 진리표는 표 5-4로 나타낼 수 있다.

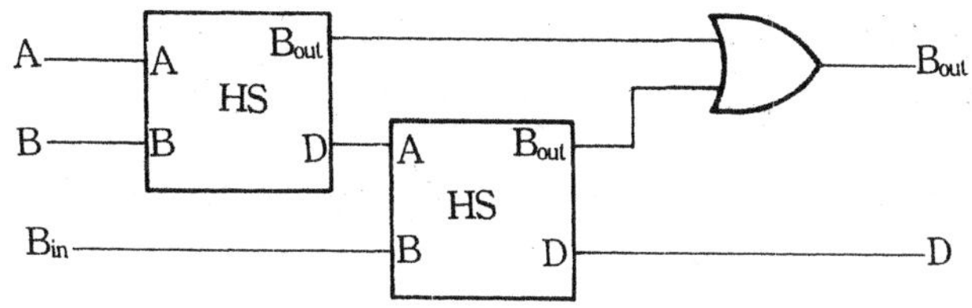

그림 5-5 반감산기 모듈을 이용한 전감산기의 논리 회로도

표 5-4 전감산기의 진리표

피감수	감수	자리빌림	차	자리빌림
A	B	B_{in}	D	B_{out}
0	0	0	0	0
0	0	1	1	1
0	1	0	1	1
0	1	1	0	1
1	0	0	1	0
1	0	1	0	0
1	1	0	0	0
1	1	1	1	1

전감산기의 출력 논리식은 XOR 논리를 이용하여 표현하면 식 (5−10)과 식 (5−11)이 된다.

$$
\begin{aligned}
D &= \bar{A}\bar{B}B_{in} + \bar{A}B\bar{B}_{in} + A\bar{B}\bar{B}_{in} + ABB_{in} \\
&= (\bar{A}B + A\bar{B})\bar{B}_{in} + (\bar{A}\bar{B} + AB)B_{in} \\
&= (A \oplus B)\bar{B}_{in} + (\overline{A \oplus B})B_{in} \\
&= (A \oplus B) \oplus B_{in}
\end{aligned}
\tag{5-10}
$$

$$
\begin{aligned}
B_{out} &= \bar{A}\bar{B}B_{in} + \bar{A}B\bar{B}_{in} + \bar{A}BB_{in} + ABB_{in} \\
&= \bar{A}B(\bar{B}_{in} + B_{in}) + (\bar{A}\bar{B} + AB)B_{in} \\
&= \bar{A}B + (\overline{A \oplus B})B_{in}
\end{aligned}
\tag{5-11}
$$

(5) 가감산기

앞에서 설계한 가산기와 감산기 논리는 하나의 회로로 설계한다면, 회로가 간단해질 수 있다. 반가산기와 반감산기의 회로를 자세히 보면 그림 5-6과 같이 인버터 하나의 차이만 있음을 알 수 있다.

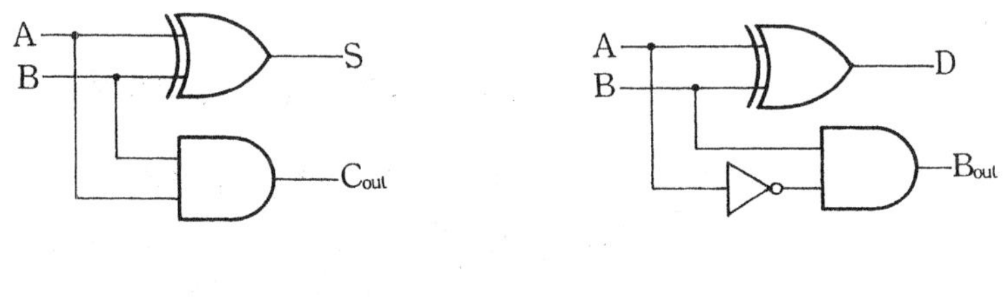

(a) 반가산기 (b) 반감산기

그림 5-6 반가산기와 반감산기 회로

3장에서 실험한 2입력 XOR 논리는 하나의 입력을 제어 단자로 사용하면 프로그래머블 인버터로 사용할 수 있으므로, 이를 이용하면 반가산기와 반감산기를 하나의 회로로 하여 제어 단자가 0일 때에는 입력이 그대로 출력에 전달되는 버퍼로 동작하므로 가산기로, 제어 입력이 1일 때에는 입력이 부정되어 출력에 전달되는 인버터로 동작하므로 감산기로 동작시킬 수 있다. 반가감산기 회로와 논리 기호를 그림 5-7에 나타낸다.

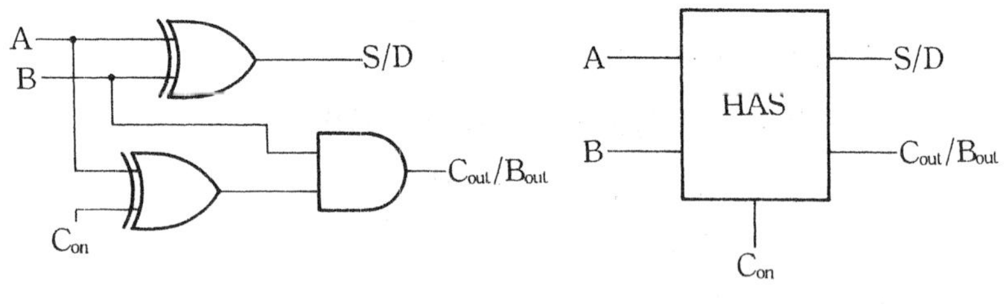

(a) 반가감산기 회로 (b) 논리 기호

그림 5-7 반가감산기 논리

같은 방법으로 전가산기와 전감산기 회로를 프로그래머블 인버터를 이용하여 하나의 회로로 만들면 그림 5-8과 같이 표현된다.

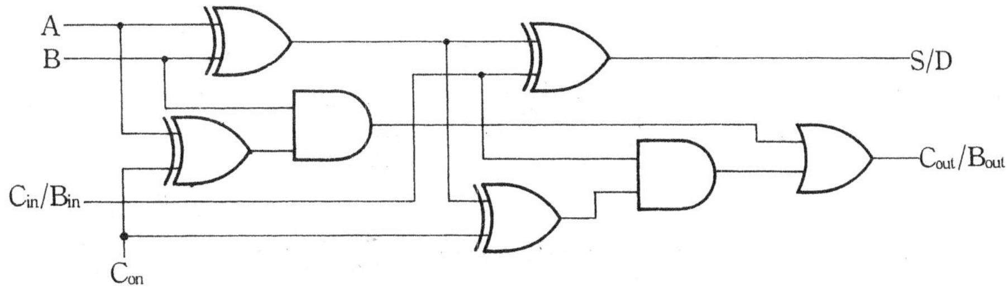

(a) 전가감산기 회로

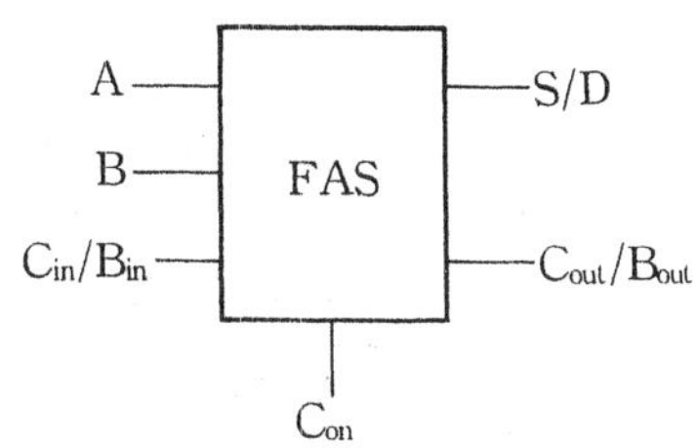

(b) 논리 기호

그림 5-8 전가감산기 논리

5-4 실 험

실험 5-1 반가산기(1)

TTL IC 7404(NOT), 7408(AND), 7432(OR) 각 1개를 브레드 보드에 장착하여 전원을 연결하고, 그림 5-9의 반가산기 실험 회로를 구성한다. 입력 A, B에 스위치를 연결하여 논리 0과 1을 인가하고 출력의 LED 상태를 관찰하여 표 5-5에 기록하고, 진리표와 같은가 확인한다.

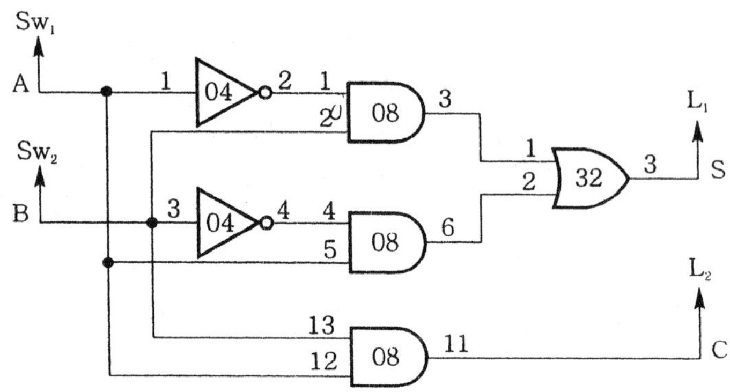

그림 5-9 반가산기 실험 회로(1)

표 5-5 반가산기 실험 결과(1)

입 력		출 력	
피가수 A(Sw1)	가수 B(Sw2)	합 S(L1)	자리올림 C(L2)
0	0	___	___
0	1	___	___
1	0	___	___
1	1	___	___

실험 5-2 반가산기(2)

반가산기 회로는 XOR 논리를 사용하면 AND, OR, NOT의 논리를 사용한 경우보다 간단한 회로를 구현할 수 있다. 그림 5-10은 XOR 게이트를 이용하여 설계한 반가산기 회로이다. IC 7486과 7408을 사용하여 회로를 구성하여 실험 결과를 표 5-6에 기록하고, 실험 5-1에서 얻은 결과와 같은가 확인하라.

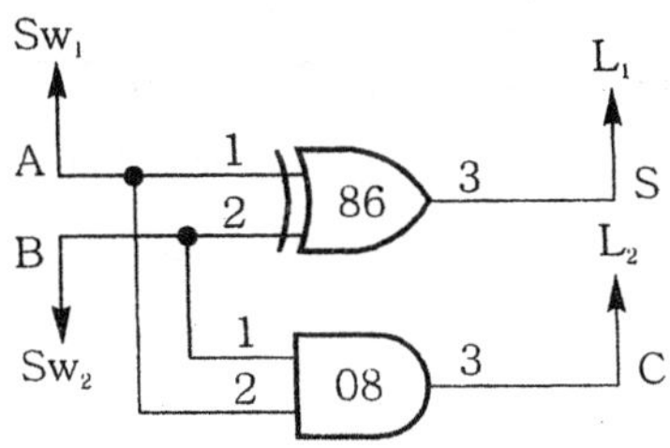

그림 5-10 반가산기 실험 회로(2)

표 5-6 반가산기 실험 결과(2)

입 력		출 력	
피가수 A(Sw1)	가수 B(Sw2)	합 S(L1)	자리올림 C(L2)
0	0	___	___
0	1	___	___
1	0	___	___
1	1	___	___

실험 5-3 전가산기

실험 5-2에서 실험한 회로를 하나 더 구성하여 그림 5-11과 같이 연결하여 전가산기 회로를 실험하라. 실험 결과는 표 5-7에 기록하고 전가산기의 진리표와 같은가 확인하라.

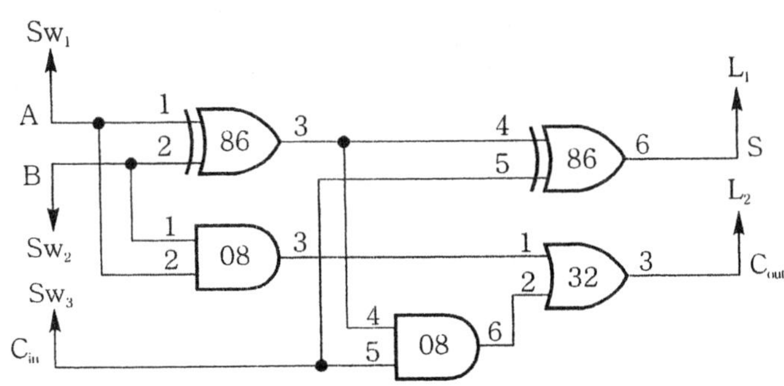

그림 5-11 전가산기 실험 회로

표 5-7 전가산기 실험 결과

입 력			출 력	
피가수 A(Sw_1)	가수 B(Sw_2)	자리올림 C_{in}(Sw_3)	합 S(L_1)	자리올림 C_{out}(L_2)
0	0	0	___	___
0	0	1	___	___
0	1	0	___	___
0	1	1	___	___
1	0	0	___	___
1	0	1	___	___
1	1	0	___	___
1	1	1	___	___

실험 5-4 2비트 병렬 가산기 설계

실험 5-3에서 구성한 전가산기 회로를 두 개 연결하여 그림 5-12에 2비트 병렬 가산기 회로를 설계하라. 이때, 병렬 입력 데이터는 각각 A_1, A_0, B_1, B_0라 하고, 전단으로부터의 자리올림 입력을 C_{in}, 중간 자리올림을 C_1, 다음 단으로의 자리올림 출력을 C_{out}, 합 출력을 S_1, S_0라 한다.

그림 5-12 2비트 병렬 가산기 회로 설계

실험 5-5 반감산기

반감산기 회로는 반가산기 회로와 마찬가지로 XOR 논리를 사용하면 AND, OR, NOT의 논리를 사용한 경우보다 간단한 회로를 구현할 수 있다. 그림 5-13은 XOR 게이트를 이용하여 설계한 반감산기 회로이다. IC 7486과 7408, 7404를 사용하여 회로를 구성하여 실험 결과를 표 5-8에 기록하고, 반감산기의 진리표와 같은가 확인하라.

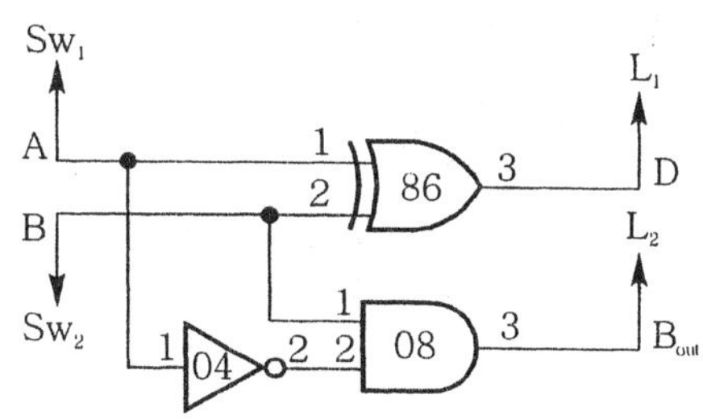

그림 5-13 반감산기 실험 회로

표 5-8 반감산기 실험 결과

입 력		출 력	
피감수 A(Sw1)	감수 B(Sw2)	차 D(L1)	자리빌림 Bout(L2)
0	0	___	___
0	1	___	___
1	0	___	___
1	1	___	___

실험 5-6 전감산기

실험 5—5에서 실험한 회로를 하나 더 구성하여 그림 5—14와 같이 연결하여 전감산기 회로를 실험하라. 실험 결과는 표 5—9에 기록하고 전감산기의 진리표와 같은가 확인하라.

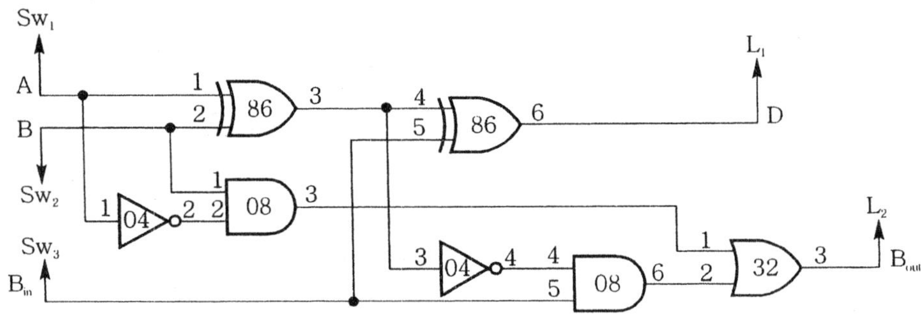

그림 5-14 전감산기 실험 회로

표 5-9 전감산기 실험 결과

입 력			출 력	
피가수 A(Sw1)	가수 B(Sw2)	자리빌림 B_{in}(Sw3)	합 D(L1)	자리빌림 B_{out}(L2)
0	0	0	___	___
0	0	1	___	___
0	1	0	___	___
0	1	1	___	___
1	0	0	___	___
1	0	1	___	___
1	1	0	___	___
1	1	1	___	___

실험 5-7 반가감산기

그림 5-15는 XOR 게이트를 프로그래머블 인버터로 사용한 반가감산기 회로이다. 이를 구성하여 실험하고, 결과를 표 5-10에 기록한 후 각각 가산과 감산 동작이 정상적으로 이루어지는가 확인하라.

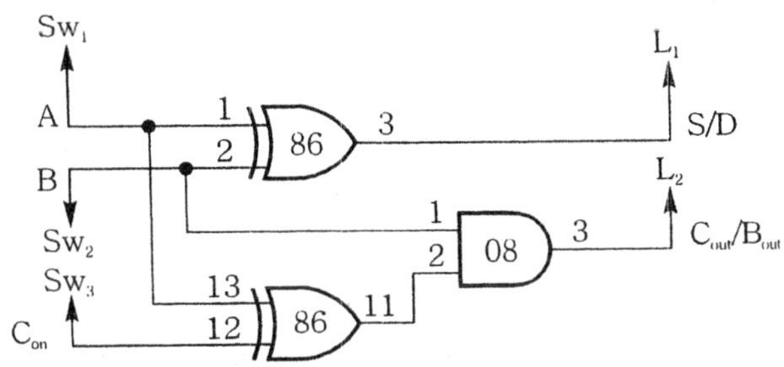

그림 5-15 반가감산기 실험 회로

표 5-10 반가감산기 실험 결과

입 력			출 력	
제어 Con(Sw3)	피가수/피감수 A(Sw1)	가수/감수 B(Sw2)	합/차 S/D(L1)	자리올림/자리빌림 Cout/Bout(L2)
0	0	0	___	___
0	0	1	___	___
0	1	0	___	___
0	1	1	___	___
1	0	0	___	___
1	0	1	___	___
1	1	0	___	___
1	1	1	___	___

실험 5-8 전가감산기

프로그래머블 인버터를 사용하여 전가감산기 회로를 설계하고, 그의 동작을 진리표를 그려서 분석하라.

그림 5-16 전가감산기 회로 설계

표 5-11 전가감산기 진리표

입 력				출 력	
제어	피가수/피감수	가수/감수	자리올림/자리빌림	합/차	자리올림/자리빌림
Con	A	B	C_{in}/B_{in}	S/D	C_{out}/B_{out}
0	0	0	0	___	___
0	0	0	1	___	___
0	0	1	0	___	___
0	0	1	1	___	___
0	1	0	0	___	___
0	1	0	1	___	___
0	1	1	0	___	___
0	1	1	1	___	___
1	0	0	0	___	___
1	0	0	1	___	___
1	0	1	0	___	___
1	0	1	1	___	___
1	1	0	0	___	___
1	1	0	1	___	___
1	1	1	0	___	___
1	1	1	1	___	___

절취선

실험 예비 보고서

제5장 조합 논리 회로 - 연산 회로

과 목 명 :

실 험 일 : 년 월 일 요일

담당교수 :

실험조교 :

학 과 : 과 반

실 험 조 : 조

학 번 :

성 명 :

확 인	

※ 실험을 진행하는 데 필요한 다음 사항을 정리하라.

1. 2진수의 가산과 감산

2. 2진수의 승산과 제산

3. 반가산기 및 전가산기의 이론

4. 반감산기 및 전감산기의 이론

5. 반가감산기 및 전가감산기의 이론

절
취
선

실험 결과 보고서

제5장 조합 논리 회로 – 연산 회로

과 목 명 :

실 험 일 : 년 월 일 요일

담당교수 :

실험조교 :

학 과 : 과 반

실 험 조 : 조

학 번 :

성 명 :

평 가	

실험 5-1 반가산기(1)

입 력		출 력	
피가수 A(Sw1)	가수 B(Sw2)	합 S(L1)	자리올림 C(L2)
0	0	___	___
0	1	___	___
1	0	___	___
1	1	___	___

실험 5-2 반가산기(2)

입 력		출 력	
피가수 A(Sw1)	가수 B(Sw2)	합 S(L1)	자리올림 C(L2)
0	0	___	___
0	1	___	___
1	0	___	___
1	1	___	___

실험 5-3 전가산기

입 력			출 력	
피가수 A(Sw1)	가수 B(Sw2)	자리올림 C_{in}(Sw3)	합 S(L1)	자리올림 C_{out}(L2)
0	0	0	___	___
0	0	1	___	___
0	1	0	___	___
0	1	1	___	___
1	0	0	___	___
1	0	1	___	___
1	1	0	___	___
1	1	1	___	___

절취선

실험 5-4 2비트 병렬 가산기 설계

실험 5-5 반감산기

입 력		출 력	
피감수 A(Sw_1)	감수 B(Sw_2)	차 D(L_1)	자리빌림 B_{out}(L_2)
0	0	___	___
0	1	___	___
1	0	___	___
1	1	___	___

실험 5-6 전감산기

입 력			출 력	
피가수 A(Sw_1)	가수 B(Sw_2)	자리빌림 B_{in}(Sw_3)	합 D(L_1)	자리빌림 B_{out}(L_2)
0	0	0	___	___
0	0	1	___	___
0	1	0	___	___
0	1	1	___	___
1	0	0	___	___
1	0	1	___	___
1	1	0	___	___
1	1	1	___	___

실험 5-7 반가감산기

입 력			출 력	
제어 Con(Sw_3)	피가수/피감수 A(Sw_1)	가수/감수 B(Sw_2)	합/차 S/D(L_1)	자리올림/자리빌림 C_{out}/B_{out}(L_2)
0	0	0	___	___
0	0	1	___	___
0	1	0	___	___
0	1	1	___	___
1	0	0	___	___
1	0	1	___	___
1	1	0	___	___
1	1	1	___	___

실험 5-8 전가감산기

입 력				출 력	
제어	피가수/피감수	가수/감수	자리올림 /자리빌림	합/차	자리올림/자리빌림
Con	A	B	C_{in}/B_{in}	S/D	C_{out}/B_{out}
0	0	0	0	___	___
0	0	0	1	___	___
0	0	1	0	___	___
0	0	1	1	___	___
0	1	0	0	___	___
0	1	0	1	___	___
0	1	1	0	___	___
0	1	1	1	___	___
1	0	0	0	___	___
1	0	0	1	___	___
1	0	1	0	___	___
1	0	1	1	___	___
1	1	0	0	___	___
1	1	0	1	___	___
1	1	1	0	___	___
1	1	1	1	___	___

▶ **결 론** 실험 결과 검토 및 논의

절취선

CHAPTER 6

조합 논리 회로(MSI 연산 회로)

6-1 목 적

1. MSI급 IC의 논리와 사용 방법을 습득한다.
2. 병렬 가산기 IC의 논리를 이해하고 실험을 통하여 동작을 확인한다.
3. 병렬 가산기를 이용하여 병렬 감산 회로를 구성하고 이해한다.
4. 병렬 가산기를 이용한 BCD 가산 논리를 이해하고 실험을 통하여 확인한다.
5. 4비트 산술 논리 연산 장치(ALU)의 동작을 이해한다.

6-2 사용 기기 및 부품

기기	논리 회로 실험 장치 (또는 대체 장비)
부품	IC 7404 (hex inverters) 1개 IC 7408 (quad 2-input AND gates) 1개 IC 7432 (quad 2-input OR gates) 1개 IC 7483 (4비트 parallel Adder) 2개 IC 7486 (quad 2-input XOR gates)1개 IC 74181 (4비트 ALU) 1개 점퍼선 약간

6-3 개 념

[1] 4비트 병렬 가산기

4비트의 두 수를 가산하는 4비트 병렬 가산기는 전단으로부터의 자리올림을 처리할 수 있는 전가산기 4개로 설계할 수 있다. 그림 6-1은 전가산기를 이용한 4비트 병렬 가산기 회로와 논리 기호를 나타낸다. 중간 자리올림들은 다음 단의 자리올림 입력으로 연결하여 병렬 가산이 이루어지도록 구성하면 된다.

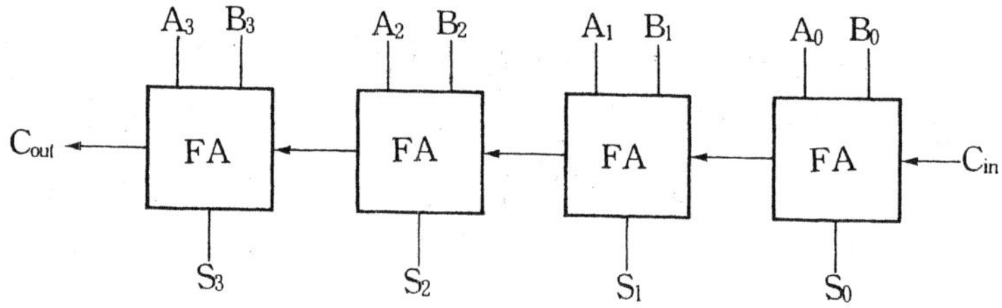

(a) 4비트 병렬 가산기 회로

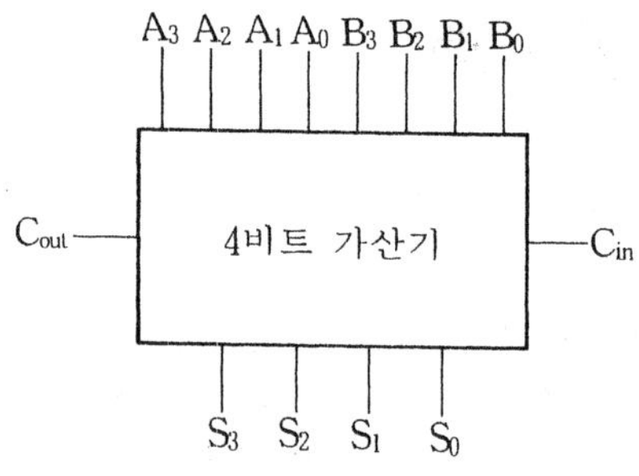

(b) 논리 기호

그림 6-1 4비트 병렬 가산기

4비트 병렬 가산기는 게이트 회로를 이용하여 실제로 구성하기보다는 MSI급의 병렬 가산기 IC를 이용하며, 본 장에서도 4비트 병렬 가산기 IC를 다루도록 한다. 또한 4비트보다 더 큰 수를 가산하고자 할 경우에는 전가산기 4개를 병렬 연결하였듯이 4비트 병렬 가산기를 병렬 연결하여 구성한다.

(2) 4비트 병렬 가감산기

병렬 감산기의 구성을 위하여는 1비트 전감산기를 병렬 연결하여 구성할 수도 있으나 이미 병렬 가산기 회로가 IC로 제공되고 있으므로 보수(complement)를 이용하면 간단하게 회로를 구성할 수 있다. 보수를 구하기 위하여는 감수의 입력단에 인버터를 달아 그림 6-2와 같이 구성하면 된다.

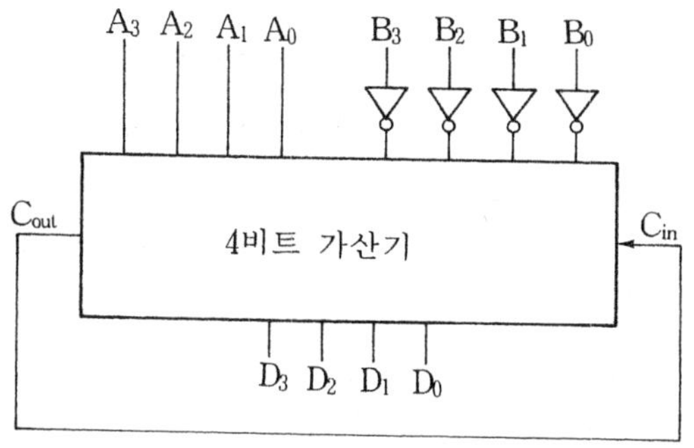

(a) 1의 보수 연산

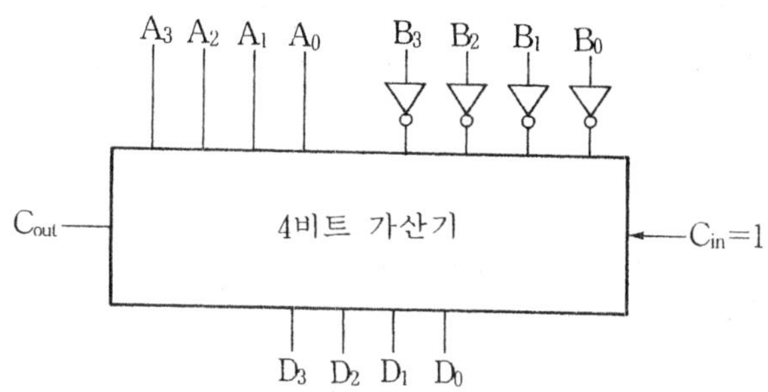

(b) 2의 보수 연산

그림 6-2 4비트 가산기와 보수기를 이용한 4비트 병렬 감산기

그림 6-2의 병렬 감산기는 그림 6-3처럼 인버터 대신 프로그래머블 인버터를 달면 가산과 감산이 모두 가능한 4비트 병렬 가감산기가 되고 제어 단자의 값(0 / 1)에 따라 가산/감산이 이루어진다.

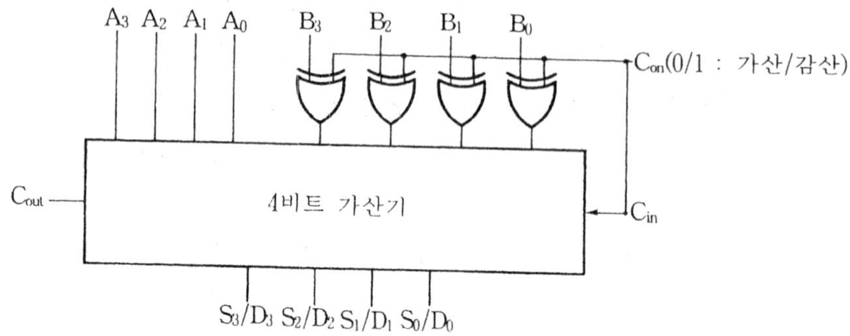

그림 6-3 4비트 병렬 가감산기

(3) BCD 가산기

BCD 코드가 2진수에 비하여 편리함은 이미 알고 있는 사실이다. 실제 가산이나 감산은 2진수 상태에서 이루어지므로 변환이 필요하지만, BCD 코드 상태에서 가산을 할 수 있는 BCD 가산기를 구성한다면 BCD 코드의 이용이 더욱 편리할 것이다. BCD 가산기의 구성을 위하여 먼저 BCD 가산 동작을 분석하여 보면 다음과 같다.

결과가 맞는 경우		결과가 BCD 코드가 아닌 경우		자리올림이 발생한 경우	
2	0 0 1 0	7	0 1 1 1	9	1 0 0 1
+ 4	+0 1 0 0	+ 5	+0 1 0 1	+ 8	+1 0 0 0
6	0 1 1 0	12	1 1 0 0	17	1 0 0 0 1
	+0 0 0 0		+0 1 1 0		+ 0 1 1 0
	0 1 1 0		1 0 0 1 0		1 0 1 1 1

앞에서 분석한 결과를 토대로 BCD 가산기 회로를 설계하면 4비트 병렬 가산기로 두 수를 가산한 후 10진(BCD) 보정을 하면 된다. 10진 보정을 위한 회로는 보정 검출 회로와 다시 2진 가산을 하는 4비트 병렬 가산기가 필요하다.

더하고자 하는 두 수를 각각 $A_3A_2A_1A_0$, $B_3B_2B_1B_0$라 하면 이들은 4비트 입력이고, 2진 가산 결과를 DCBA, 10진 보정 결과를 $S_3S_2S_1S_0$라 하면 그림 6-4의 회로를 구성할 수 있다.

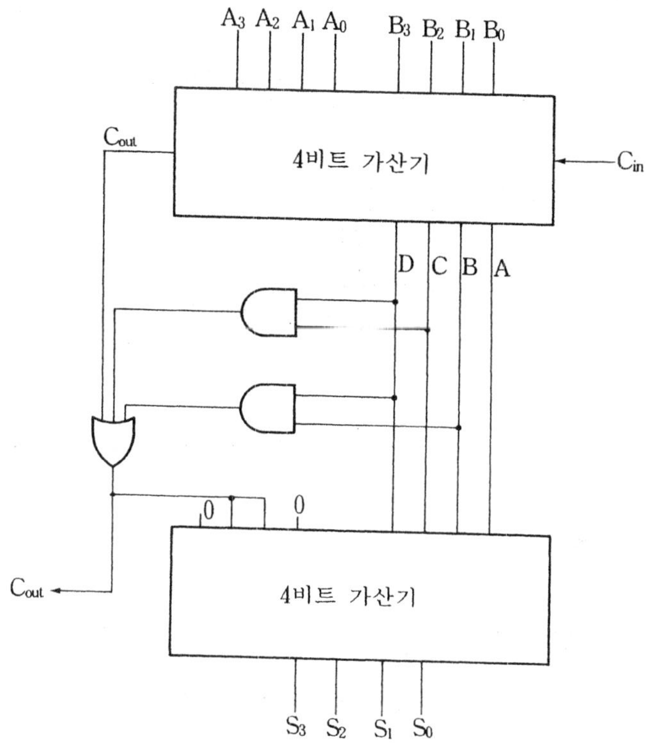

그림 6-4 BCD 가산기 회로

(4) 4비트 ALU

산술 논리 연산 장치(ALU)는 가산기를 기본으로 여러 가지의 산술 및 논리 연산을 수행할 수 있도록 부가 회로를 갖춘 조합 논리 회로이다. 4비트 ALU는 4비트 두 수 입력과 4비트 출력, 자리올림 입력과 출력, 그리고 제어 단자를 갖고 있어서 필요에 따라 동작하도록 설계된다. 그림 6-5는 4비트 ALU의 논리 기호를 나타낸다.

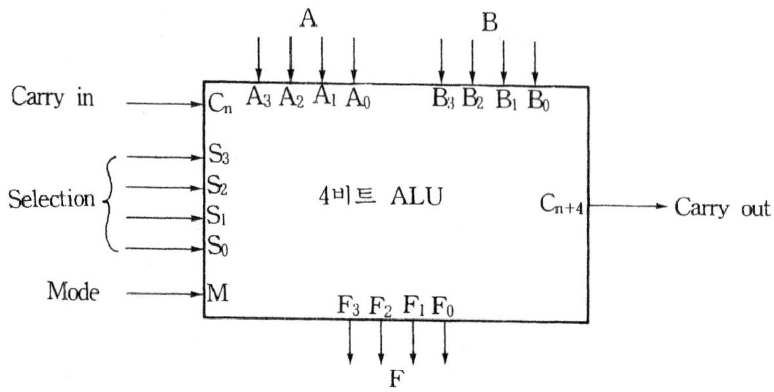

그림 6-5 4비트 ALU의 논리 기호

6-4 실 험

(1) 4비트 병렬 가산기

병렬 가산기의 TTL IC 소자로는 2비트 병렬 가산기 회로 7482, 4비트 병렬 가산기 회로 7483, 74283, 74681 등이 있다. 본 서에서 다루는 4비트 병렬 가산기는 7483을 사용하며, 그림 6-6에 핀 배치도를 나타낸다. 7483은 16핀 IC로 4비트 두 수 입력과 4비트 출력, 그리고 자리올림 입력과 출력을 가지고 있다.

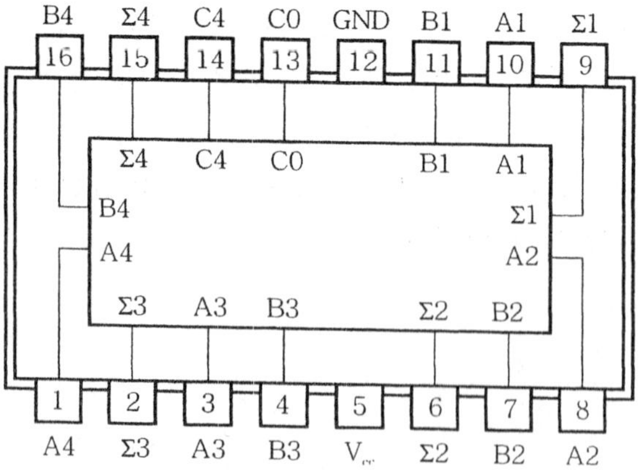

그림 6-6 4비트 병렬 가산기 7483의 핀 배치도

실험 6-1 4비트 병렬 가산기

4비트 2진 가산기 IC 7483을 브레드 보드에 장착하고 5번 핀에 V_{CC}(+5 V), 12번 핀에 GND를 연결한다. 실험을 위한 회로는 그림 6-7에 나타낸다. 4비트 병렬 가산 실험을 위하여는 입력용 스위치가 9개, 출력용 LED가 5개가 필요하므로, 부족한 스위치는 데이터에 따라 외부의 스위치 회로를 부가하든가 V_{CC}, GND에 연결하여 사용하고, LED는 저항 연결한 LED 또는 회로 시험기나 오실로스코프 등의 측정 장비를 사용하도록 한다. 실험은 표 6-1에 제시된 내용만을 대상으로 하여 결과를 표 6-1에 기록하고 결과를 분석하라.

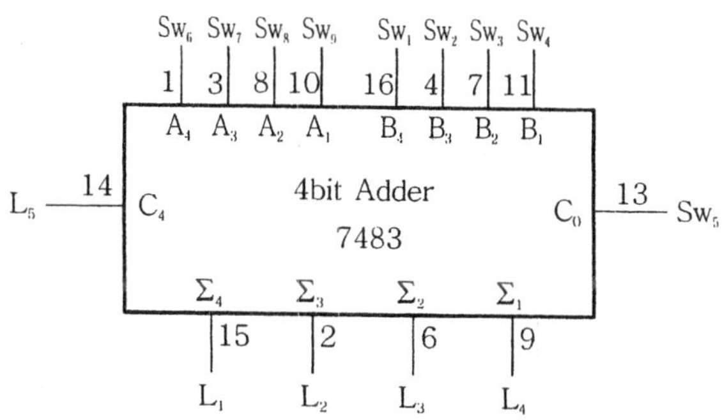

그림 6-7 4비트 병렬 가산기 실험 회로

표 6-1 4비트 병렬 가산기 실험 결과

입 력									출 력				
$A_4(Sw_6)$	$A_3(Sw_7)$	$A_2(Sw_8)$	$A_1(Sw_9)$	$B_4(Sw_1)$	$B_3(Sw_2)$	$B_2(Sw_3)$	$B_1(Sw_4)$	$C_0(Sw_5)$	$C_4(L_5)$	$\Sigma_4(L_1)$	$\Sigma_3(L_2)$	$\Sigma_2(L_3)$	$\Sigma_1(L_4)$
0	1	0	0	0	0	0	0	0					
0	1	0	0	0	0	0	1	0					
0	1	0	0	0	0	1	0	0					
0	1	0	0	0	0	1	1	0					
0	1	0	0	0	1	0	0	0					
0	1	0	0	0	1	0	1	0					
0	1	0	0	0	1	1	0	0					
0	1	0	0	0	1	1	1	0					
0	1	0	0	1	0	0	0	0					
0	1	0	0	1	0	0	1	0					
0	1	0	0	1	0	1	0	0					
0	1	0	0	1	0	1	1	0					
0	1	0	0	1	1	0	0	0					
0	1	0	0	1	1	0	1	0					
0	1	0	0	1	1	1	0	0					
0	1	0	0	1	1	1	1	0					
1	0	0	0	0	0	0	0	1					
1	0	0	0	0	0	0	1	1					
1	0	0	0	0	0	1	0	1					
1	0	0	0	0	0	1	1	1					
1	0	0	0	0	1	0	0	1					
1	0	0	0	0	1	0	1	1					
1	0	0	0	0	1	1	0	1					
1	0	0	0	0	1	1	1	1					
1	0	0	0	1	0	0	0	1					
1	0	0	0	1	0	0	1	1					
1	0	0	0	1	0	1	0	1					
1	0	0	0	1	0	1	1	1					
1	0	0	0	1	1	0	0	1					
1	0	0	0	1	1	0	1	1					
1	0	0	0	1	1	1	0	1					
1	0	0	0	1	1	1	1	1					

실험 6-2 8비트 병렬 가산기

실험 6-1에서 사용한 회로에 7483 IC를 한 개 더 연결하여 그림 6-8의 8비트 병렬 가산기 회로를 구성한다. 입력의 총 수가 17개이므로 자리올림 입력은 0(GND)으로 하며 실험은 표 6-2의 결과표에서 지정된 수만을 실험하여 기록한다.

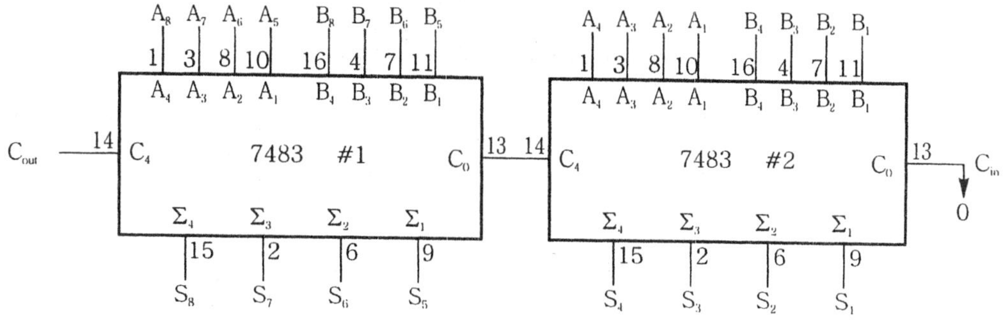

그림 6-8 8비트 병렬 가산기 실험 회로

표 6-2 8비트 병렬 가산기 실험 결과

입 력		출 력	
A_8 A_7 A_6 A_5 A_4 A_3 A_2 A_1	B_8 B_7 B_6 B_5 B_4 B_3 B_2 B_1	C_{out}	S_8 S_7 S_6 S_5 S_4 S_3 S_2 S_1
0 0 0 0 0 1 0 1	0 0 0 0 0 1 1 1	_	_ _ _ _ _ _ _ _
0 0 0 0 1 1 1 1	0 0 0 0 1 0 1 0	_	_ _ _ _ _ _ _ _
0 0 1 0 1 0 0 1	0 0 0 1 1 1 0 1	_	_ _ _ _ _ _ _ _
1 1 0 0 0 1 0 1	1 0 1 1 1 1 1 0	_	_ _ _ _ _ _ _ _

실험 6-3 4비트 병렬 가감산기

본 실험에서는 프로그래머블 인버터를 설치한 4비트 병렬 가감산기의 구성과 동작을 실험한다. 그림 6-9는 4비트 병렬 가산기에 XOR 게이트에 의한 프로그래머블 인버터를 설치한 4비트 병렬 가감산기의 구성을 나타낸다. 4비트 병렬 가산기 IC 7483과 XOR 게이트 IC 7486을 브레드 보드에 장착하고 그림 6-9의 회로를 구성한다. 실험은 표 6-3에 제시한 내용을 실험하여 기록하고 정상 동작하는가 분석하라. 또 연산의 범위가 어떻게 되는가 알아보라.

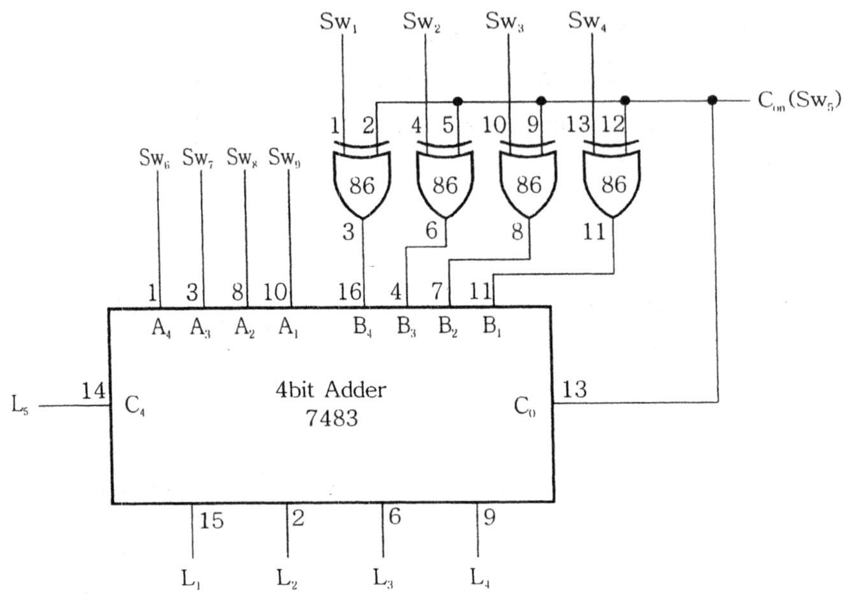

그림 6-9 4비트 병렬 가감산기 실험 회로

표 6-3 4비트 병렬 가감산기 실험 회로

입력									출력				
$A_4(Sw_6)$	$A_3(Sw_7)$	$A_2(Sw_8)$	$A_1(Sw_9)$	$B_4(Sw_1)$	$B_3(Sw_2)$	$B_2(Sw_3)$	$B_1(Sw_4)$	$C_{on}(Sw_5)$	$C_4(L_5)$	$\Sigma_4(L_1)$	$\Sigma_3(L_2)$	$\Sigma_2(L_3)$	$\Sigma_1(L_4)$
0	1	0	0	0	0	0	1	0	___	___	___	___	___
0	1	0	0	0	1	0	1	0	___	___	___	___	___
0	1	0	0	1	1	1	0	0	___	___	___	___	___
1	0	0	0	0	0	1	1	0	___	___	___	___	___
1	0	0	0	1	0	0	0	0	___	___	___	___	___
1	0	0	0	1	1	0	1	0	___	___	___	___	___
1	0	0	0	0	1	1	0	1	___	___	___	___	___
1	0	0	0	0	1	1	1	1	___	___	___	___	___
1	0	0	0	1	0	0	0	1	___	___	___	___	___
1	0	0	0	1	0	0	1	1	___	___	___	___	___
1	0	0	0	1	0	1	0	1	___	___	___	___	___
0	0	0	0	0	0	1	1	1	___	___	___	___	___
1	1	1	1	1	1	0	0	1	___	___	___	___	___
0	0	0	1	1	1	1	1	1	___	___	___	___	___

실험 6-4 BCD 가산기

4비트 병렬 가산기 IC 7483 두 개와 7408, 7432를 이용하여 보정 검출 회로를 부가한 BCD 가산기를 그림 6-10처럼 구성하라. 실험은 표 6-4에 제시된 내용을 실험하여 기록하고 정상적인 연산이 이루어졌는가 확인하라. 또 BCD 가산기의 연산 범위를 알아보라.

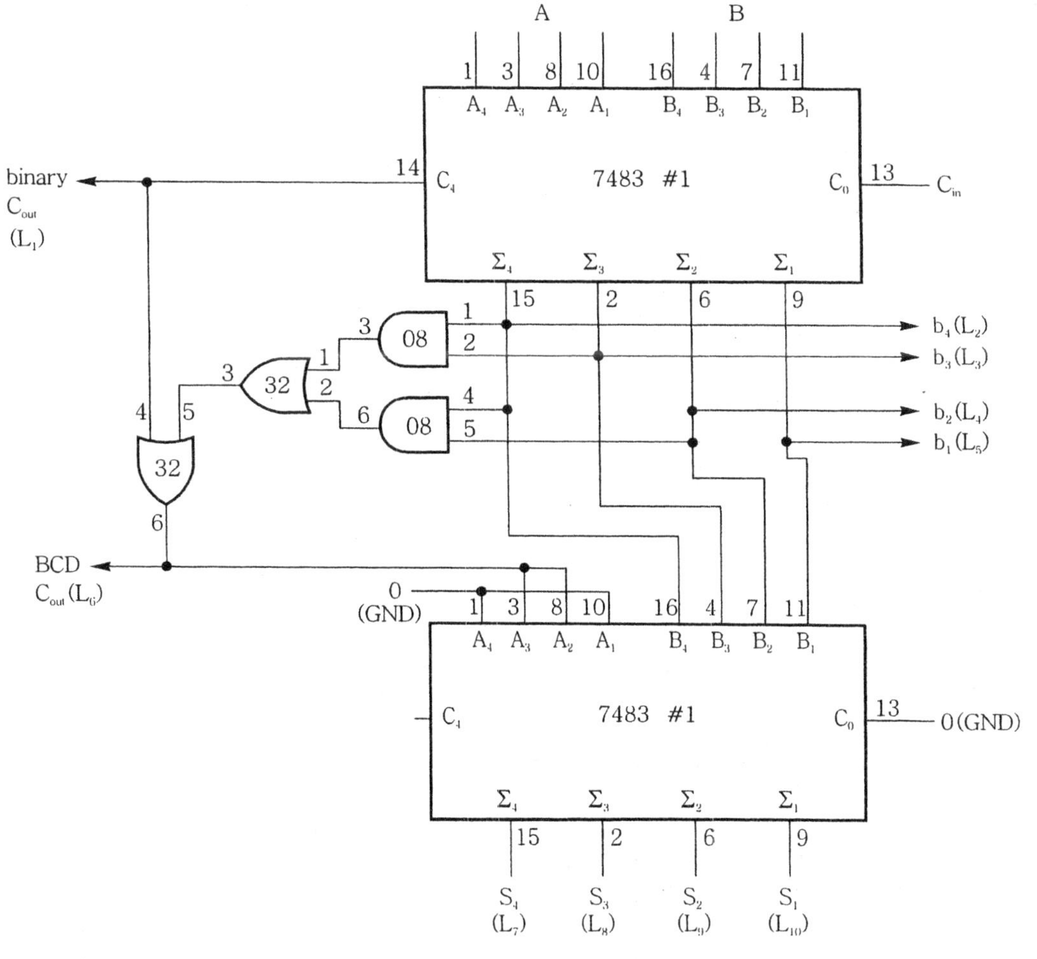

그림 6-10 BCD 가산기 실험 회로

표 6-4 BCD 가산기 실험 결과

입 력			출 력										
A (10진수)	B (10진수)	C_{in} (Sw_5)	binary C_{out} (L_1)	b_4 (L_2)	b_3 (L_3)	b_2 (L_4)	b_1 (L_5)	BCD C_{out} (L_6)	S_4 (L_7)	S_3 (L_8)	S_2 (L_9)	S_1 (L_{10})	S (10진수)
0	0	0	___	___	___	___	___	___	___	___	___	___	___
0	0	1	___	___	___	___	___	___	___	___	___	___	___
0	1	0	___	___	___	___	___	___	___	___	___	___	___
0	2	0	___	___	___	___	___	___	___	___	___	___	___
0	3	0	___	___	___	___	___	___	___	___	___	___	___
0	4	0	___	___	___	___	___	___	___	___	___	___	___
0	5	0	___	___	___	___	___	___	___	___	___	___	___
0	6	0	___	___	___	___	___	___	___	___	___	___	___
0	7	0	___	___	___	___	___	___	___	___	___	___	___
0	8	0	___	___	___	___	___	___	___	___	___	___	___
0	9	0	___	___	___	___	___	___	___	___	___	___	___
0	9	1	___	___	___	___	___	___	___	___	___	___	___
1	1	0	___	___	___	___	___	___	___	___	___	___	___
1	2	0	___	___	___	___	___	___	___	___	___	___	___
1	5	0	___	___	___	___	___	___	___	___	___	___	___
1	9	0	___	___	___	___	___	___	___	___	___	___	___
2	1	0	___	___	___	___	___	___	___	___	___	___	___
2	5	0	___	___	___	___	___	___	___	___	___	___	___
2	9	0	___	___	___	___	___	___	___	___	___	___	___
3	1	0	___	___	___	___	___	___	___	___	___	___	___
3	5	0	___	___	___	___	___	___	___	___	___	___	___
3	9	0	___	___	___	___	___	___	___	___	___	___	___
3	9	1	___	___	___	___	___	___	___	___	___	___	___
4	1	0	___	___	___	___	___	___	___	___	___	___	___
4	9	0	___	___	___	___	___	___	___	___	___	___	___
5	1	0	___	___	___	___	___	___	___	___	___	___	___
5	9	0	___	___	___	___	___	___	___	___	___	___	___
6	9	0	___	___	___	___	___	___	___	___	___	___	___
7	9	0	___	___	___	___	___	___	___	___	___	___	___
8	9	0	___	___	___	___	___	___	___	___	___	___	___
9	9	0	___	___	___	___	___	___	___	___	___	___	___
9	9	1	___	___	___	___	___	___	___	___	___	___	___

(2) 4비트 ALU

산술 논리 연산 장치(ALU)는 프로세서 등에 내장되어 있는 것이 보통이나, MSI(Medium Scale Integrated Circuit)로 만들어진 회로도 있다. TTL IC로는 4비트 ALU로 74181과 74281, 74381, 74382, 74384 등이 있다. 본 서에서는 4 비트 ALU 74181을 이용하여 실험을 진행한다.

그림 6-11은 74181의 핀 배치도를 나타낸다. 74181은 24핀 DIP형 IC로 4비트 두 수의 입력과 4비트 결과 출력, 자리올림 입력과 출력, 그리고 모드 선택 단자 1개와 기능 선택 단자 4개를 갖고 있다. 모드 선택과 기능 선택 그리고 자리올림 입력 값에 따라 ALU의 기능은 논리 연산 16가지와 산술 연산 32가지, 총 48개의 연산 기능을 수행한다.

74181은 입출력 신호에 대하여 액티브 하이(High)와 액티브 로(Low) 두 가지를 다 제공하는데 이는 기본 데이터 입출력 단자가 인버터를 갖는 액티브 로 신호이기 때문이다. 이의 논리 및 산술 연산 동작을 표 6-5에 나타내었다.

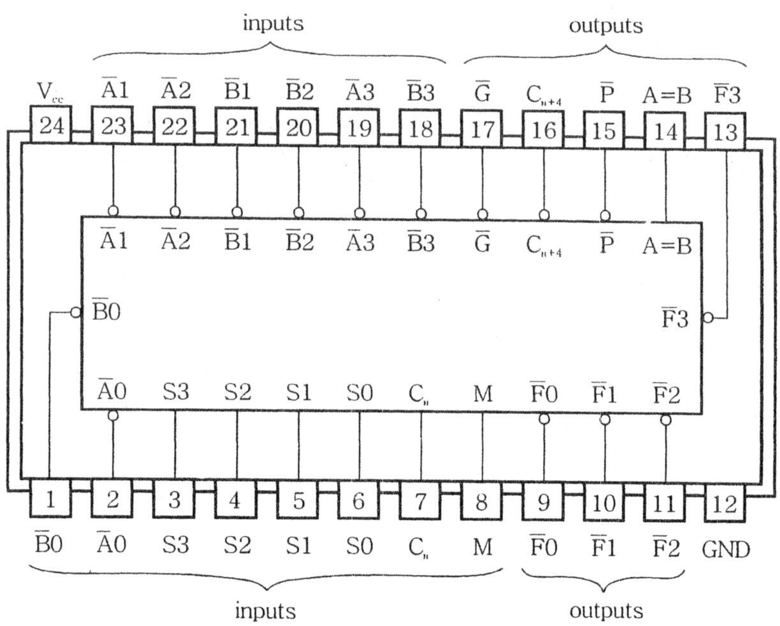

그림 6-11 4비트 ALU 74181의 핀 배치도

표 6-5 4비트 ALU 74181의 연산 동작

SELECTION	ACTIVE HIGH DATA		
	M=H LOGICAL FUNCTION	M=L ARITHMETICAL OPERATION	
S_3 S_2 S_1 S_0		$\overline{C}_n$ = H (no carry)	$\overline{C}_n$ = L (with carry)
L L L L	F = $\overline{A}$	F = A	F = A PLUS 1
L L L H	F = $\overline{A+B}$	F = A+B	F = (A+B) PLUS 1
L L H L	F = $\overline{A}B$	F = A + $\overline{B}$	F = (A + $\overline{B}$) PLUS 1
L L H H	F = 0	F = MINUS 1(2'S COMPL)	F = ZERO
L H L L	F = $\overline{AB}$	F = A PLUS A$\overline{B}$	F = A PLUS A$\overline{B}$ PLUS 1
L H L H	F = $\overline{B}$	F = (A+B) PLUS $\overline{AB}$	F = (A+B) PLUS A$\overline{B}$ PLUS 1
L H H L	F = A⊕B	F = A MINUS B MINUS 1	F = A MINUS B
L H H H	F = A$\overline{B}$	F = A$\overline{B}$ MINUS 1	F = A$\overline{B}$
H L L L	F = $\overline{A}$+B	F = A PLUS AB	F = A PLUS AB PLUS 1
H L L H	F = $\overline{A \oplus B}$	F = A PLUS B	F = A PLUS B PLUS 1
H L H L	F = B	F = (A + $\overline{B}$)PLUS AB	F = (A + $\overline{B}$) PLUS AB PLUS 1
H L H H	F = A B	F = AB MINUS 1	F = AB
H H L L	F = 1	F = A PLUS A	F = A PLUS A PLUS 1
H H L H	F = A + $\overline{B}$	F = (A+B) PLUS A	F = (A+B) PLUS A PLUS 1
H H H L	F = A+B	F = (A + $\overline{B}$)PLUS A	F = (A + $\overline{B}$) PLUS A PLUS 1
H H H H	F = A	F = A MINUS 1	F = A

실험 6-5 4비트 ALU

74181을 브레드 보드에 장착하고 24번 핀을 V_{CC}에 12번 핀을 GND에 연결한다. 나머지 입출력 신호들은 그림 6-12와 같이 연결하되 스위치가 많이 소요되므로 데이터가 아닌 Sw로 표시된 신호들은 점퍼선을 이용하여 논리 0 혹은 1에 연결한다. 특히 모드 선택 M과 기능 선택 Si 단자의 값에 주의하라.

실험은 표 6-6에 주어진 내용을 실험하여 기록하고 정상적으로 연산이 이루어졌는가 확인하라.

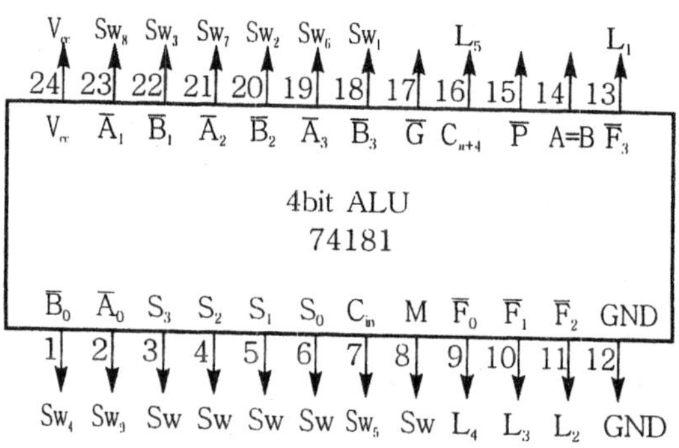

그림 6-12 4비트 ALU 실험 회로

표 6-6 4비트 ALU 실험 결과

입력								제어 입력						출력				
A_3 (Sw_6)	A_2 (Sw_7)	A_1 (Sw_8)	A_0 (Sw_9)	B_3 (Sw_1)	B_2 (Sw_2)	B_1 (Sw_3)	B_0 (Sw_4)	C_{in} (Sw_5)	M	S_3	S_2	S_1	S_0	F_3 (L_1)	F_2 (L_2)	F_1 (L_3)	F_0 (L_4)	C_{n+4} (L_5)
0	1	0	0	0	0	0	1	1	0	1	0	0	1					
0	1	0	0	0	0	0	1	0	0	1	0	0	1					
0	1	0	0	0	1	0	1	1	0	1	0	0	1					
0	1	0	0	0	1	0	1	0	0	1	0	0	1					
0	1	0	0	0	1	1	1	1	0	1	0	0	1					
0	1	0	0	0	1	1	1	0	0	1	0	0	1					
1	0	0	0	0	1	1	1	1	0	1	0	0	1					
1	0	0	0	0	1	1	1	0	0	1	0	0	1					
1	0	0	0	1	0	0	0	1	0	1	0	0	1					
1	0	0	0	1	0	0	0	0	0	1	0	0	1					
1	0	0	0	1	1	1	1	1	0	1	0	0	1					
1	0	0	0	1	1	1	1	0	0	1	0	0	1					
0	1	0	1	0	0	1	0	1	0	0	1	1	0					
0	1	0	1	0	0	1	0	0	0	0	1	1	0					
0	0	1	0	0	1	0	1	1	0	0	1	1	0					
0	0	1	0	0	1	0	1	0	0	0	1	1	0					
1	0	0	1	1	1	1	1	1	0	0	1	1	0					
1	0	0	1	1	1	1	1	0	0	0	1	1	0					
0	0	1	1	X	X	X	X	1	0	0	0	0	0					
0	0	1	1	X	X	X	X	0	0	0	0	0	0					
0	0	1	1	0	0	1	1	1	0	0	0	1	1					
0	0	1	1	0	0	1	1	0	0	0	0	1	1					
0	0	1	1	0	0	1	1	1	0	1	1	1	1					
0	0	1	1	0	0	1	1	0	0	1	1	1	1					
0	1	0	1	X	X	X	X	X	1	0	0	0	0					
0	1	0	1	X	X	X	X	X	1	1	1	1	1					
0	1	0	1	X	X	X	X	X	1	0	0	1	1					
0	1	0	1	X	X	X	X	X	1	1	1	0	0					
0	1	0	1	0	1	0	1	X	1	0	1	1	0					
0	1	0	1	1	0	1	0	X	1	0	1	1	0					
0	1	0	1	0	1	1	0	X	1	0	1	1	0					
0	1	0	1	0	1	0	1	X	1	1	0	1	1					
0	1	0	1	0	0	0	0	X	1	1	0	1	1					
0	1	0	1	1	1	1	1	X	1	1	0	1	1					
0	1	0	1	0	1	0	1	X	1	1	1	1	0					
0	1	0	1	1	0	1	0	X	1	1	1	1	0					

절
취
선

실험 예비 보고서

제 6 장 조합 논리 회로 - MSI 연산 회로

과 목 명 :

실 험 일 : 년 월 일 요일

담당교수 :

실험조교 :

학 과 : 과 반

실 험 조 : 조

학 번 :

성 명 :

확 인	

※ 실험을 진행하는 데 필요한 다음 사항을 정리하라.

1. 4비트 병렬 가산기 회로

2. 1의 보수 및 2의 보수를 이용한 감산 방법

3. BCD 가산 방법

4. BCD 보정 검출 회로 설계

5. 4비트 두 수의 AND, OR, XOR 논리 연산

절
취
선

실험 결과 보고서

제6장 조합 논리 회로 - MSI 연산 회로

과 목 명 :

실 험 일 : 년 월 일 요일

담당교수 :

실험조교 :

학 과 : 과 반

실 험 조 : 조

학 번 :

성 명 :

평 가	

실험 6-1 4비트 병렬 가산기

입 력									출 력				
$A_4(Sw_6)$	$A_3(Sw_7)$	$A_2(Sw_8)$	$A_1(Sw_9)$	$B_4(Sw_1)$	$B_3(Sw_2)$	$B_2(Sw_3)$	$B_1(Sw_4)$	$C_0(Sw_5)$	$C_4(L_5)$	$\Sigma_4(L_1)$	$\Sigma_3(L_2)$	$\Sigma_2(L_3)$	$\Sigma_1(L_4)$
0	1	0	0	0	0	0	0	0					
0	1	0	0	0	0	0	1	0					
0	1	0	0	0	0	1	0	0					
0	1	0	0	0	0	1	1	0					
0	1	0	0	0	1	0	0	0					
0	1	0	0	0	1	0	1	0					
0	1	0	0	0	1	1	0	0					
0	1	0	0	0	1	1	1	0					
0	1	0	0	1	0	0	0	0					
0	1	0	0	1	0	0	1	0					
0	1	0	0	1	0	1	0	0					
0	1	0	0	1	0	1	1	0					
0	1	0	0	1	1	0	0	0					
0	1	0	0	1	1	0	1	0					
0	1	0	0	1	1	1	0	0					
0	1	0	0	1	1	1	1	0					
1	0	0	0	0	0	0	0	1					
1	0	0	0	0	0	0	1	1					
1	0	0	0	0	0	1	0	1					
1	0	0	0	0	0	1	1	1					
1	0	0	0	0	1	0	0	1					
1	0	0	0	0	1	0	1	1					
1	0	0	0	0	1	1	0	1					
1	0	0	0	0	1	1	1	1					
1	0	0	0	1	0	0	0	1					
1	0	0	0	1	0	0	1	1					
1	0	0	0	1	0	1	0	1					
1	0	0	0	1	0	1	1	1					
1	0	0	0	1	1	0	0	1					
1	0	0	0	1	1	0	1	1					
1	0	0	0	1	1	1	0	1					
1	0	0	0	1	1	1	1	1					

실험 6-2 8비트 병렬 가산기

입 력																출 력								
A_8	A_7	A_6	A_5	A_4	A_3	A_2	A_1	B_8	B_7	B_6	B_5	B_4	B_3	B_2	B_1	C_{out}	S_8	S_7	S_6	S_5	S_4	S_3	S_2	S_1
0	0	0	0	0	1	0	1	0	0	0	0	0	1	1	1	__	__	__	__	__	__	__	__	__
0	0	0	0	1	1	1	1	0	0	0	0	1	0	1	0	__	__	__	__	__	__	__	__	__
0	0	1	0	1	0	0	1	0	0	0	1	1	1	0	1	__	__	__	__	__	__	__	__	__
1	1	0	0	0	1	0	1	1	0	1	1	1	1	1	0	__	__	__	__	__	__	__	__	__

절취선

실험 6-3 4비트 병렬 가감산기

입력									출력				
$A_4(Sw_6)$	$A_3(Sw_7)$	$A_2(Sw_8)$	$A_1(Sw_9)$	$B_4(Sw_1)$	$B_3(Sw_2)$	$B_2(Sw_3)$	$B_1(Sw_4)$	Con(Sw_5)	$C_4(L_5)$	$\Sigma_4(L_1)$	$\Sigma_3(L_2)$	$\Sigma_2(L_3)$	$\Sigma_1(L_4)$
0	1	0	0	0	0	0	1	0	__	__	__	__	__
0	1	0	0	0	1	0	1	0	__	__	__	__	__
0	1	0	0	1	1	1	0	0	__	__	__	__	__
1	0	0	0	0	0	1	1	0	__	__	__	__	__
1	0	0	0	1	0	0	0	0	__	__	__	__	__
1	0	0	0	1	1	0	1	0	__	__	__	__	__
1	0	0	0	0	1	1	0	1	__	__	__	__	__
1	0	0	0	0	1	1	1	1	__	__	__	__	__
1	0	0	0	1	0	0	0	1	__	__	__	__	__
1	0	0	0	1	0	0	1	1	__	__	__	__	__
1	0	0	0	1	0	1	0	1	__	__	__	__	__
0	0	0	0	0	0	1	1	1	__	__	__	__	__
1	1	1	1	1	1	0	0	1	__	__	__	__	__
0	0	0	1	1	1	1	1	1	__	__	__	__	__

실험 6-4 BCD 가산기

입 력			출 력										
A (10진수)	B (10진수)	C_{in} (Sw_5)	binary C_{out} (L_1)	b_4 (L_2)	b_3 (L_3)	b_2 (L_4)	b_1 (L_5)	BCD C_{out} (L_6)	S_4 (L_7)	S_3 (L_8)	S_2 (L_9)	S_1 (L_{10})	S (10진수)
0	0	0											
0	0	1											
0	1	0											
0	2	0											
0	3	0											
0	4	0											
0	5	0											
0	6	0											
0	7	0											
0	8	0											
0	9	0											
0	9	1											
1	1	0											
1	2	0											
1	5	0											
1	9	0											
2	1	0											
2	5	0											
2	9	0											
3	1	0											
3	5	0											
3	9	0											
3	9	1											
4	1	0											
4	9	0											
5	1	0											
5	9	0											
6	9	0											
7	9	0											
8	9	0											
9	9	0											
9	9	1											

실험 6-5 4비트 ALU

입력								제어 입력						출력				
A_3 (Sw_6)	A_2 (Sw_7)	A_1 (Sw_8)	A_0 (Sw_9)	B_3 (Sw_1)	B_2 (Sw_2)	B_1 (Sw_3)	B_0 (Sw_4)	C_{in} (Sw_5)	M	S_3	S_2	S_1	S_0	F_3 (L_1)	F_2 (L_2)	F_1 (L_3)	F_0 (L_4)	C_{n+4} (L_5)
0	1	0	0	0	0	0	1	1	0	1	0	0	1	—	—	—	—	—
0	1	0	0	0	0	0	1	0	0	1	0	0	1	—	—	—	—	—
0	1	0	0	0	1	0	1	1	0	1	0	0	1	—	—	—	—	—
0	1	0	0	0	1	0	1	0	0	1	0	0	1	—	—	—	—	—
0	1	0	0	0	1	1	1	1	0	1	0	0	1	—	—	—	—	—
0	1	0	0	0	1	1	1	0	0	1	0	0	1	—	—	—	—	—
1	0	0	0	0	1	1	1	1	0	1	0	0	1	—	—	—	—	—
1	0	0	0	0	1	1	1	0	0	1	0	0	1	—	—	—	—	—
1	0	0	0	1	0	0	0	1	0	1	0	0	1	—	—	—	—	—
1	0	0	0	1	0	0	0	0	0	1	0	0	1	—	—	—	—	—
1	0	0	0	1	1	1	1	1	0	1	0	0	1	—	—	—	—	—
1	0	0	0	1	1	1	1	0	0	1	0	0	1	—	—	—	—	—
0	1	0	1	0	0	1	0	1	0	0	1	1	0	—	—	—	—	—
0	1	0	1	0	0	1	0	0	0	0	1	1	0	—	—	—	—	—
0	0	1	0	0	1	0	1	1	0	0	1	1	0	—	—	—	—	—
0	0	1	0	0	1	0	1	0	0	0	1	1	0	—	—	—	—	—
1	0	0	1	1	1	1	1	1	0	0	1	1	0	—	—	—	—	—
1	0	0	1	1	1	1	1	0	0	0	1	1	0	—	—	—	—	—
0	0	1	1	X	X	X	X	1	0	0	0	0	0	—	—	—	—	—
0	0	1	1	X	X	X	X	0	0	0	0	0	0	—	—	—	—	—
0	0	1	1	0	0	1	1	1	0	0	0	1	1	—	—	—	—	—
0	0	1	1	0	0	1	1	0	0	0	0	1	1	—	—	—	—	—
0	0	1	1	0	0	1	1	1	0	1	1	1	1	—	—	—	—	—
0	0	1	1	0	0	1	1	0	0	1	1	1	1	—	—	—	—	—
0	1	0	1	X	X	X	X	X	1	0	0	0	0	—	—	—	—	—
0	1	0	1	X	X	X	X	X	1	1	1	1	1	—	—	—	—	—
0	1	0	1	X	X	X	X	X	1	0	0	1	1	—	—	—	—	—
0	1	0	1	X	X	X	X	X	1	1	1	0	0	—	—	—	—	—
0	1	0	1	0	1	0	1	X	1	0	1	1	0	—	—	—	—	—
0	1	0	1	1	0	1	0	X	1	0	1	1	0	—	—	—	—	—
0	1	0	1	0	1	1	0	X	1	0	1	1	0	—	—	—	—	—
0	1	0	1	0	1	0	1	X	1	1	0	1	1	—	—	—	—	—
0	1	0	1	0	0	0	0	X	1	1	0	1	1	—	—	—	—	—
0	1	0	1	1	1	1	1	X	1	1	0	1	1	—	—	—	—	—
0	1	0	1	0	1	0	1	X	1	1	1	1	0	—	—	—	—	—
0	1	0	1	1	0	1	0	X	1	1	1	1	0	—	—	—	—	—

▶ **결 론** 실험 결과 검토 및 논의

7 CHAPTER 조합 논리 회로 (비교기/인코더)

7-1 목 적

1. 비교기의 논리를 이해하고 실험을 통하여 동작을 확인한다.
2. 병렬 비교기의 논리를 이해한다.
3. 인코더의 논리와 회로를 이해한다.
4. MSI 인코더의 논리와 사용법을 이해한다.

7-2 사용 기기 및 부품

기기	논리 회로 실험 장치 (또는 대체 장비)
부품	IC 7404 (hex inverters) 1개 IC 7402 (quad 2-input NOR gates) 1개 IC 7408 (quad 2-input AND gates) 1개 IC 7432 (quad 2-input OR gates) 3개 IC 74148 (8 to 3 priority encoder) 1개 점퍼선 약간

7-3 개 념

(1) 비교기

비교기란 두 개의 입력을 서로 비교하여 그 결과를 알려 주는 회로로 단순하게 일치하는가, 그렇지 않은가를 나타내는 일치, 반일치 회로가 있으며, 크기를 비교하는 크기 비교기가 있다.

1) 일치, 반일치 회로

1비트 2진수의 두 수를 비교하여 일치하는가 아닌가를 나타내는 논리는 표 7-1의 진리표로 표현할 수 있다. 그러나 이 진리표 중 반일치는 XOR 논리와 같으므로 XOR 게이트 하나면 되고, 일치 회로는 반일치 출력의 부정, 즉 Ex-NOR 게이트의 논리와 같으므로 그림 7-1과 같이 표현할 수 있다.

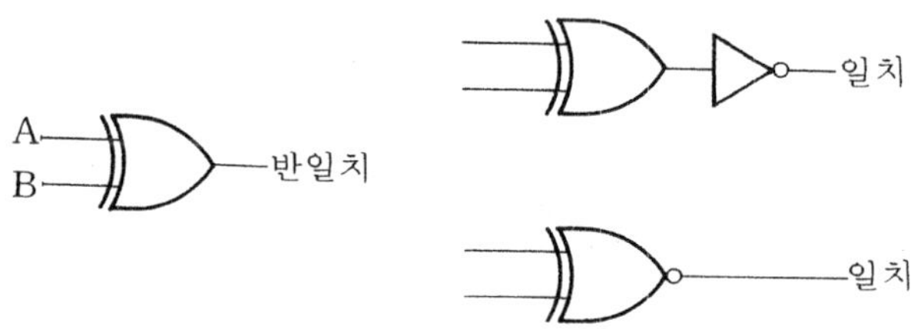

(a) 반일치 회로 (b) 일치 회로

그림 7-1 일치, 반일치 회로

표 7-1 일치, 반일치의 진리표

A	B	일치	반일치
0	0	1	0
0	1	0	1
1	0	0	1
1	1	1	0

2) 1비트 크기 비교기

1비트 크기 비교기의 논리는 그림 7-2와 같이 정의할 수 있고, 입출력 신호의 관계는 표 7-2의 진리표로 나타내어진다.

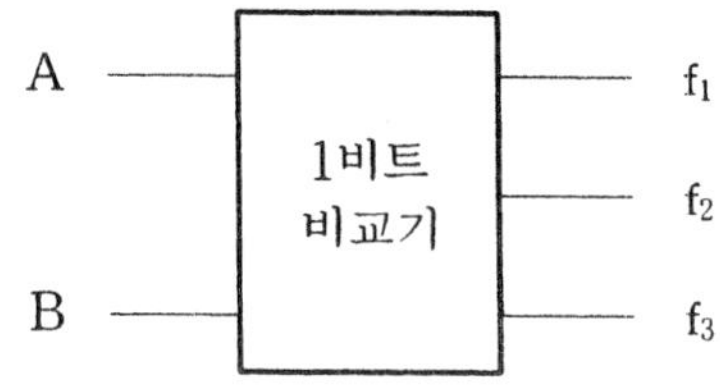

그림 7-2 1비트 크기 비교기의 논리 기호

표 7-2 1비트 크기 비교기의 진리표

A	B	f_1 (>)	f_2 (<)	f_3 (=)
0	0	0	0	1
0	1	0	1	0
1	0	1	0	0
1	1	0	0	1

3) n 비트 비교기

n 비트 비교기는 1비트 기본 모듈을 설계하고 n 비트로 확장하는 설계 방법을 적용하여야 한다. 4비트의 두 수를 비교하는 비교기라면, 두 수의 MSB를 먼저 비교하여 크거나 작다면 다음 비트의 비교는 할 필요가 없게 되고, 같다면 다음 비트를 비교하게 된다. 따라서 확장을 위한 1비트 기본 모듈은 전 단

계로부터의 비교 결과를 입력으로 받아들여야 하며, 두 수의 비교 결과에 따라 새로운 비교 출력이 결정된다. 이러한 *n* 비트 비교기를 위한 1비트 기본 모듈은 그림 7-3의 논리로 정의할 수 있으며, 이의 진리표는 표 7-3이 된다.

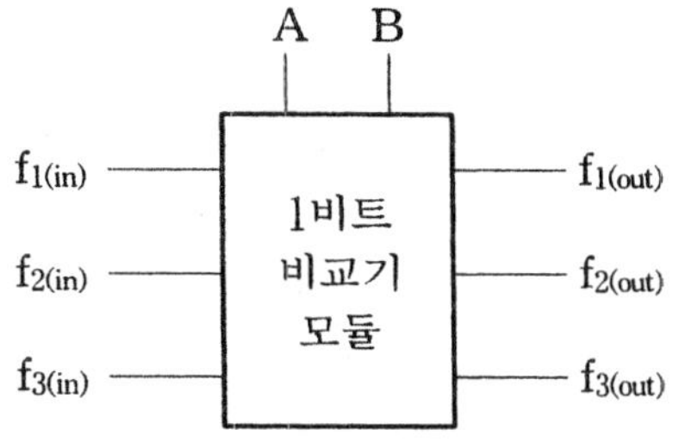

그림 7-3 *n* 비트 확장을 위한 1비트 크기 비교기

표 7-3 *n* 비트 확장을 위한 1비트 크기 비교기 진리표

$f_{1(in)}$	$f_{2(in)}$	$f_{3(in)}$	A	B	$f_{1(out)}$	$f_{2(out)}$	$f_{3(out)}$
1	0	0	×	×	1	0	0
0	1	0	×	×	0	1	0
0	0	1	0	0	0	0	1
0	0	1	0	1	0	1	0
0	0	1	1	0	1	0	0
0	0	1	1	1	0	0	1

4비트 비교기 회로는 앞서 설계한 1비트 비교기 모듈을 4개 병렬 연결하여 그림 7-4처럼 구성한다. 그림에서 초기값($f_{1(in)} = 0$, $f_{2(in)} = 0$, $f_{3(in)} = 1$)는 MSB의 비교를 위하여 두 수를 같다고 가정하는 것이다.

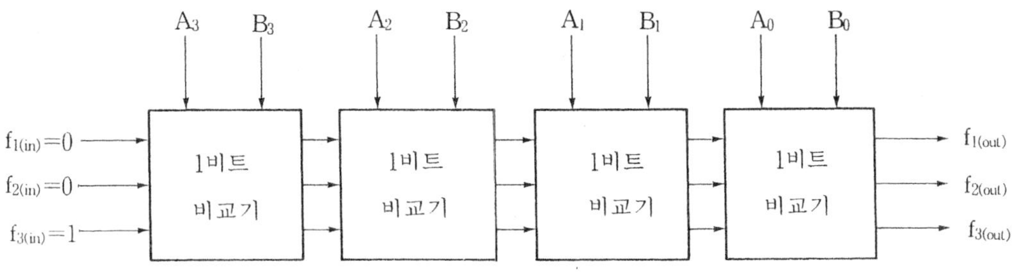

그림 7-4 4비트 비교기 논리

크기 비교기의 IC 소자로는 4비트 비교기로 7485, 8비트 비교기로 74682, 74683, 74684, 74685, 74686, 74687 등이 있다.

(2) 인코더

인코더(encoder)는 입력을 특정의 부호로 변환하는 회로로 2진 코드 또는 BCD 코드로의 변환을 수행하는 조합 논리 회로이다.

1) 8진-2진 인코더

8진-2진 인코더는 8 to 3 인코더라고도 하며, 8진 입력 또는 8개의 상태를 나타내는 8개의 입력을 3비트의 2진수로 변환하는 회로로 입력에 대한 출력의 진리표는 표 7-4와 같다.

표 7-4 8진-2진 인코더의 진리표

d_0	d_1	d_2	d_3	d_4	d_5	d_6	d_7	x	y	z
1	0	0	0	0	0	0	0	0	0	0
0	1	0	0	0	0	0	0	0	0	1
0	0	1	0	0	0	0	0	0	1	0
0	0	0	1	0	0	0	0	0	1	1
0	0	0	0	1	0	0	0	1	0	0
0	0	0	0	0	1	0	0	1	0	1
0	0	0	0	0	0	1	0	1	1	0
0	0	0	0	0	0	0	1	1	1	1

표 7-4의 진리표로부터 출력의 논리식을 구하면 식 (7-1), 식 (7-2), 식 (7-3)으로 구하여진다. 이들 논리식을 게이트 회로로 구현하면 OR 게이트만으로 이루어진다.

$$x = d_4 + d_5 + d_6 + d_7 \qquad (7-1)$$

$$y = d_2 + d_3 + d_6 + d_7 \qquad (7-2)$$

$$z = d_1 + d_3 + d_5 + d_7 \qquad (7-3)$$

인코더의 IC 소자로는 동시 입력에 대하여 우선 순위를 갖도록 하는 프라이어리티 인코더로 8진-3비트 인코더 74148, 74149, 74348, 10진-4비트 인코더 74147 등이 있다.

7-4 실 험

(1) 비교기

실험 7-1 크기 비교기

1비트 두 수의 크기를 비교하는 크기 비교기를 그림 7-5의 회로를 구성하여 실험하고, 결과를 표 7-5에 기록한 후 진리표와 같은가 확인하라.

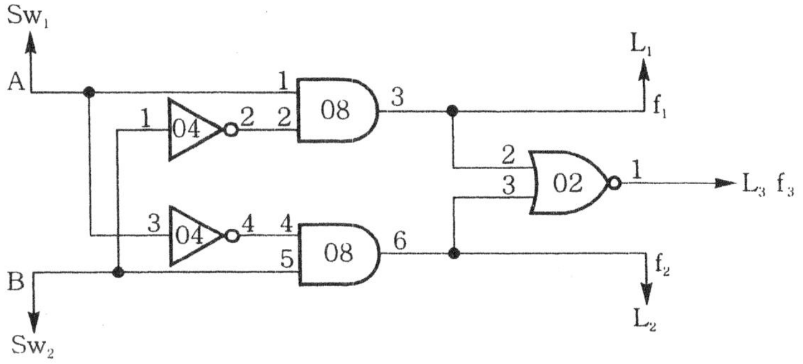

그림 7-5 1비트 크기 비교기 실험 회로

표 7-5 1비트 크기 비교기 실험 결과

입력		출력		
A (Sw1)	B (Sw2)	f1 (>) (L1)	f2 (<) (L2)	f3 (=) (L3)
0	0	___	___	___
0	1	___	___	___
1	0	___	___	___
1	1	___	___	___

실험 7-2 *n* 비트 확장을 위한 1비트 크기 비교기 모듈

n 비트 확장을 위한 1비트 크기 비교기 모듈을 다음의 설계 단계에 따라 설계하여 공백을 메우고, 실험하여 결과를 표 7-7에 기록하고 분석하라. 또 초

기값은 어떻게 되어야 하는가 설명하라. 구성된 실험 회로는 해체하지 말고 실험 7-3에서 사용하기 바란다.

① 제목 : *n* 비트 확장을 위한 1 비트 비교기 모듈

② 입출력 정의

- 입력 : A, B, $f_{1(in)}$ (A>B), $f_{2(in)}$ (A<B), $f_{3(in)}$ (A=B)
- 출력 : $f_{1(out)}$ (A>B), $f_{2(out)}$ (A<B) $f_{3(out)}$ (A=B)

③ 논리 기호 정의 (그림 7-6 블록도로 그림)

그림 7-6 *n* 비트 확장을 위한 1비트 크기 비교기 모듈의 블록도

④ 진리표 (표 7-6에 완성)

표 7-6 *n* 비트 확장을 위한 1비트 크기 비교기 모듈의 진리표

$f_{1(in)}$	$f_{2(in)}$	$f_{3(in)}$	A	B	$f_{1(out)}$	$f_{2(out)}$	$f_{3(out)}$
1	0	0	×	×	___	___	___
0	1	0	×	×	___	___	___
0	0	1	0	0	___	___	___
0	0	1	0	1	___	___	___
0	0	1	1	0	___	___	___
0	0	1	1	1	___	___	___

⑤⑥ 논리식, 간략화 :

$$f_{1(out)} = f_{1(in)} + f_{3(in)} \cdot A\overline{B}$$

$$f_{2(out)} = f_{2(in)} + f_{3(in)} \cdot \overline{A}B$$

$$f_{3(out)} = f_{3(in)} \cdot \overline{A}\,\overline{B} + f_{3(in)} \cdot AB$$

⑦ 변형 :

$$
\begin{aligned}
f_{3(out)} &= f_{3(in)} \cdot (\overline{A}\,\overline{B} + AB) \\
&= f_{3(in)} \cdot \overline{(A\,\overline{B} + \overline{A}B)}
\end{aligned}
$$

⑧ 회로도 (그림 7-7에 그림)

그림 7-7 *n*비트 확장을 위한 1비트 크기 비교기 모듈 설계 회로

⑨ 검증 : 그림 7-7에서 설계된 회로를 구성하여 실험하고 표 7-7에 표기하고 확인

표 7-7 *n*비트 확장을 위한 1비트 크기 비교기 회로 실험 결과

입 력					출 력		
$f_{1(in)}$	$f_{2(in)}$	$f_{3in)}$	A	B	$f_{1(out)}$ (L_1)	$f_{2(out)}$ (L_2)	$f_{3(out)}$ (L_3)
1	0	0	0	0	___	___	___
1	0	0	0	1	___	___	___
1	0	0	1	0	___	___	___
1	0	0	1	1	___	___	___
0	1	0	0	0	___	___	___
0	1	0	0	1	___	___	___
0	1	0	1	0	___	___	___
0	1	0	1	1	___	___	___
0	0	1	0	0	___	___	___
0	0	1	0	1	___	___	___
0	0	1	1	0	___	___	___
0	0	1	1	1	___	___	___

실험 7-3 2비트 병렬 크기 비교기

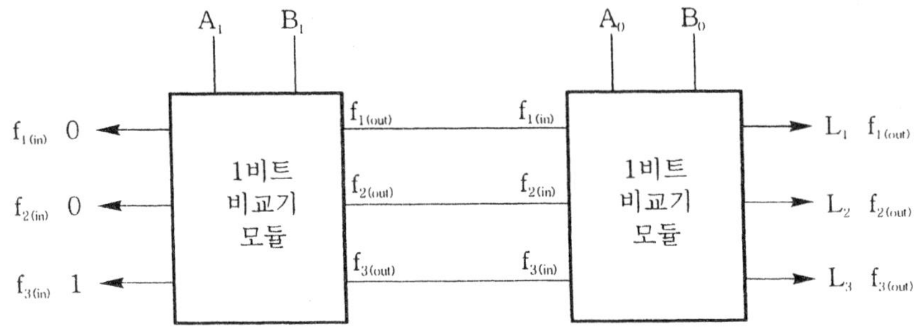

그림 7-8 2비트 병렬 크기 비교기 실험 회로

표 7-8 2비트 병렬 크기 비교기 실험 결과

입력							출력		
A_1	B_1	A_0	B_0	$f_{1(in)}$	$f_{2(in)}$	$f_{2(in)}$	$f_{1(out)}$ (L_1)	$f_{2(out)}$ (L_2)	$f_{2(out)}$ (L_3)
0	0	0	0						
0	0	0	1						
0	1	0	0						
0	1	0	1						
0	0	1	0						
0	0	1	1						
0	1	1	0						
0	1	1	1						
1	0	0	0						
1	0	0	1						
1	1	0	0						
1	1	0	1						
1	0	1	0						
1	0	1	1						
1	1	1	0						
1	1	1	1						

실험 7−2에서 구성한 1비트 크기 비교기 모듈을 그림 7−8의 논리와 같이 두 개를 구성하여 연결하고 실험하라. 실험 결과는 표 7−8에 기록하고 분석하라. 또 초기값은 왜 필요한가 설명하라.

또 기본 모듈을 2비트로 설계할 경우는 어떻게 되는가 생각하여 보아라.

(2) 인코더

MSI로 제공되는 인코더는 대부분 프라이어리티 인코더이다. 이는 입력이 동시에 두 개 이상 인가되더라도 우선 순위를 부여하여 특정의 우선 순위에 따라 출력이 이루어지는 회로이다. 그림 7−9는 8 to 3 프라이어리티 인코더 IC인 74148의 핀 배치도이다. 74148은 0부터 7로 표기되는 8개의 입력이 있으며, 이 중 큰 값의 입력이 우선 순위가 높다. 입력과 출력은 모두 액티브−로 신호로 되어 있으며, 여러 개의 74148을 연결하여 확장할 수 있도록 입력과 출력의 제어 신호가 마련되어 있다.

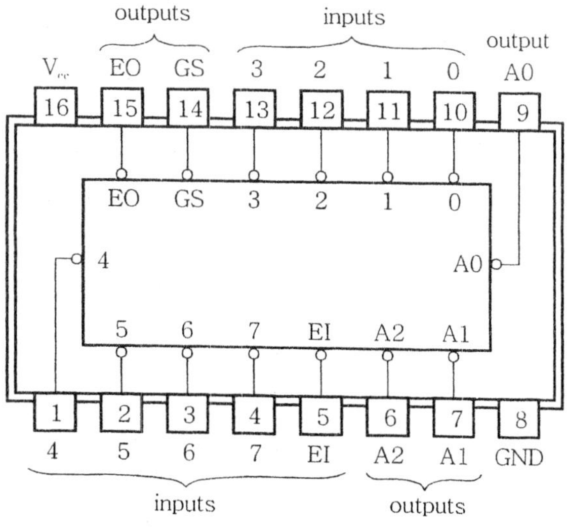

그림 7-9 8 to 3 프라이어리티 인코더 74148의 핀 배치도

실험 7-4 8진-2진 인코더

인코더는 OR 게이트만으로 이루어진다. 그림 7-10의 8진-3비트 2진 인코더 실험 회로를 구성하여 실험하고, 결과를 표 7-9에 기록하고 분석하라. 단 입력은 8개 중 반드시 1개만 선택되어야 하며, 4입력 OR 게이트는 2입력 OR 게이트로 다단계 다중 입력으로 해결한다.

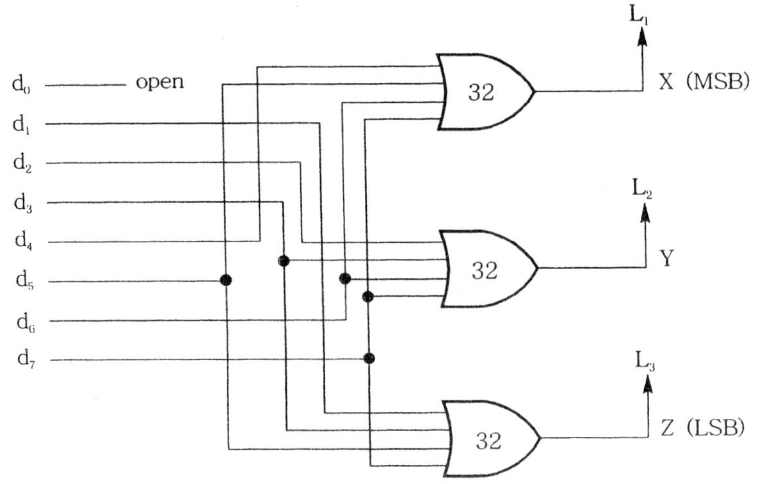

그림 7-10 8진-2진 인코더 실험 회로

표 7-9 8진-2진 인코더 실험 결과

입력								출력		
d_0	d_1	d_2	d_3	d_4	d_5	d_6	d_7	$x(L_1)$	$y(L_2)$	$z(L_3)$
1	0	0	0	0	0	0	0	___	___	___
0	1	0	0	0	0	0	0	___	___	___
0	0	1	0	0	0	0	0	___	___	___
0	0	0	1	0	0	0	0	___	___	___
0	0	0	0	1	0	0	0	___	___	___
0	0	0	0	0	1	0	0	___	___	___
0	0	0	0	0	0	1	0	___	___	___
0	0	0	0	0	0	0	1	___	___	___

실험 7-5 10진-BCD 인코더 설계

10진-BCD 인코더 회로를 설계하여 다음 설계 단계의 공란을 메워라.

① 제목 : 10진-BCD 인코더

② 입출력 정의

- 입력 : d_0, d_1, d_2, d_3, d_4, d_5, d_6, d_7, d_8, d_9
- 출력 : D, C, B, A

③ 논리 기호 정의 (블록도) :

그림 7-11 10진-BCD 인코더의 논리 기호

④ 진리표 :

표 7-10 10진-BCD 인코더의 진리표

d_0	d_1	d_2	d_3	d_4	d_5	d_6	d_7	d_8	d_9	D	C	B	A
1	0	0	0	0	0	0	0	0	0	___	___	___	___
0	1	0	0	0	0	0	0	0	0	___	___	___	___
0	0	1	0	0	0	0	0	0	0	___	___	___	___
0	0	0	1	0	0	0	0	0	0	___	___	___	___
0	0	0	0	1	0	0	0	0	0	___	___	___	___
0	0	0	0	0	1	0	0	0	0	___	___	___	___
0	0	0	0	0	0	1	0	0	0	___	___	___	___
0	0	0	0	0	0	0	1	0	0	___	___	___	___
0	0	0	0	0	0	0	0	1	0	___	___	___	___
0	0	0	0	0	0	0	0	0	1	___	___	___	___

⑤⑥ 논리식, 간략화 :

D =

C =

B =

A =

⑧ 회로도 :

그림 7-12 10진-BCD 인코더의 회로

실험 7-6 MSI 8 to 3 프라이어리티 인코더 74148

MSI로 제공되는 8 to 3 프라이어리티 인코더 IC 74148을 브레드 보드에 장착하고 16번 핀을 V_{CC}에 8번 핀을 GND에 연결한다. 실험은 그림 7-13의 회로를 구성하며, 실험 결과를 관찰하여 표 7-11에 기록하고 결과를 분석하라.

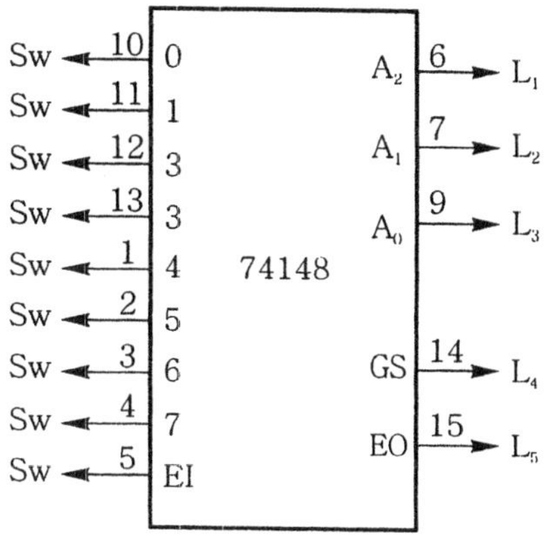

그림 7-13 8 to 3 프라이어리티 인코더 74148의 실험 회로

표 7-11 8 to 3 프라이어리티 인코더 74148의 실험 결과

입 력									출 력				
EI	0	1	2	3	4	5	6	7	$A_2(L_1)$	$A_1(L_2)$	$A_0(L_3)$	$GS(L_4)$	$EO(L_5)$
1	1	0	1	1	1	1	1	1	___	___	___	___	___
1	1	1	1	1	1	1	1	0	___	___	___	___	___
0	1	1	1	1	1	1	1	0	___	___	___	___	___
0	1	1	1	1	1	1	0	1	___	___	___	___	___
0	1	1	1	1	1	0	1	1	___	___	___	___	___
0	1	1	1	1	0	1	1	1	___	___	___	___	___
0	1	1	1	0	1	1	1	1	___	___	___	___	___
0	1	1	0	1	1	1	1	1	___	___	___	___	___
0	1	0	1	1	1	1	1	1	___	___	___	___	___
0	0	1	1	1	1	1	1	1	___	___	___	___	___
0	1	1	0	1	0	1	1	1	___	___	___	___	___
0	1	1	0	1	1	1	1	0	___	___	___	___	___

절
취
선

실험 예비 보고서

제7장 조합 논리 회로 - 비교기/인코더

과 목 명 :

실 험 일 : 년 월 일 요일

담당교수 :

실험조교 :

학 과 : 과 반

실 험 조 : 조

학 번 :

성 명 :

확 인	

※ 실험을 진행하는 데 필요한 다음 사항을 정리하라.

1. 일치/반일치 비교기의 논리

2. 4비트 일치/반일치 비교기의 회로

3. 크기 비교기의 논리

4. 4비트 크기 비교기의 논리

5. 인코더의 논리

6. 액티브-하이 신호와 액티브-로 신호

절취선

실험 결과 보고서

제 7 장 조합 논리 회로 - 비교기/인코더

과 목 명 :

실 험 일 : 년 월 일 요일

담당교수 :

실험조교 :

학 과 : 과 반

실 험 조 : 조

학 번 :

성 명 :

평 가	

실험 7-1 크기 비교기

입력		출력		
A (Sw$_1$)	B (Sw$_2$)	f_1 (>) (L_1)	f_2 (<) (L_2)	f_3 (=) (L_3)
0	0	___	___	___
0	1	___	___	___
1	0	___	___	___
1	1	___	___	___

실험 7-2 *n* 비트 확장을 위한 1비트 크기 비교기 모듈

③ 논리 기호 정의

④ 진리표

$f_{1(in)}$	$f_{2(in)}$	$f_{3(in)}$	A	B	$f_{1(out)}$	$f_{2(out)}$	$f_{3(out)}$
1	0	0	×	×	___	___	___
0	1	0	×	×	___	___	___
0	0	1	0	0	___	___	___
0	0	1	0	1	___	___	___
0	0	1	1	0	___	___	___
0	0	1	1	1	___	___	___

절취선

⑧ 회로도

⑨ 검증

입력					출력		
$f_{1(in)}$	$f_{2(in)}$	$f_{3in)}$	A	B	$f_{1(out)}$ (L_1)	$f_{2(out)}$ (L_2)	$f_{3(out)}$ (L_3)
1	0	0	0	0	___	___	___
1	0	0	0	1	___	___	___
1	0	0	1	0	___	___	___
1	0	0	1	1	___	___	___
0	1	0	0	0	___	___	___
0	1	0	0	1	___	___	___
0	1	0	1	0	___	___	___
0	1	0	1	1	___	___	___
0	0	1	0	0	___	___	___
0	0	1	0	1	___	___	___
0	0	1	1	0	___	___	___
0	0	1	1	1	___	___	___

실험 7-3 2비트 병렬 크기 비교기

입 력				출 력		
A_1	A_0	B_1	B_0	$f_{1(out)}$ (L_1)	$f_{2(out)}$ (L_2)	$f_{3(out)}$ (L_3)
0	0	0	0	___	___	___
0	0	0	1	___	___	___
0	0	1	0	___	___	___
0	0	1	1	___	___	___
0	1	0	0	___	___	___
0	1	0	1	___	___	___
0	1	1	0	___	___	___
0	1	1	1	___	___	___
1	0	0	0	___	___	___
1	0	0	1	___	___	___
1	0	1	0	___	___	___
1	0	1	1	___	___	___
1	1	0	0	___	___	___
1	1	0	1	___	___	___
1	1	1	0	___	___	___
1	1	1	1	___	___	___

실험 7-4 8진-2진 인코더

입 력								출 력		
d_0	d_1	d_2	d_3	d_4	d_5	d_6	d_7	x(L_1)	y(L_2)	z(L_3)
1	0	0	0	0	0	0	0	___	___	___
0	1	0	0	0	0	0	0	___	___	___
0	0	1	0	0	0	0	0	___	___	___
0	0	0	1	0	0	0	0	___	___	___
0	0	0	0	1	0	0	0	___	___	___
0	0	0	0	0	1	0	0	___	___	___
0	0	0	0	0	0	1	0	___	___	___
0	0	0	0	0	0	0	1	___	___	___

절취선

실험 7-5 10진-BCD 인코더 설계

③ 논리 기호 정의

④ 진리표

d_0	d_1	d_2	d_3	d_4	d_5	d_6	d_7	d_8	d_9	D	C	B	A
1	0	0	0	0	0	0	0	0	0				
0	1	0	0	0	0	0	0	0	0				
0	0	1	0	0	0	0	0	0	0				
0	0	0	1	0	0	0	0	0	0				
0	0	0	0	1	0	0	0	0	0				
0	0	0	0	0	1	0	0	0	0				
0	0	0	0	0	0	1	0	0	0				
0	0	0	0	0	0	0	1	0	0				
0	0	0	0	0	0	0	0	1	0				
0	0	0	0	0	0	0	0	0	1				

⑤⑥ 논리식, 간략화 :

D =

C =

B =

A =

⑧ 회로도 :

실험 7-6 MSI 8 to 3 프라이어리티 인코더 74148

입 력									출 력				
EI	0	1	2	3	4	5	6	7	$A_2(L_1)$	$A_1(L_2)$	$A_0(L_3)$	$GS(L_4)$	$EO(L_5)$
1	1	0	1	1	1	1	1	1	___	___	___	___	___
1	1	1	1	1	1	1	1	0	___	___	___	___	___
0	1	1	1	1	1	1	1	0	___	___	___	___	___
0	1	1	1	1	1	1	0	1	___	___	___	___	___
0	1	1	1	1	1	0	1	1	___	___	___	___	___
0	1	1	1	1	0	1	1	1	___	___	___	___	___
0	1	1	1	0	1	1	1	1	___	___	___	___	___
0	1	1	0	1	1	1	1	1	___	___	___	___	___
0	1	0	1	1	1	1	1	1	___	___	___	___	___
0	0	1	1	1	1	1	1	1	___	___	___	___	___
0	1	1	0	1	0	1	1	1	___	___	___	___	___
0	1	1	0	1	1	1	1	0	___	___	___	___	___

▶ **결 론** 실험 결과 검토 및 논의

8
CHAPTER

조합 논리 회로(디코더)

8-1 목 적

1. 디코더의 논리와 회로를 이해한다.
2. 디코더와 인코더의 관계를 이해한다.
3. MSI 디코더 IC의 사용을 이해한다.
4. 디코더의 논리와 조합 논리 회로와의 관계를 이해한다.
5. BCD to 7-세그먼트 디코더/드라이버의 회로를 이해한다.

8-2 사용 기기 및 부품

기기	논리 회로 실험 장치 (또는 대체 장비)
부품	IC 7400 (quad 2-input NAND gates) 1개 IC 7402 (quad 2-input NOR gates) 1개 IC 7404 (hex inverters) 1개 IC 7408 (quad 2-input AND gates) 2개 IC 7432 (quad 2-input OR gates) 3개 IC 7442 (BCD-decimal decoder) 1개 IC 7447 (BCD-7-segment decoder/driver) 1개 IC 7486 (quad 2-input XOR gates) 1개 IC 74138 (3×8 decoder) 1개 7-segment LED (common-anode type) 1개 7-segment LED (common-cathode type) 1개 저항 150 Ω 8개, 1 kΩ 8개 점퍼선 약간

8-3 개 념

(1) 디코더

디코더는 코드로 표현되어 있는 값을 해독하는 회로로 해독기라 부르기도 한다. 디코더의 가장 기본 회로는 2×4 디코더로, 2진수 2비트의 입력을 해독하여 입력이 가질 수 있는 4개의 상태 중 하나를 선택하여 출력하는 회로이다. 2×4 디코더의 논리를 논리 기호로 나타내면 그림 8-1로 표시되며, 이의 논리를 진리표로 나타내면 표 8-1이 된다.

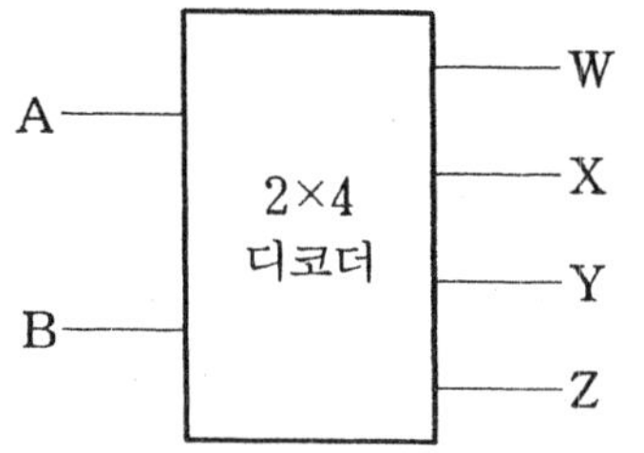

그림 8-1 2×4 디코더의 논리 기호

표 8-1 2×4 디코더의 진리표

A	B	W	X	Y	Z
0	0	1	0	0	0
0	1	0	1	0	0
1	0	0	0	1	0
1	1	0	0	0	1

디코더의 IC 소자는 그 종류가 매우 많아서 2×4 디코더로 74139, 74239 등이 있고, 3×8 디코더로 74131, 74137, 74138, 74237, 74238 등이 있다. 4×16 디코더로는 74154, 4514, 4515가 있으며, BCD-10진 디코더로 7441, 7442, 7445, 74141, 74145, 74445, 74537, 4028 등이 있고, 3초과-10진 디코더로 7443이 있다.

(2) BCD-7세그먼트 디코더

7-세그먼트 LED는 7개 또는 8개의 LED를 조합하여 만들며, LED를 선택적으로 발광시켜 정보를 표현하는 출력 장치로 일반적으로는 10진 또는 16진 숫자를 표현하는 데 사용하며, 부분적으로는 영문자나 특수 문자를 출력하는 데 사용하기도 한다.

7-세그먼트 LED는 제어를 간단히 하기 위하여 LED의 애노드(anode)나 캐소드(cathode) 단자를 공통(common)으로 사용한다. 각 LED의 제어 단자는 캐소드 공통(common cathode)의 LED라면 그림 8-2와 같이 표시되며, 제어 단자에 논리 1의 값이 인가될 때 불이 켜진다. 애노드 공통의 7-세그먼트

LED라면 V_{CC}가 공통 단자가 되며 제어 단자에 논리 0이 인가될 때 LED가 온 상태가 된다.

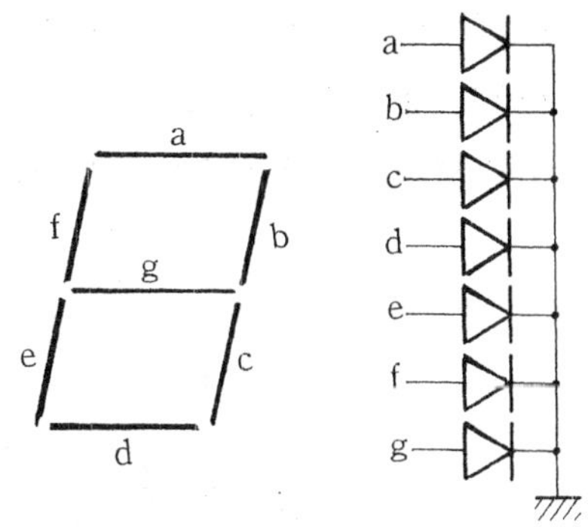

그림 8-2 7-세그먼트 LED와 제어 신호

10진수를 7-세그먼트 코드로 변환하기 위한 코드값은 캐소드 공통일 때 표 8-2로 나타낼 수 있으며, 애노드 공통일 때는 코드값의 부정, 즉 0과 1을 바꾸어 놓은 값이 된다.

표 8-2 7-세그먼트 LED 코드

10진수	7-세그먼트 LED 코드							
	g	f	e	d	c	b	a	16진값
0	0	1	1	1	1	1	1	3F
1	0	0	0	0	1	1	0	06
2	1	0	1	1	0	1	1	5B
3	1	0	0	1	1	1	1	4F
4	1	1	0	0	1	1	0	66
5	1	1	0	1	1	0	1	6D
6	1	1	1	1	1	0	1	7D
7	0	0	0	0	1	1	1	07
8	1	1	1	1	1	1	1	7F
9	1	1	0	1	1	1	1	6F

BCD-7세그먼트 디코더는 BCD를 해독하여 7-세그먼트 코드로 변환하며 동시에 7-세그먼트 LED를 구동하는 역할을 하기 때문에 디코더/드라이버라는 이름을 갖는다. IC로는 7446, 7447, 7448, 7449, 74246, 74247, 74248, 74249, 74347, 74447, 4511 등이 있다.

8-4 실 험

(1) 디코더

디코더의 회로는 게이트 IC들을 이용하여 간단히 구성할 수 있으며, 디지털 회로 시스템에서 많이 사용되는 회로이므로 MSI IC들도 많이 사용한다. 그림 8-3에는 2×4 디코더 74139와 3×8 디코더 74138의 핀 배치도를 표시하였다.

(a) 74139

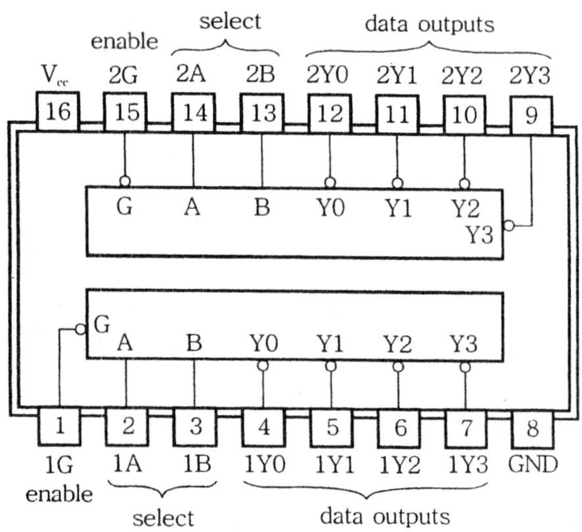

(b) 74138

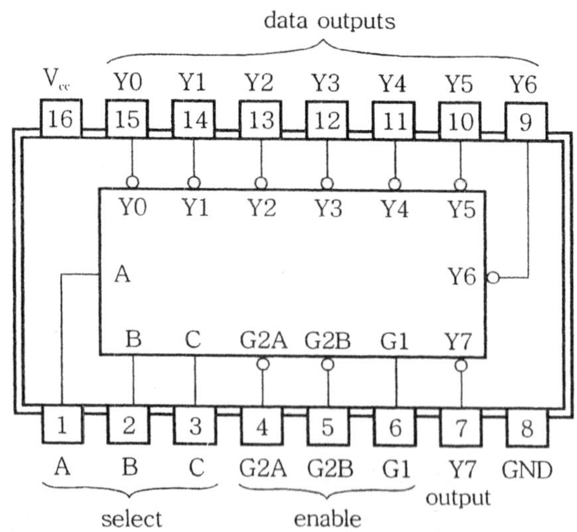

그림 8-3 2×4 디코더 74139와 3×8 디코더 74138의 핀 배치도

BCD를 10진 신호로 해독하는 BCD-10진 디코더 IC 7442의 핀 배치도는 그림 8-4에 나타내었다. 뒤에서의 실험에 참고한다.

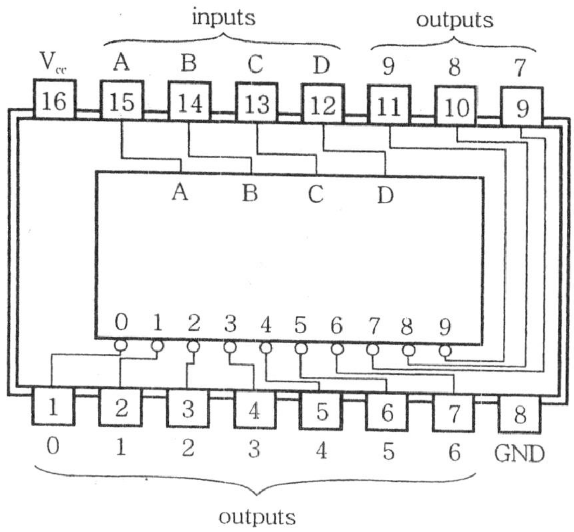

그림 8-4 BCD-10진 디코더 7442의 핀 배치도

실험 8-1 2×4 디코더

2×4 디코더의 회로는 그림 8-5로 구성할 수 있다. 이를 실험하고 표 8-3에 기록하라. 실험 회로는 분해하지 말고 실험 8-2에 사용한다.

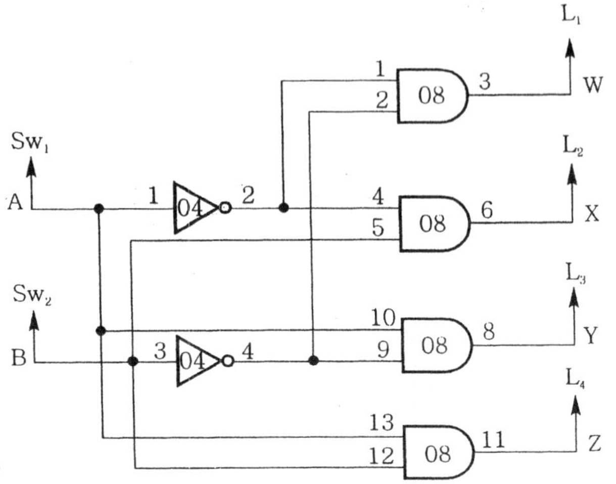

그림 8-5 2×4 디코더의 실험 회로

표 8-3 2×4 디코더의 실험 결과

입 력		출 력			
A(Sw1)	B(Sw2)	W(L1)	X(L2)	Y(L3)	Z(L4)
0	0	—	—	—	—
0	1	—	—	—	—
1	0	—	—	—	—
1	1	—	—	—	—

실험 8-2 2×4 디코더와 4×2 인코더

2×4 디코더 회로의 출력은 2진 코드를 해독한 것이므로 이를 다시 인코딩하면 원래의 코드가 나오게 된다. 그림 8-6은 2×4 디코더의 출력을 다시 2진수로 부호화하는 회로이다. 실험하여 표 8-4를 완성하고 원래의 값과 같은가 확인하라.

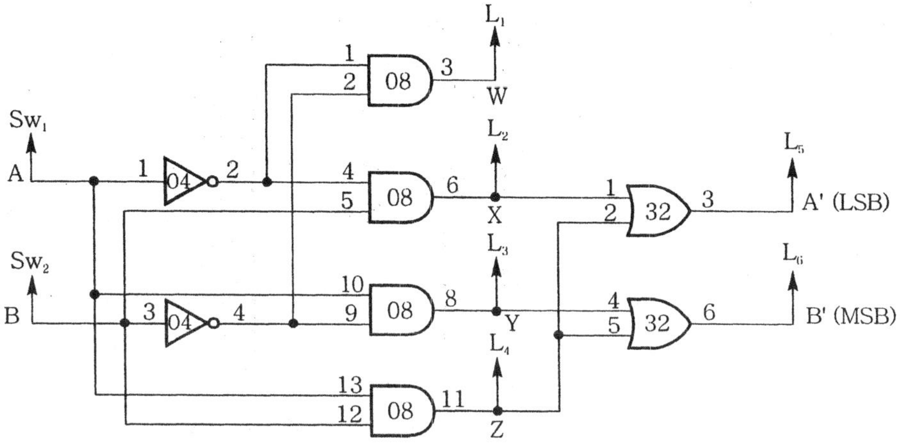

그림 8-6 2×4 디코더와 4×2 인코더의 실험 회로

표 8-4 2×4 디코더와 4×2 인코더의 실험 결과

입 력		디코더 출력				인코더 출력	
A(Sw1)	B(Sw2)	W(L1)	X(L2)	Y(L3)	Z(L4)	A'(L5)	B'(L6)
0	0	__	__	__	__	__	__
0	1	__	__	__	__	__	__
1	0	__	__	__	__	__	__
1	1	__	__	__	__	__	__

실험 8-3 3×8 MSI 디코더

3×8 디코더 IC 74138을 브레드 보드에 장착하고 16번 핀에 V_{CC}, 8번 핀에 GND를 연결하고 그림 8-7의 회로를 구성하여 실험하라. 인에이블 단자 중 일부와 출력 단자가 액티브-로 신호임에 주의하여 실험하고, 표 8-5를 완성하여 정확한 값인가 분석하라.

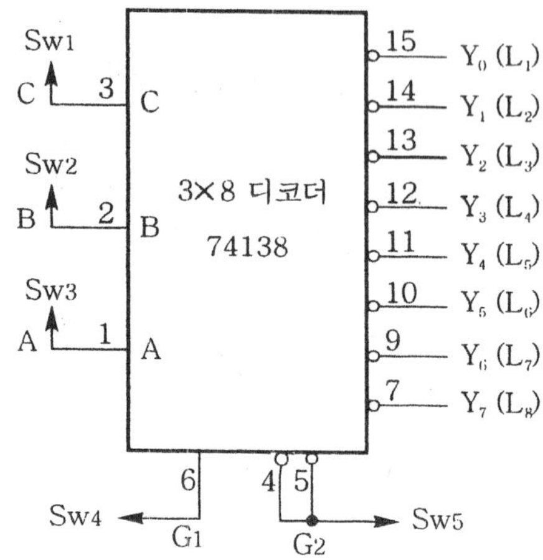

그림 8-7 3×8 디코더 74138의 실험 회로

표 8-5 3×8 디코더 74138의 실험 결과

인에이블 입력		선택 입력			출 력							
$G_1(Sw_4)$	$G_2(Sw_5)$	$C(Sw_1)$	$B(Sw_2)$	$A(Sw_3)$	Y_0 (L_1)	Y_1 (L_2)	Y_2 (L_3)	Y_3 (L_4)	Y_4 (L_5)	Y_5 (L_6)	Y_6 (L_7)	Y_7 (L_8)
0	X	X	X	X	___	___	___	___	___	___	___	___
X	1	X	X	X	___	___	___	___	___	___	___	___
1	0	0	0	0	___	___	___	___	___	___	___	___
1	0	0	0	1	___	___	___	___	___	___	___	___
1	0	0	1	0	___	___	___	___	___	___	___	___
1	0	0	1	1	___	___	___	___	___	___	___	___
1	0	1	0	0	___	___	___	___	___	___	___	___
1	0	1	0	1	___	___	___	___	___	___	___	___
1	0	1	1	0	___	___	___	___	___	___	___	___
1	0	1	1	1	___	___	___	___	___	___	___	___

실험 8-4 BCD-10진 MSI 디코더

BCD-10진 디코더 IC 7442를 브레드 보드에 장착하고 16번 핀에 V_{CC}, 8번 핀에 GND를 연결하고 그림 8-8의 회로를 구성하여 실험하라. 7442는 입력 BCD 4개의 신호와 출력 10진 10개의 신호만이 존재한다. 실험 결과를 관찰하여 표 8-6을 완성하고 정확한 값인가 분석하라.

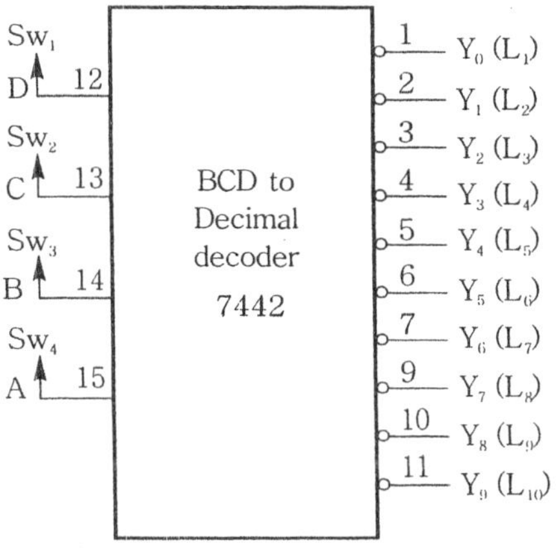

그림 8-8 BCD-10진 디코더 7442의 실험 회로

표 8-6 BCD-10진 디코더 7442의 실험 결과

입 력				출 력									
D(Sw_1)	C(Sw_2)	B(Sw_3)	A(Sw_4)	Y_0 (L_1)	Y_1 (L_2)	Y_2 (L_3)	Y_3 (L_4)	Y_4 (L_5)	Y_5 (L_6)	Y_6 (L_7)	Y_7 (L_8)	Y_8 (L_9)	Y_9 (L_{10})
0	0	0	0										
0	0	0	1										
0	0	1	0										
0	0	1	1										
0	1	0	0										
0	1	0	1										
0	1	1	0										
0	1	1	1										
1	0	0	0										
1	0	0	1										
1	0	1	0										

(2) BCD-7세그먼트 디코더/드라이버

7-세그먼트 LED를 구동하기 위한 회로에는 반드시 150 Ω~300 Ω 정도의 직렬 저항을 그림 8-9와 같이 연결하여야 하는데, 이는 LED가 10 mA~30 mA 정도의 전류로 구동되며 과전류가 흐르면 LED가 타버릴 수 있기 때문이다.

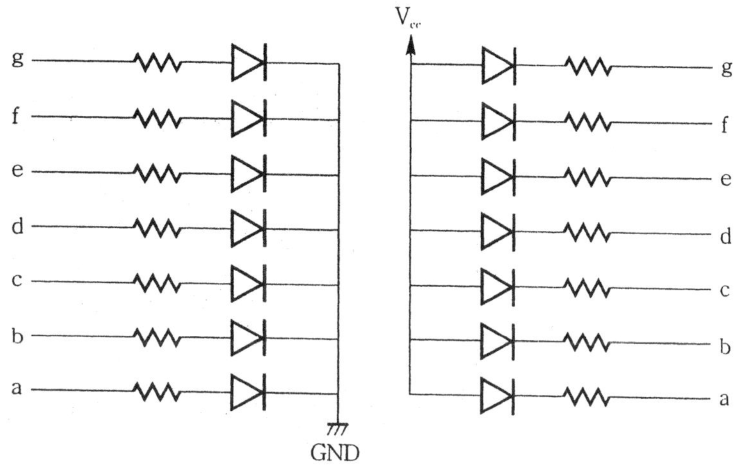

그림 8-9 7-세그먼트 LED의 직렬 저항 연결

그림 8-10은 7-세그먼트 LED의 일반적인 핀 배치를 나타낸다.

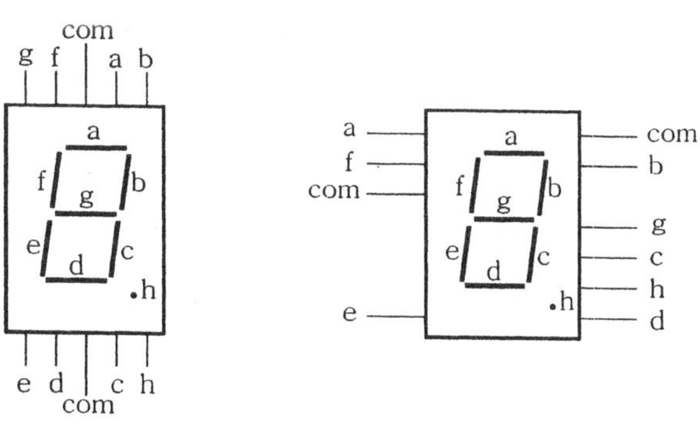

그림 8-10 7-세그먼트 LED의 핀 배치도

그림 8-11은 BCD-7-세그먼트 디코더 IC 7447의 핀 배치도이다. 7447은 오픈-컬렉터(open-collector)의 액티브-로(active-low) 출력으로 되어 있다. 따라서 논리 0으로 구동되는 애노드-공통(common-anode) 형식의 7-세그먼트 LED을 사용하거나, 논리 1로 구동되는 캐소드-공통(common-cathode) 형식이라면 출력단에 풀-업(pull-up) 저항을 연결하여 인버터를 달아 주어야 정상 동작할 수 있다.

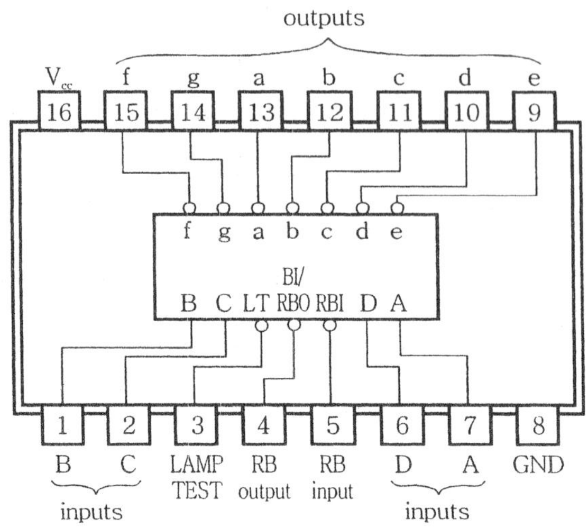

그림 8-11 BCD-7세그먼트 디코더 IC 7447의 핀 배치도

실험 8-5 BCD-7세그먼트 디코더/드라이버 설계

BCD를 7-세그먼트 LED를 이용하여 출력하기 위한 디코더/드라이버 회로를 다음 단계에 따라 설계하라. 단, 논리 1의 출력에서 LED가 점등되는 캐소드 공통의 LED를 사용하는 회로를 설계하라.

① 제목 : BCD to 7-세그먼트 디코더/드라이버

② 입출력 정의

- 입력 : D, C, B, A
- 출력 : g, f, e, d, c, b, a

③ 논리 기호 정의 (블록도) :

그림 8-12 BCD-7세그먼트 디코더/드라이버의 논리 기호

④ 진리표

표 8-7 BCD-7세그먼트 디코더/드라이버의 진리표

D	C	B	A	g	f	e	d	c	b	a
0	0	0	0							
0	0	0	1							
0	0	1	0							
0	0	1	1							
0	1	0	0							
0	1	0	1							
0	1	1	0							
0	1	1	1							
1	0	0	0							
1	0	0	1							
1	0	1	0							
1	0	1	1							
1	1	0	0							
1	1	0	1							
1	1	1	0							
1	1	1	1							

⑤ 논리식 :

$g = \Sigma m(\qquad\qquad\qquad\qquad)$

$f = \Sigma m(\qquad\qquad\qquad\qquad)$

$e = \Sigma m(\qquad\qquad\qquad)$

$d = \Sigma m(\qquad\qquad\qquad)$

$c = \Sigma m(\qquad\qquad\qquad)$

$b = \Sigma m(\qquad\qquad\qquad)$

$a = \Sigma m(\qquad\qquad\qquad)$

⑥ 간략화 :

g

DC \ BA	00	01	11	10
00				
01				
11				
10				

g =

f

DC \ BA	00	01	11	10
00				
01				
11				
10				

f =

e

DC \ BA	00	01	11	10
00				
01				
11				
10				

e =

d

DC \ BA	00	01	11	10
00				
01				
11				
10				

d =

c

DC \ BA	00	01	11	10
00				
01				
11				
10				

c =

b

DC \ BA	00	01	11	10
00				
01				
11				
10				

b =

a

DC \ BA	00	01	11	10
00				
01				
11				
10				

a =

그림 8-13 BCD-7세그먼트 디코더/드라이버 논리 간략화

⑦ 변형 :

g =

f =

e =

d =

c =

b =

a =

⑧ 회로도 : 그림 8−14

그림 8-14 BCD-7세그먼트 디코더/드라이버의 회로 설계

실험 8-6 BCD-7세그먼트 디코더/드라이버 회로 실험

실험 8–5에서 설계된 회로에 7-세그먼트 LED를 연결하여 그림 8–15와 같이 구성하여 실험하고 출력되는 모양을 표 8–8에 기록한 후, 설계하고자 한 바 대로 정상 동작하는가 확인하라. 특히 직렬 연결 저항 연결을 잊지 말고, 캐소드 공통의 7-세그먼트 LED를 사용할 것이며, 만일 애노드 공통의 7-세그먼트 LED를 사용하게 되면 디코더/드라이버 회로의 출력과 7-세그먼트 LED 단자 사이에 인버터를 넣어서 연결한다.

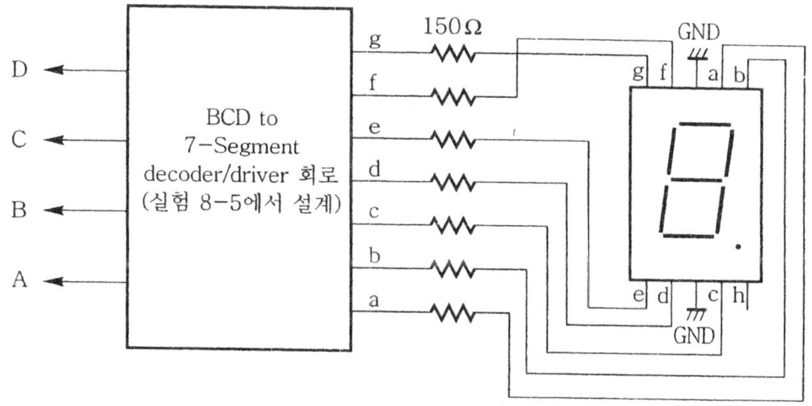

그림 8-15 BCD-7세그먼트 디코더/드라이버 실험 회로

표 8-8 BCD-7세그먼트 디코더/드라이버 회로 실험 결과

BCD 입 력				출 력
D(Sw1)	C(Sw2)	B(Sw3)	A(Sw4)	7-세그먼트 LED 출력 모양
0	0	0	0	
0	0	0	1	
0	0	1	0	
0	0	1	1	
0	1	0	0	
0	1	0	1	
0	1	1	0	
0	1	1	1	
1	0	0	0	
1	0	0	1	

실험 8-7 BCD-7세그먼트 디코더/드라이버 MSI IC 실험

BCD-7세그먼트 디코더/드라이버 MSI IC 7447을 이용하여 그림 8-16의 실험 회로를 구성하여 실험하고, 디스플레이되는 값을 표 8-9에 그려라. 단, 애노드-공통 형식의 7-세그먼트를 사용하고, 캐소드 공통인 경우는 풀업-저항과 인버터를 사용하라.

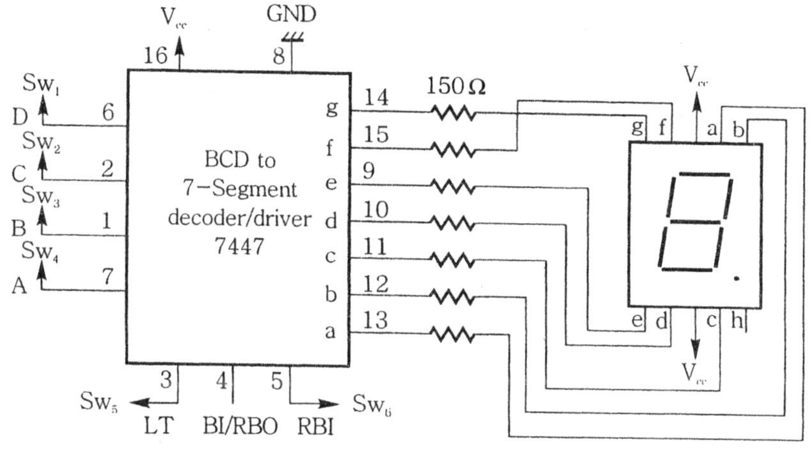

그림 8-16 BCD-7-세그먼트 디코더/드라이버 7447 실험 회로

표 8-9 BCD-7-세그먼트 디코더/드라이버 7447의 실험 결과

제어 입력		BCD 입 력				출 력
LT (Sw_5)	RBI (Sw_6)	D(Sw_1)	C(Sw_2)	B(Sw_3)	A(Sw_4)	7-세그먼트 LED 출력 모양
1	1	0	0	0	0	
1	X	0	0	0	1	
1	X	0	0	1	0	
1	X	0	0	1	1	
1	X	0	1	0	0	
1	X	0	1	0	1	
1	X	0	1	1	0	
1	X	0	1	1	1	
1	X	1	0	0	0	
1	X	1	0	0	1	
1	X	1	0	1	0	
1	X	1	0	1	1	
1	X	1	1	0	0	
1	X	1	1	0	1	
1	X	1	1	1	0	
1	X	1	1	1	1	
0	X	X	X	X	X	

절
취
선

실험 예비 보고서

제 8 장 조합 논리 회로 - 디코더

과 목 명 :

실 험 일 : 년 월 일 요일

담당교수 :

실험조교 :

학 과 : 과 반

실 험 조 : 조

학 번 :

성 명 :

확 인	

※ 실험을 진행하는 데 필요한 다음 사항을 정리하라.

1. 디코더의 논리

2. 3×8 디코더 출력의 논리식

3. 디코더와 조합 논리 회로의 관계

4. 디코더와 인코더의 관계

5. 출력을 제어하는 방법

6. 7-세그먼트 LED의 종류

7. 오픈-컬렉터 회로

절취선

실험 결과 보고서

제8장 조합 논리 회로-디코더

과 목 명 :

실 험 일 : 년 월 일 요일

담당교수 :

실험조교 :

학 과 : 과 반

실 험 조 : 조

학 번 :

성 명 :

평 가	

실험 8-1 2×4 디코더

입 력		출 력			
A(Sw1)	B(Sw2)	W(L1)	X(L2)	Y(L3)	Z(L4)
0	0	—	—	—	—
0	1	—	—	—	—
1	0	—	—	—	—
1	1	—	—	—	—

실험 8-2 2×4 디코더와 4×2 인코더

입 력		디코더 출력				인코더 출력	
A(Sw1)	B(Sw2)	W(L1)	X(L2)	Y(L3)	Z(L4)	A′(L5)	B′(L6)
0	0	—	—	—	—	—	—
0	1	—	—	—	—	—	—
1	0	—	—	—	—	—	—
1	1	—	—	—	—	—	—

실험 8-3 3×8 MSI 디코더

인에이블 입력		선택 입력			출 력							
G1(Sw4)	G2(Sw5)	C(Sw1)	B(Sw2)	A(Sw3)	Y0 (L1)	Y1 (L2)	Y2 (L3)	Y3 (L4)	Y4 (L5)	Y5 (L6)	Y6 (L7)	Y7 (L8)
0	X	X	X	X	—	—	—	—	—	—	—	—
X	1	X	X	X	—	—	—	—	—	—	—	—
1	0	0	0	0	—	—	—	—	—	—	—	—
1	0	0	0	1	—	—	—	—	—	—	—	—
1	0	0	1	0	—	—	—	—	—	—	—	—
1	0	0	1	1	—	—	—	—	—	—	—	—
1	0	1	0	0	—	—	—	—	—	—	—	—
1	0	1	0	1	—	—	—	—	—	—	—	—
1	0	1	1	0	—	—	—	—	—	—	—	—
1	0	1	1	1	—	—	—	—	—	—	—	—

실험 8-4 BCD-10진 MSI 디코더

입 력				출 력									
$D(Sw_1)$	$C(Sw_2)$	$B(Sw_3)$	$A(Sw_4)$	Y_0 (L_1)	Y_1 (L_2)	Y_2 (L_3)	Y_3 (L_4)	Y_4 (L_5)	Y_5 (L_6)	Y_6 (L_7)	Y_7 (L_8)	Y_8 (L_9)	Y_9 (L_{10})
0	0	0	0										
0	0	0	1										
0	0	1	0										
0	0	1	1										
0	1	0	0										
0	1	0	1										
0	1	1	0										
0	1	1	1										
1	0	0	0										
1	0	0	1										
1	0	1	0										
1	0	1	1										
1	1	0	0										
1	1	0	1										
1	1	1	0										
1	1	1	1										

절취선

실험 8-5 BCD-7세그먼트 디코더/드라이버 설계

③ 논리 기호 정의 (블록도)

④ 진리표

D	C	B	A	g	f	e	d	c	b	a
0	0	0	0							
0	0	0	1							
0	0	1	0							
0	0	1	1							
0	1	0	0							
0	1	0	1							
0	1	1	0							
0	1	1	1							
1	0	0	0							
1	0	0	1							
1	0	1	0							
1	0	1	1							
1	1	0	0							
1	1	0	1							
1	1	1	0							
1	1	1	1							

⑤ 논리식 :

$g = \Sigma m(\qquad\qquad\qquad)$

$f = \Sigma m(\qquad\qquad\qquad)$

$e = \Sigma m(\qquad\qquad\qquad)$

$d = \Sigma m(\qquad\qquad\qquad)$

$c = \Sigma m(\qquad\qquad\qquad)$

$b = \Sigma m(\qquad\qquad\qquad)$

$a = \Sigma m(\qquad\qquad\qquad)$

⑧ 회로도

실험 8-6 BCD-7세그먼트 디코더/드라이버 회로 실험

BCD 입 력				출 력
D(Sw_1)	C(Sw_2)	B(Sw_3)	A(Sw_4)	7-세그먼트 LED 출력 모양
0	0	0	0	
0	0	0	1	
0	0	1	0	
0	0	1	1	
0	1	0	0	
0	1	0	1	
0	1	1	0	
0	1	1	1	
1	0	0	0	
1	0	0	1	

실험 8-7 BCD-7세그먼트 디코더/드라이버 MSI IC 실험

제어 입력		BCD 입력				출 력
LT (Sw_5)	RBI (Sw_6)	D(Sw_1)	C(Sw_2)	B(Sw_3)	A(Sw_4)	7-세그먼트 LED 출력 모양
1	1	0	0	0	0	
1	X	0	0	0	1	
1	X	0	0	1	0	
1	X	0	0	1	1	
1	X	0	1	0	0	
1	X	0	1	0	1	
1	X	0	1	1	0	
1	X	0	1	1	1	
1	X	1	0	0	0	
1	X	1	0	0	1	
1	X	1	0	1	0	
1	X	1	0	1	1	
1	X	1	1	0	0	
1	X	1	1	0	1	
1	X	1	1	1	0	
1	X	1	1	1	1	
0	X	X	X	X	X	

▶ **결 론** 실험 결과 검토 및 논의

절취선

9 CHAPTER 조합 논리 회로(MUX/DEMUX)

9-1 목 적

1. 멀티플렉서의 논리를 이해하고 실험을 통하여 동작을 확인한다.
2. 디멀티플렉서의 논리를 이해한다.
3. 디코더와 디멀티플렉서의 관계를 이해한다.
4. 멀티플렉서와 조합 논리 회로와의 관계를 이해한다.

9-2 사용 기기 및 부품

기기	논리 회로 실험 장치 (또는 대체 장비)
부품	IC 7400 (quad 2-input NAND gates) 1개 IC 7404 (hex inverters) 1개 IC 7408 (quad 2-input AND gates) 2개 IC 7432 (quad 2-input OR gates) 1개 IC 74153 (dual 4×1 MUX) 1개 IC 74155 (dual 2×4 decoder/1×4 DEMUX) 1개 점퍼선 약간

9-3 개 념

(1) 멀티플렉서

멀티플렉서(multiplexer : MUX)는 다중화기라고도 하며, 데이터 선택(data selector) 회로라고도 하는 회로로 여러 개의 입력 중 하나를 선택하여 출력에 전달하여 주는 역할을 한다. 멀티플렉서의 논리 기호는 그림 9-1과 같이 표현할 수 있다. (a)는 4×1 멀티플렉서를 나타내고, (b)는 8×1 멀티플렉서, (c)는 2^n×1 멀티플렉서를 나타낸다.

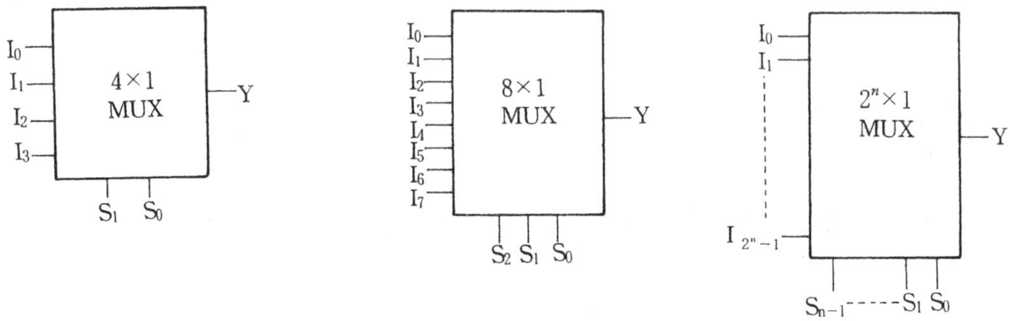

(a) 4×1 멀티플렉서 (b) 8×1 멀티플렉서 (c) 2^n×1 멀티플렉서

그림 9-1 멀티플렉서 논리

4×1 멀티플렉서의 논리는 표 9-1의 진리표로 나타낼 수 있다. 4개의 입력 중 하나를 선택하려면 2개의 선택 단자가 있어야 하며, 이를 S_1, S_0라고 하면 출력의 논리식은 식 (9-1)로 표현된다.

표 9-1 4×1 멀티플렉서의 진리표

선택 입력		출력
S_1	S_0	Y
0	0	I_0
0	1	I_1
1	0	I_2
1	1	I_3

$$Y=\overline{S}_1\overline{S}_0I_0+\overline{S}_1S_0I_1+S_1\overline{S}_0I_2+S_1S_0I_3 \qquad (9-1)$$

멀티플렉서의 IC 소자로는 2×1 MUX로 74157, 74158, 74257, 74258 등이 있고, 4×1 MUX로 74153, 74253, 74353, 8×1 MUX로 74151, 74152, 74251, 74351, 74352, 74354, 74356, 16×1 MUX로 74150 등이 있으며,

CMOS IC로 아날로그 신호용 멀티플렉서/디멀티플렉서 4051, 4052, 4053, 4066, 4067, 4316, 4351, 4352, 4353 등이 있다.

(2) 디멀티플렉서

디멀티플렉서(demultiplexer : DEMUX)는 멀티플렉서의 역동작을 하는 회로로 데이터 분배기로서 동작한다. 1×4 디멀티플렉서의 논리 기호는 그림 9-2와 같이 표시하며, 그의 진리표는 표 9-2로 나타내어진다.

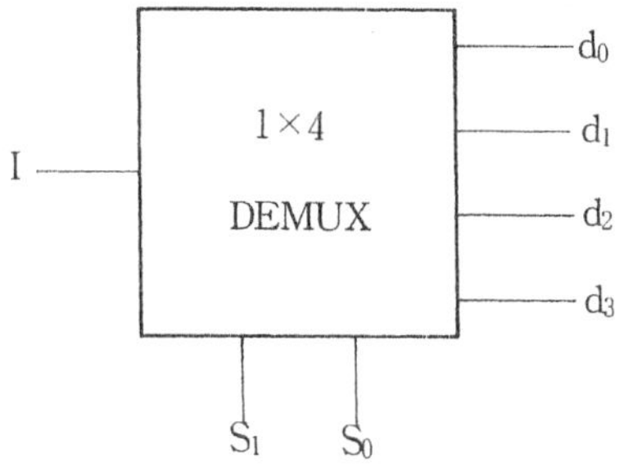

그림 9-2 1×4 디멀티플렉서의 논리

표 9-2 1×4 디멀티플렉서의 진리표

S_1	S_0	d_0	d_1	d_2	d_3
0	0	I	0	0	0
0	1	0	I	0	0
1	0	0	0	I	0
1	1	0	0	0	I

1×4 디멀티플렉서의 논리식을 구하면 식 (9-2)~식 (9-5)가 된다.

$$d_0 = \overline{S}_1\overline{S}_0 I \qquad (9-2)$$

$$d_1 = \overline{S}_1 S_0 I \qquad (9-3)$$

$$d_2 = S_1\overline{S}_0 I \qquad (9-4)$$

$$d_3 = S_1 S_0 I \qquad (9-5)$$

1×4 디멀티플렉서는 인에이블 단자를 갖는 2×4 디코더의 회로와 비교하여 보면, 디코더의 En 단자를 디멀티플렉서의 I 단자로 생각하면 완전히 일치한다. 이러한 이유로 실제 IC 소자에서는 디코더와 디멀티플렉서의 회로는 구분하지 않는다. 따라서 디멀티플렉서의 IC 소자는 독립적으로 존재하기보다는 디코더로 함께 쓰이며, TTL의 74138, 74139, 74154, 74155, 74156, 74159, 74239, 74538, 74539 등과 CMOS의 4514 등이 있다.

그림 9-3은 인에이블 단자를 갖는 2×4 디코더와 1×4 디멀티플렉서의 논리이다. 디코더에서의 인에이블 단자는 디멀티플렉서에서의 입력 단자가 된다.

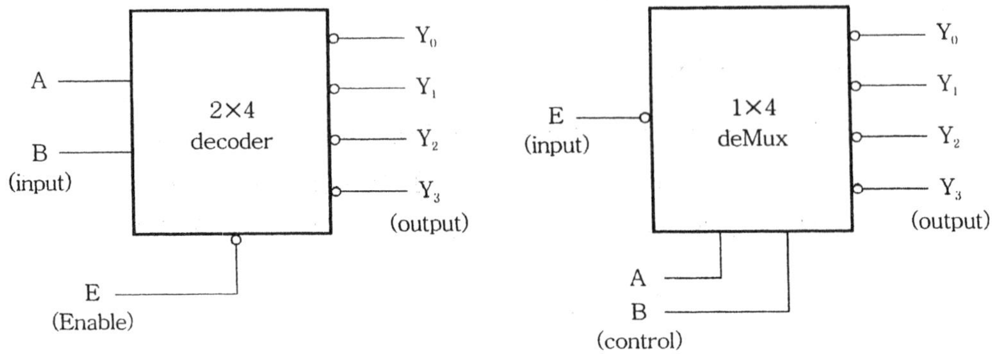

그림 9-3 2×4 디코더와 1×4 디멀티플렉서의 논리

9-4 실 험

(1) 멀티플렉서

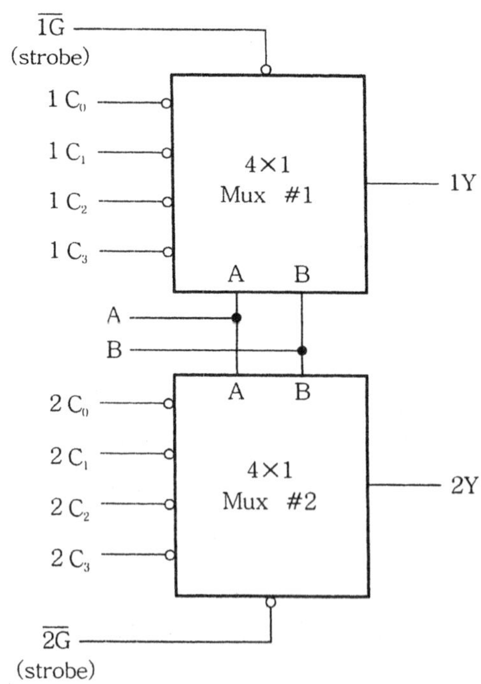

그림 9-4 4×1 멀티플렉서 74153의 내부 논리

MSI IC로 제공되는 4×1 멀티플렉서 중 많이 사용되는 74153은 그림 9-4의 논리로 두 개의 멀티플렉서가 집적되어 있다. 선택 신호 A, B는 두 개의 MUX에 공통으로 연결되어 있어서 완전히 독립적이지는 못하다. 두 개의 MUX의 동작을 지정하는 단자로는 각각 스트로브(strobe) G' 단자가 있으며 이는 액티브 로(active low) 신호이다. 그림 9-5에는 74153의 핀 배치도를 나타낸다.

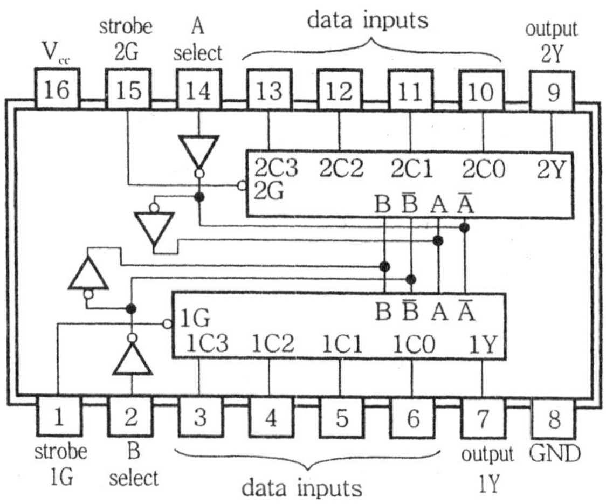

그림 9-5 4×1 멀티플렉서 74153의 핀 배치도

실험 9-1 멀티플렉서 회로

4×1 멀티플렉서를 게이트 회로로 구성하면 그림 9-6의 회로로 표현된다. 이를 실험하여 표 9-3에 기록하고 진리표와 같은가 확인하라.

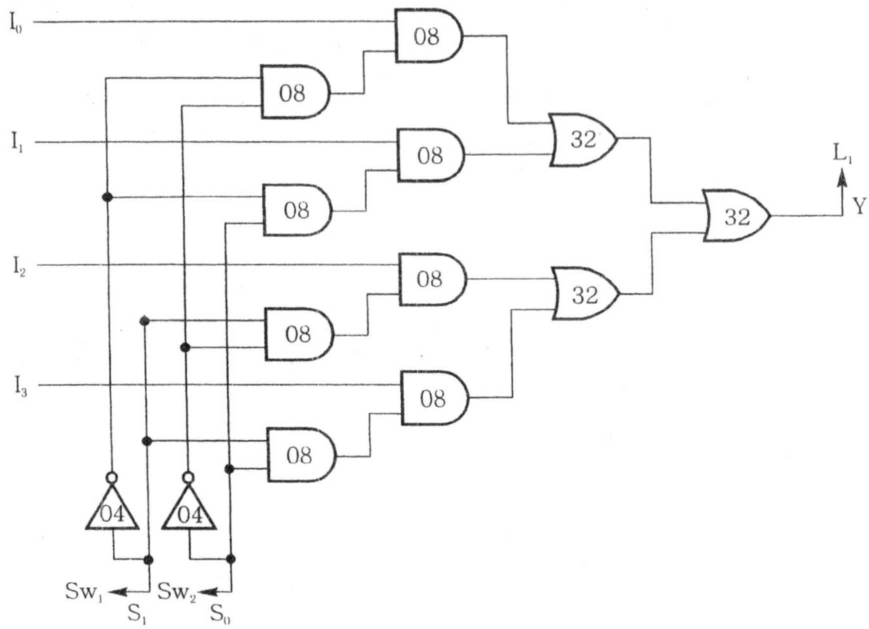

그림 9-6 4×1 멀티플렉서의 게이트 레벨 실험 회로

표 9-3 4×1 멀티플렉서의 게이트 레벨 실험 결과

데이터 입력				선택 입력		출력
I_0	I_1	I_2	I_3	$S_1(Sw_1)$	$S_0(Sw_2)$	$Y(L_1)$
0	X	X	X	0	0	___
1	X	X	X	0	0	___
X	0	X	X	0	1	___
X	1	X	X	0	1	___
X	X	0	X	1	0	___
X	X	1	X	1	0	___
X	X	X	0	1	1	___
X	X	X	1	1	1	___

실험 9-2 MSI 멀티플렉서 74153

4×1 멀티플렉서 IC 74153을 브레드 보드에 장착하고 16번 핀은 V_{CC}, 8번 핀은 GND에 연결하고 나머지 부분은 그림 9-7과 같이 연결한다. 스트로브 1G'는 논리 0(GND)에 연결하여 MUX #1을 동작하도록 한다. 실험 결과는 표 9-4에 기록하고 정상적인 출력을 갖는가 확인하라.

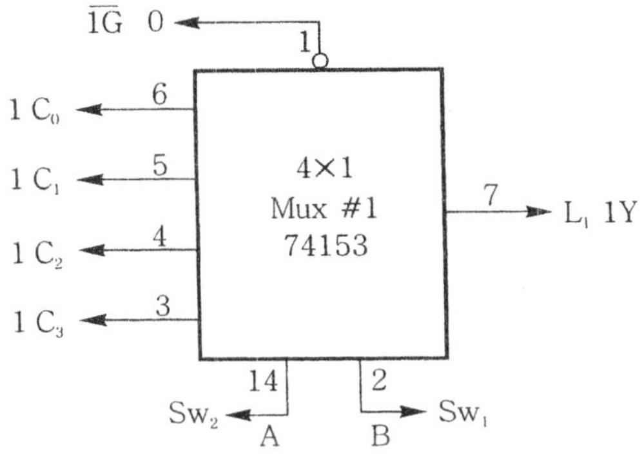

그림 9-7 4×1 멀티플렉서 74153의 실험 회로

표 9-4 4×1 멀티플렉서 74153의 실험 결과

데이터 입력				선택 입력		스트로브	출력
$1C_0$	$1C_1$	$1C_2$	$1C_3$	B(Sw_1)	A(Sw_2)	1G'	1Y(L_1)
0	X	X	X	0	0	0	___
1	X	X	X	0	0	0	___
X	0	X	X	0	1	0	___
X	1	X	X	0	1	0	___
X	X	0	X	1	0	0	___
X	X	1	X	1	0	0	___
X	X	X	0	1	1	0	___
X	X	X	1	1	1	0	___
X	X	X	X	X	X	1	___

실험 9-3 MSI 멀티플렉서 응용

4×1 멀티플렉서 IC 74153 두 개, 즉 4×1 멀티플렉서 3개를 이용하여 8×1 멀티플렉서를 구성할 수 있는가 설계하여 보아라.

그림 9-8 4×1 멀티플렉서로 구성한 8×1 멀티플렉서

(2) 디멀티플렉서

MSI IC로 제공되는 1×4 디멀티플렉서 중 많이 사용되는 74155는 그림 9-9의 논리로 두 개의 디코더/디멀티플렉서가 집적되어 있다. 디코더의 입력 신호 A, B는 디멀티플렉서의 선택 신호 A, B로도 쓰이며, 각각 스트로브 신호와 decoder/deMux 선택 신호를 갖고 있다. 74155는 사용하는 방법에 따라 두 개의 2×4 디코더, 3×8 디코더, 1×4 deMux, 1×8 deMux 등으로 쓰일 수 있다. 그림 9-10는 74155의 핀 배치도를 나타낸다.

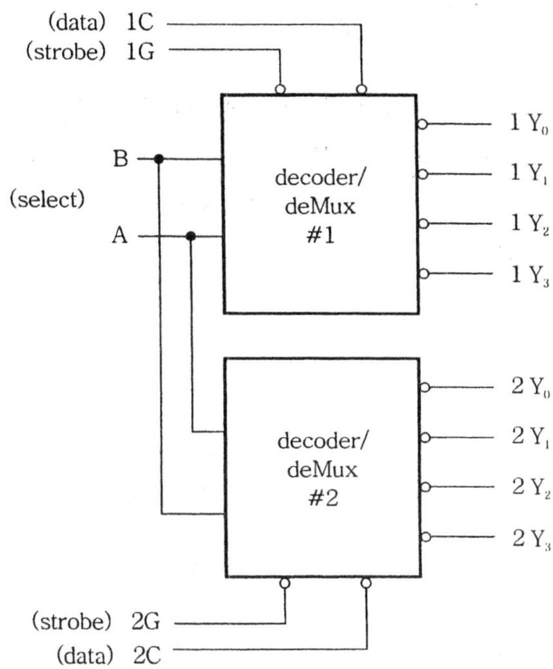

그림 9-9 2×4 디코더/1×4 디멀티플렉서 74155의 내부 논리

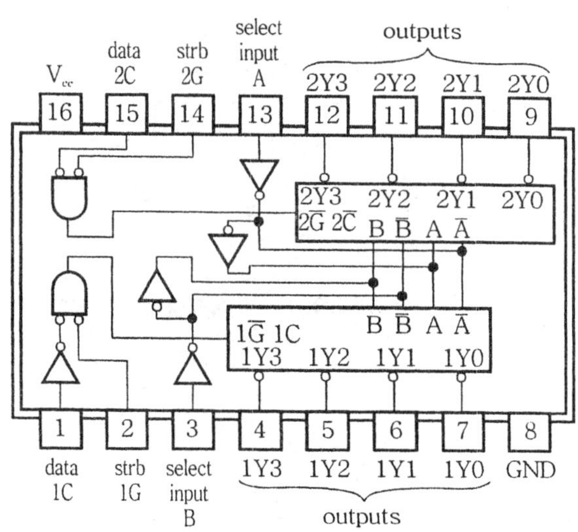

그림 9-10 2×4 디코더/1×4 디멀티플렉서 74155의 핀 배치도

실험 9-4 디멀티플렉서 회로

게이트들을 이용한 1×4 디멀티플렉서 회로는 그림 9-11과 같이 구성할 수 있다. 출력단에 NAND 게이트를 사용한 이유는 액티브-로 출력을 얻기 위함이다. 실험 결과는 표 9-5에 기록하고 분석하라. 또 실험 결과를 디코더로서도 분석하라.

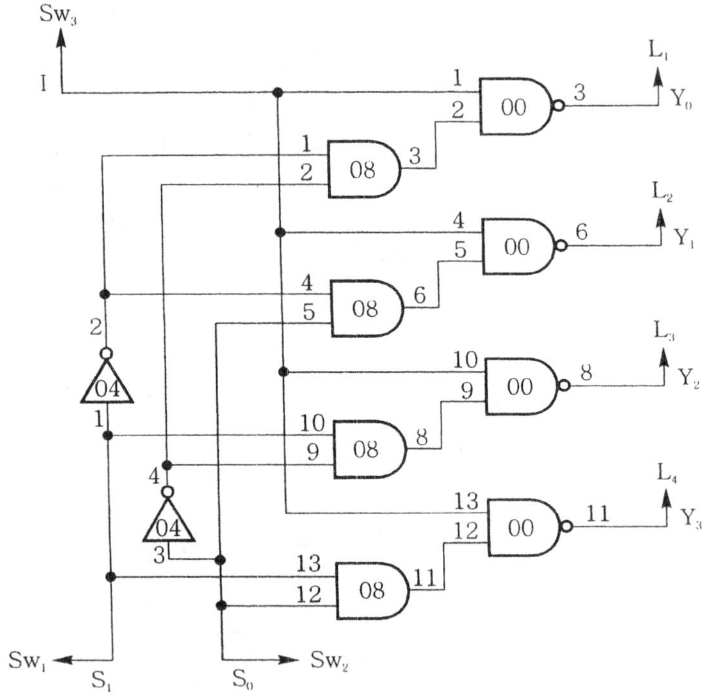

그림 9-11 디멀티플렉서의 게이트 레벨 실험 회로

표 9-5 디멀티플렉서의 게이트 레벨 실험 결과

입력			출력			
I(Sw3)	S_1(Sw1)	S_0(Sw2)	$Y_0(L_1)$	$Y_1(L_2)$	$Y_2(L_3)$	$Y_3(L_4)$
0	0	0	___	___	___	___
1	0	0	___	___	___	___
0	0	1	___	___	___	___
1	0	1	___	___	___	___
0	1	0	___	___	___	___
1	1	0	___	___	___	___
0	1	1	___	___	___	___
1	1	1	___	___	___	___

실험 9-5 MSI 디멀티플렉서 74155

74155를 이용한 1×4 디멀티플렉서 회로는 그림 9-12와 같이 구성할 수 있다. 16번 핀은 V_{CC}에 8번 핀은 GND에 연결한다. 실험 결과는 표 9-6에 기록하고 분석하라. 또 실험 결과를 디코더로서도 분석하여 그림 9-13에 2×4 디코더로서의 연결 회로도를 그려라.

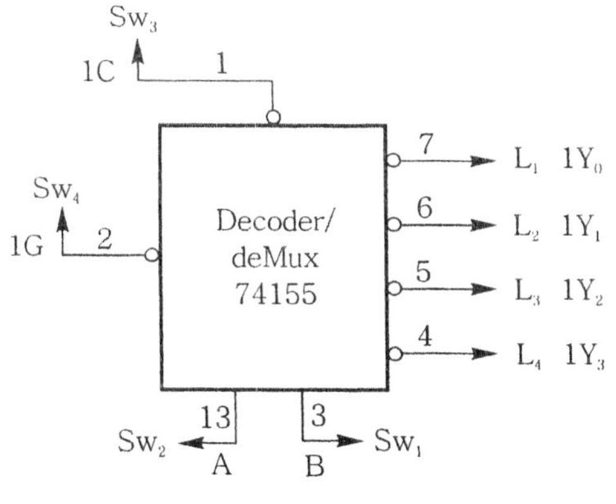

그림 9-12 2×4 디코더 / 1×4 디멀티플렉서 74155의 실험 회로

표 9-6 2×4 디코더 / 1×4 디멀티플렉서 74155의 실험 결과

입 력				출 력			
1C(Sw_3)	1G(Sw_4)	B(Sw_1)	A(Sw_2)	1Y_0(L_1)	1Y_1(L_2)	1Y_2(L_3)	1Y_3(L_4)
0	0	0	0	___	___	___	___
0	0	0	1	___	___	___	___
0	0	1	0	___	___	___	___
0	0	1	1	___	___	___	___
0	1	0	0	___	___	___	___
0	1	0	1	___	___	___	___
0	1	1	0	___	___	___	___
0	1	1	1	___	___	___	___
1	0	0	0	___	___	___	___
1	0	0	1	___	___	___	___
1	0	1	0	___	___	___	___
1	0	1	1	___	___	___	___
1	1	0	0	___	___	___	___
1	1	0	1	___	___	___	___
1	1	1	0	___	___	___	___
1	1	1	1	___	___	___	___

그림 9-13 2×4 디코더로서의 74155의 연결 회로도

실험 9-6 74155의 3×8 디코더로의 이용

74155를 이용한 3×8 디코더 회로는 그림 9-14와 같이 구성할 수 있다. 16번 핀은 V_{CC}에, 8번 핀은 GND에 연결하고 1C와 2C, 1G와 2G는 공통으로 접속한다. 실험 결과는 표 9-7에 기록하고 분석하라.

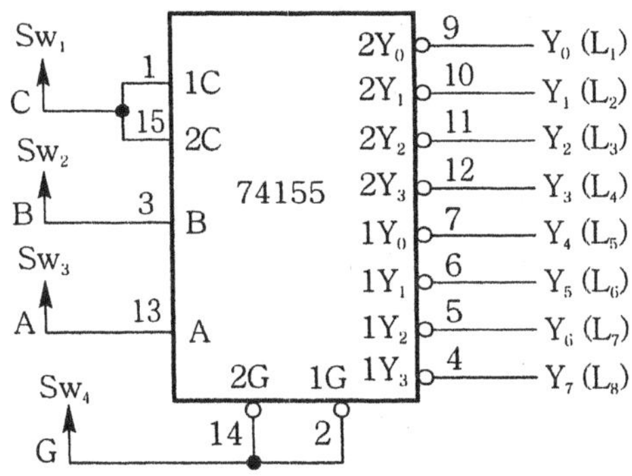

그림 9-14 74155의 3×8 디코더 실험 회로

표 9-7 디코더/디멀티플렉서 74155의 실험 결과

입력				출력							
G(Sw_4)	C(Sw_1)	B(Sw_2)	A(Sw_3)	Y_0 (L_1)	Y_1 (L_2)	Y_2 (L_3)	Y_3 (L_4)	Y_4 (L_5)	Y_5 (L_6)	Y_6 (L_7)	Y_7 (L_8)
0	0	0	0								
0	0	0	1								
0	0	1	0								
0	0	1	1								
0	1	0	0								
0	1	0	1								
0	1	1	0								
0	1	1	1								
1	0	0	0								
1	0	0	1								
1	0	1	0								
1	0	1	1								
1	1	0	0								
1	1	0	1								
1	1	1	0								
1	1	1	1								

실험 9-7 74155의 1×8 디멀티플렉서로의 이용

실험 9-6의 74155를 이용한 3×8 디코더 회로의 실험 결과를 분석하여 1×8 디멀티플렉서로서의 이용을 위한 회로를 그림 9-15에 그려라.

그림 9-15 74155의 1×8 디멀티플렉서 이용 회로

절
취
선

실험 예비 보고서

제 9 장 조합 논리 회로 - MUX/DEMUX

과 목 명 :

실 험 일 : 년 월 일 요일

담당교수 :

실험조교 :

학 과 : 과 반

실 험 조 : 조

학 번 :

성 명 :

확 인	

※ 실험을 진행하는 데 필요한 다음 사항을 정리하라.

1. MUX의 특성

2. 8×1 MUX의 논리식

3. MUX와 조합 논리 회로와의 관계

4. DEMUX의 특성

5. 1×8 DEMUX의 논리식

6. 디코더와 DEMUX와의 관계

7. ROM과 조합 논리 회로와의 관계

절
취
선

실험 결과 보고서

제9장 조합 논리 회로 - MUX/DEMUX

과 목 명 :

실 험 일 : 년 월 일 요일

담당교수 :

실험조교 :

학 과 : 과 반

실 험 조 : 조

학 번 :

성 명 :

평 가	

실험 9-1 멀티플렉서 회로

데이터 입력				선택 입력		출력
I_0	I_1	I_2	I_3	$S_1(Sw_1)$	$S_0(Sw_2)$	$Y(L_1)$
0	X	X	X	0	0	___
1	X	X	X	0	0	___
X	0	X	X	0	1	___
X	1	X	X	0	1	___
X	X	0	X	1	0	___
X	X	1	X	1	0	___
X	X	X	0	1	1	___
X	X	X	1	1	1	___

실험 9-2 MSI 멀티플렉서 74153

데이터 입력				선택 입력		스트로브	출력
$1C_0$	$1C_1$	$1C_2$	$1C_3$	$B(Sw_1)$	$A(Sw_2)$	1G'	$1Y(L_1)$
0	X	X	X	0	0	0	___
1	X	X	X	0	0	0	___
X	0	X	X	0	1	0	___
X	1	X	X	0	1	0	___
X	X	0	X	1	0	0	___
X	X	1	X	1	0	0	___
X	X	X	0	1	1	0	___
X	X	X	1	1	1	0	___
X	X	X	X	X	X	1	___

실험 9-3 MSI 멀티플렉서 응용

절취선

실험 9-4 디멀티플렉서 회로

입 력			출 력			
I(Sw3)	S1(Sw1)	S0(Sw2)	Y0(L1)	Y1(L2)	Y2(L3)	Y3(L4)
0	0	0	___	___	___	___
1	0	0	___	___	___	___
0	0	1	___	___	___	___
1	0	1	___	___	___	___
0	1	0	___	___	___	___
1	1	0	___	___	___	___
0	1	1	___	___	___	___
1	1	1	___	___	___	___

실험 9-5 MSI 디멀티플렉서 74155

입 력				출 력			
1C(Sw_3)	1G(Sw_4)	B(Sw_1)	A(Sw_2)	$1Y_0$(L_1)	$1Y_1$(L_2)	$1Y_2$(L_3)	$1Y_3$(L_4)
0	0	0	0	___	___	___	___
0	0	0	1	___	___	___	___
0	0	1	0	___	___	___	___
0	0	1	1	___	___	___	___
0	1	0	0	___	___	___	___
0	1	0	1	___	___	___	___
0	1	1	0	___	___	___	___
0	1	1	1	___	___	___	___
1	0	0	0	___	___	___	___
1	0	0	1	___	___	___	___
1	0	1	0	___	___	___	___
1	0	1	1	___	___	___	___
1	1	0	0	___	___	___	___
1	1	0	1	___	___	___	___
1	1	1	0	___	___	___	___
1	1	1	1	___	___	___	___

실험 9-6 74155의 3×8 디코더로의 이용

입 력				출 력							
G(Sw_4)	C(Sw_1)	B(Sw_2)	A(Sw_3)	Y_0 (L_1)	Y_1 (L_2)	Y_2 (L_3)	Y_3 (L_4)	Y_4 (L_5)	Y_5 (L_6)	Y_6 (L_7)	Y_7 (L_8)
0	0	0	0								
0	0	0	1								
0	0	1	0								
0	0	1	1								
0	1	0	0								
0	1	0	1								
0	1	1	0								
0	1	1	1								
1	0	0	0								
1	0	0	1								
1	0	1	0								
1	0	1	1								
1	1	0	0								
1	1	0	1								
1	1	1	0								
1	1	1	1								

실험 9-7 74155의 1×8 디멀티플렉서로의 이용

▶ **결 론** 실험 결과 검토 및 논의

절취선

10
CHAPTER

플립플롭

10-1 목 적

1. 2진 데이터 저장의 기본 원리를 이해한다.
2. RS 래치의 논리를 이해한다.
3. RS 플립플롭의 논리와 회로를 이해한다.
4. JK 플립플롭의 논리와 회로를 이해한다.
5. D 플립플롭의 논리와 회로를 이해한다.
6. MSI IC에 의한 플립플롭 사용을 이해한다.
7. 플립플롭의 토글 동작과 회로를 이해한다.

10-2 사용 기기 및 부품

기기	논리 회로 실험 장치 (또는 대체 장비) 주파수 발생기
부품	IC 7400 (quad 2-input NAND gates) 1개 IC 7404 (hex inverters) 1개 IC 7402 (quad 2-input NOR gates) 1개 IC 7408 (quad 2-input AND gates) 1개 IC 7432 (quad 2-input OR gates) 1개 IC 7474 (dual D flip flops) 1개 IC 7475 (4 bit D latch) 1개 IC 7476 (dual JK flip flops) 1개 점퍼선 약간

10-3 개 념

순서 논리 회로(sequential logic circuit or sequential network)는 조합 논리 회로에 기억 기능을 갖는 소자가 추가되어 출력이 입력뿐만 아니라 기억되어 있는 전 상태에 의하여 결정되는 회로이다. 순서 논리 회로에 쓰이는 기억 소자는 게이트에 의한 조합 논리 회로로 만들 수 있으며 플립플롭(flip-flop)이라 부르는 쌍안정 멀티바이브레이터(multi-vibrator)이다.

플립플롭은 세트와 리셋, 두 개의 안정된 상태를 갖는 회로로 정상 상태 출력 Q와 부정 상태 출력 $\overline{Q}$로 표시되는 두 가지의 출력을 갖는다. 출력은 안정된 현재 상태를 출력하게 되며, 새로운 입력이나 클록 입력이 인가되지 않는 한 현재 상태를 유지한다. 플립플롭의 클록 입력은 클록 신호에 맞추어 동작하는 동기식에 사용되며, 클록 입력이 없는 비동기식 플립플롭도 있으며, 이러한 회로는 래치(latch)라고도 부른다.

플립플롭에는 RS와 JK, D 플립플롭이 있으며, 동작적으로 정의하는 T형 플립플롭도 있다.

(1) RS 플립플롭

RS 플립플롭의 가장 기본 회로는 두 개의 NOR 게이트로 구성되며, 비동기식 RS 플립플롭 또는 RS 래치라 부른다. 그림 10-1의 논리 기호는 RS 래치를 나타내며, 그의 동작은 표 10-1의 진리표로 표현된다. 진리표에서 R과 S는 각각 리셋과 세트의 요구 단자이며, Q_t는 현재 상태, Q_{t+1}는 새로운 입력에 의한 출력을 표시한다.

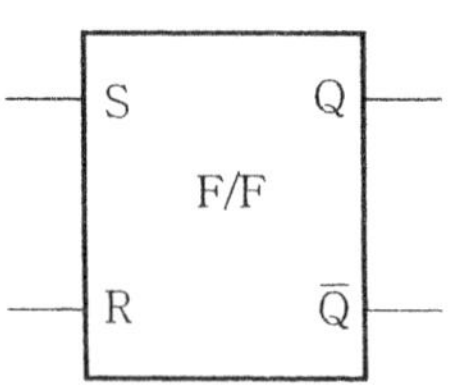

그림 10-1 RS 래치의 논리 기호

표 10-1 RS 래치의 진리표

R	S	Q_{t+1}	$\overline{Q}_{t+1}$
0	0	Q_t (무변)	$\overline{Q}_t$
0	1	1 (세트)	0
1	0	0 (리셋)	1
1	1	− (불허)	−

NAND 게이트에 의한 RS 래치 회로는 NOR 게이트에 의한 회로와 다른 동작을 하게 되는데, 이를 NOR 게이트에 의한 회로의 동작과 일치시키기 위하여는 입력단에 인버터를 하나씩 설치하면 된다.

래치 회로는 입력 신호가 변하기만 하면 출력을 변화시키게 되며, 이를 외부의 동기 신호에 맞추어 동작시키기 위하여는 클록 신호를 사용하며 이의 논리는 그림 10−2로 나타낸다. 클록에 인버터가 표시된 회로는 하강 에지(trailing edge)에서 동작하는 것을 의미한다.

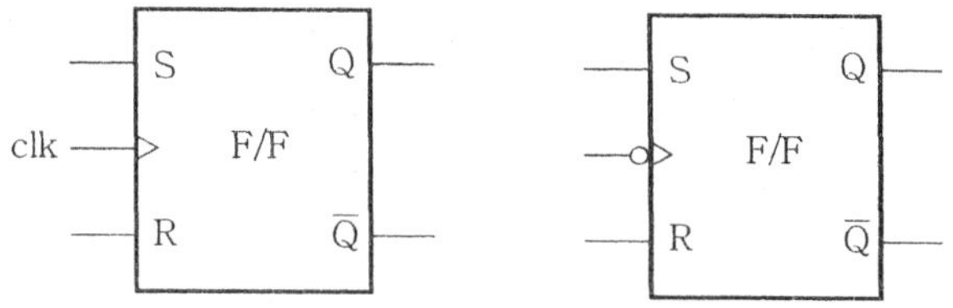

그림 10-2 RS 플립플롭의 논리 기호

RS 플립플롭의 다음 상태 출력을 입력과 전 상태에 따른 논리식으로 구하면 식 (10−1)이 되며, 이를 RS 플립플롭의 특성 방정식이라고 한다.

$$Q_{t+1} = S + \overline{R}Q_t \qquad (10-1)$$

RS 플립플롭은 게이트 회로로 간단하게 구성할 수 있으며, 허가되지 않는 입력이 존재하므로 IC 소자로 많이 사용되지는 않으며, TTL의 74279와 CMOS의 4043, 4044 등이 존재한다.

(2) JK 플립플롭

RS 플립플롭의 두 입력이 모두 1인, 허가되지 않는 입력에 대하여 토글 동작을 하도록 개선한 것이 JK 플립플롭이다. 입력 J와 K는 그대로 S와 R에 대응되고, J = K = 1인 경우는 토글 동작이 이루어져 전 상태의 부정을 출력으로 한다. 그림 10−3은 JK 플립플롭의 논리 기호이며, 표 10−2는 JK 플립플롭의 동작을 나타내는 진리표이다.

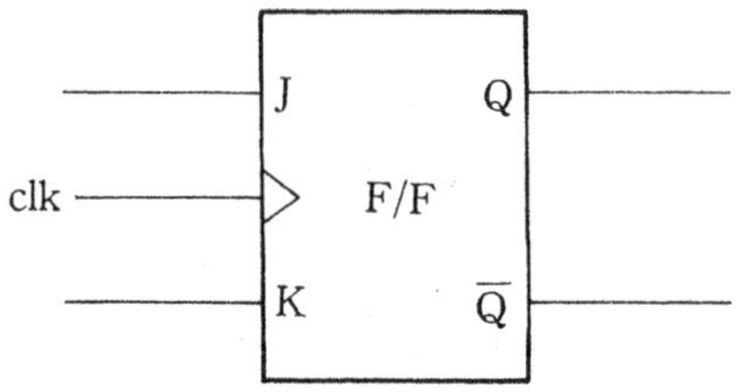

그림 10-3 JK 플립플롭의 논리 기호

표 10-2 JK 플립플롭의 진리표

J	K	Q_{t+1}
0	0	Q_t (무변)
0	1	0 (리셋)
1	0	1 (세트)
1	1	$\overline{Q_t}$ (토글)

JK 플립플롭은 이미 설계된 RS 플립플롭을 이용하여 구성할 수도 있는데, RS 플립플롭 모듈에 전 상태의 출력을 입력으로 되돌리기 위한 AND 게이트 두 개만 추가하면 그림 10-4처럼 간단하게 구성된다.

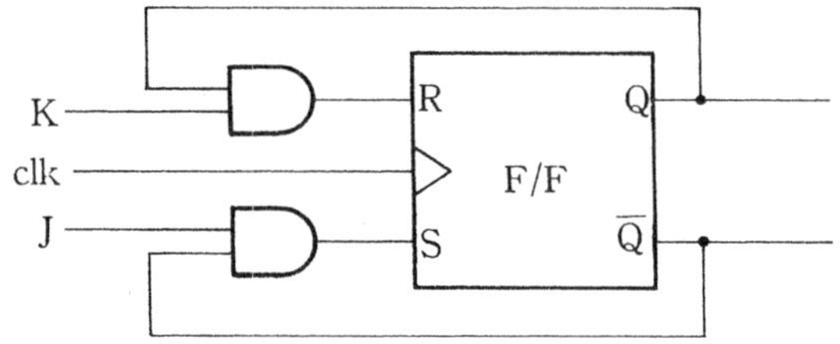

그림 10-4 RS 플립플롭으로 구성된 JK 플립플롭

JK 플립플롭의 특성 방정식은 식 (10-2)로 나타내어진다.

$$Q_{t+1} = J\,\overline{Q_t} + \overline{K}\,Q_t \tag{10-2}$$

JK 플립플롭은 RS 및 D 플립플롭으로 쓰일 수 있으며, 토글 동작 등의 기능으로 만능 플립플롭으로 사용되기 때문에 IC 소자로도 매우 많은 종류가 만들어져 있다. TTL과 CMOS의 7470, 7472(M-S), 7473, 7476(M-S), 7478, 74104, 74105, 74107, 74109, 74110, 74111, 74112, 74113, 74114, 74276, 74376, 4027, 14027(M-S) 등의 범용 IC 소자들이 존재한다.

(3) D 플립플롭

외부로부터 전송되어 오는 2진 데이터를 저장하기 위하여는 0의 입력은 0으로, 1의 입력은 1로 저장되고 출력되어야 한다. 또 입력 신호는 1비트의 논리로 처리가 가능하므로 RS 플립플롭이나 JK 플립플롭처럼 두 개의 입력 단자를 갖지 않아도 된다. 이 하나의 입력 단자는 데이터를 그대로 저장하므로 D(Data)라고 부르고, D 입력을 갖는 플립플롭을 D 플립플롭이라고 부른다.

D 플립플롭은 RS나 JK 플립플롭으로부터 쉽게 변형될 수 있으며 RS와 JK의 두 개의 입력 값은 서로 반대가 되는 경우에만 사용하면 된다. 따라서 그림 10-5처럼 R 또는 K 단자에 인버터를 연결하여 두 개의 입력을 하나의 입력 D로 바꾸면 된다.

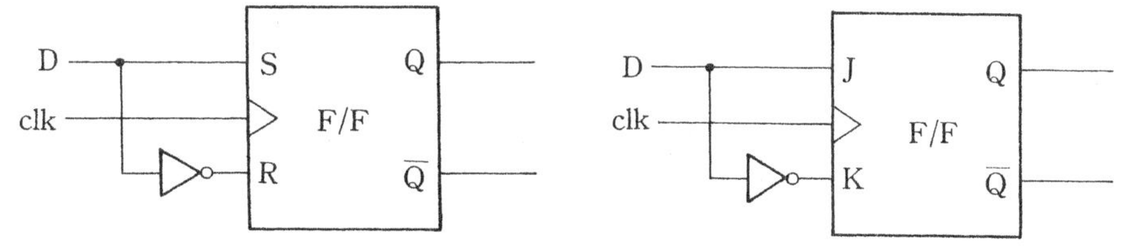

(a) RS로 구성한 D 플립플롭 (b) JK로 구성한 D 플립플롭

그림 10-5 RS와 JK를 변형하여 구성한 D 플립플롭

D 플립플롭의 논리 기호는 그림 10-6으로 나타내며, 이의 진리표는 표 10-3, 논리식은 식 (10-3)으로 나타낸다.

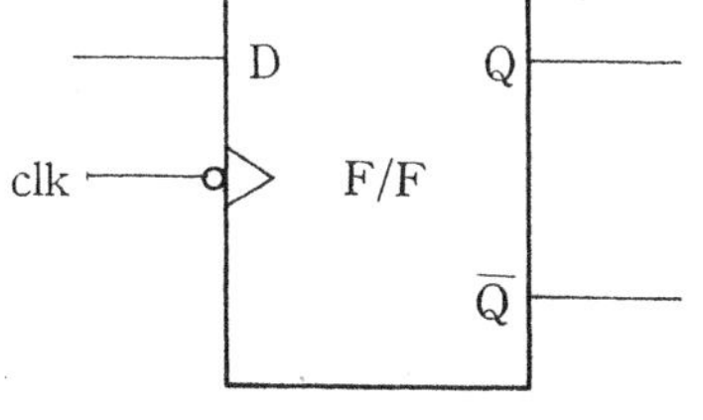

그림 10-6 D 플립플롭의 논리 기호

표 10-3 D 플립플롭의 진리표

D	Q_t	Q_{t+1}
0	0	0
0	1	0
1	0	1
1	1	1

$$Q_{t+1} = D \qquad (10-3)$$

D 플립플롭은 상승 또는 하강 구간에서 동작하도록 클록 입력을 갖는다. 경우에 따라서는 하이(High) 또는 로(Low) 레벨에서 동작하는 논리가 필요하며, 클록은 에지 동작을 나타내므로 > 기호를 갖지 않는 입력을 사용한다. 이는 E(Enable) 또는 St(Strobe) 등의 기호로 표시하고, 이러한 논리를 D 래치라고 부른다. 특히 데이터 버스 등의 값을 저장하는 경우에는 여러 비트의 논리가 필요하여 여러 개의 D 래치를 사용하게 된다. 그림 10-7은 4비트 D 래치 회로를 나타낸다. D 입력과 출력은 각각 사용하고, 허가 입력 E는 4 비트에 대하여 함께 동작하도록 외부에는 하나의 단자로 연결된다.

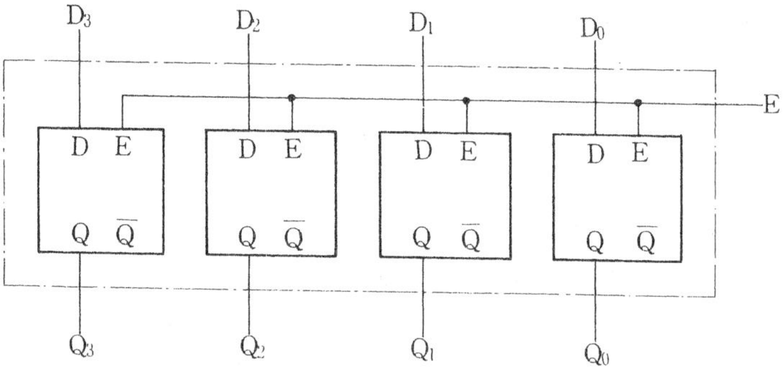

그림 10-7 4비트 D 래치 회로

D 플립플롭의 IC 소자로는 7474, 7475, 74173, 74174, 74175, 74273, 74364, 74374, 74377, 74378, 74379, 74388, 74534, 74564, 74573, 74574, 74575, 74576, 74577, 4013 등이 있으며, D 래치로는 4비트로 7475, 7477, 74116, 74375 등이 있고, 8비트 래치로 74100, 74170, 74373, 74533, 74563, 74573, 74580 등이 있다.

(4) 마스터 슬레이브 플립플롭

플립플롭의 동작은 입력에 따라 저장되는 값이 달라지며 그 값이 출력으로 바뀌기 때문에 입력이 변하면 출력을 변화시키게 된다. 이를 입력과 출력의 시간을 달리하여 안정된 동작을 하도록 한 회로를 마스터 슬레이브라 한다.

마스터와 슬레이브란 주인과 종으로서 동작함을 나타내며, 입력단은 외부의 입력에 따라 변화되는 상태를 가지므로 마스터라 하고, 출력단은 마스터의 상태를 그대로 이어받으므로 슬레이브라 한다. 그림 10-8은 마스터 슬레이브 플립플롭을 나타낸다. 입력단의 마스터 플립플롭은 클록의 상승 구간에서 동작하며, 출력단의 슬레이브 플립플롭은 하강 구간에서 동작하도록 구성된다.

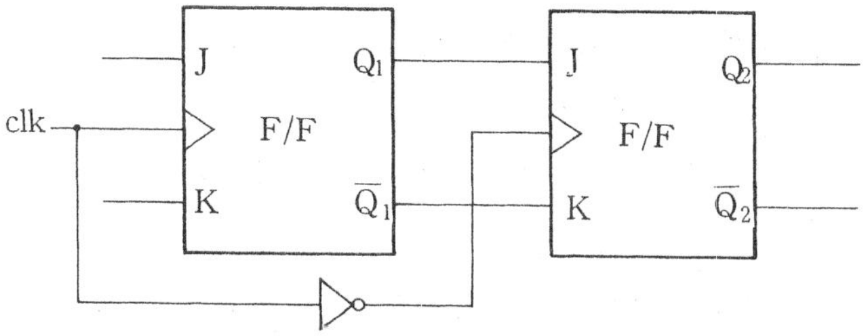

(a) 회로도

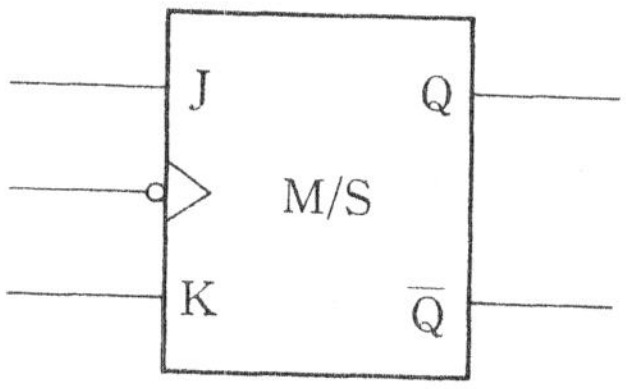

(b) 논리 기호

그림 10-8 마스터 슬레이브 JK 플립플롭의 논리

마스터 슬레이브 JK 플립플롭의 입력에 따른 출력의 파형을 그림 10-9에 나타내었다. 입력과 출력이 각기 다른 상승 구간과 하강 구간에서 동작하므로 입력에 대하여 출력은 클록의 반주기만큼의 시간차를 갖고 동작한다.

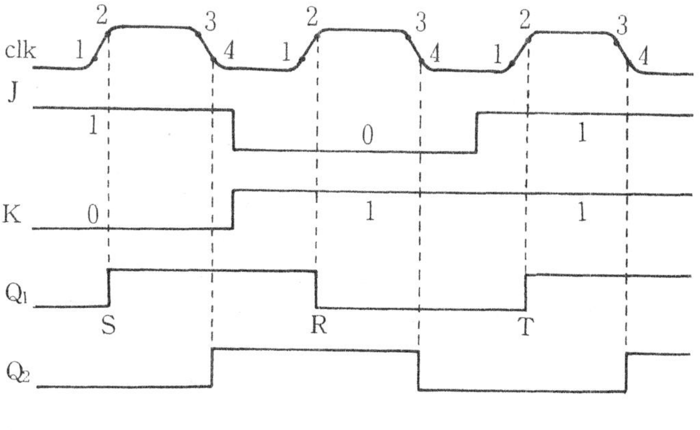

그림 10-9 마스터 슬레이브 JK 플립플롭의 입력과 출력 파형

그림 10－9의 클록 신호의 전압 레벨에 따라 마스터와 슬레이브는 각각 다른 동작을 하며, 이를 요약하면 다음과 같다.

전압 레벨 1 : 마스터와 슬레이브 플립플롭은 서로 격리된다.

전압 레벨 2 : 외부로부터의 JK 입력이 마스터 플립플롭의 상태를 결정한다.

전압 레벨 3 : JK 입력은 더 이상 마스터 플립플롭의 상태에 영향을 미치지 않는다.

전압 레벨 4 : 마스터 플립플롭의 출력은 슬레이브 플립플롭의 JK에 입력되어 마스터와 슬레이브는 같은 값을 가지며, 슬레이브 플립플롭의 출력이 변화된다.

10-4 실 험

(1) RS 플립플롭

실험 10-1 RS 래치

RS 플립플롭의 가장 기본 회로인 그림 10－10의 회로를 실험하여 결과를 표 10－4에 기록하고 진리표와 같은가 확인하라. 단 실험 순서에 따라 그 값이 달라질 수 있으므로 표 10－4의 순서대로 실험하라. 또, 실험 결과를 그림 10－11의 파형도로 그려라.

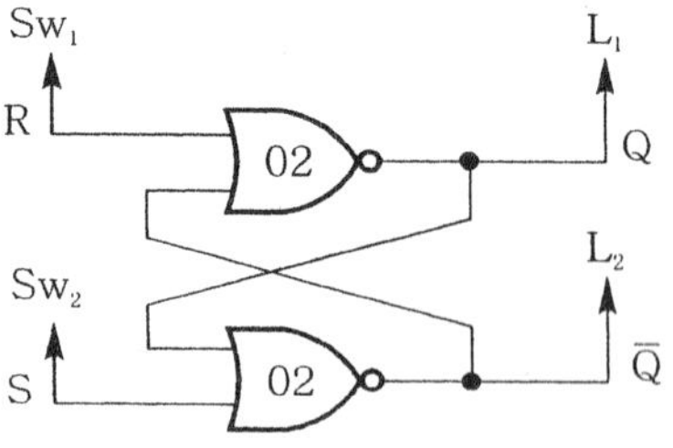

그림 10-10 RS 래치의 실험 회로

표 10-4 RS 래치의 실험 결과

입 력		출 력	
R(Sw_1)	S(Sw_2)	Q(L_1)	$\overline{Q}$(L_2)
0	1	___	___
0	0	___	___
1	0	___	___
0	0	___	___
1	0	___	___
1	1	___	___

그림 10-11 RS 래치의 파형도

실험 10-2 RS 플립플롭

동기식 플립플롭인 클록을 갖는 RS 플립플롭의 회로를 NAND 게이트로 구현하면 그림 10-12의 회로로 표현할 수 있다. 표 10-5의 순서대로 실험하여 결과를 기록하고 진리표와 같은가 확인하라. 또, 실험 결과를 그림 10-13의 파형도로 그려라. 단 클록은 에지 동작이고, 실험에서의 동작은 레벨이므로 클록을 나타내는 신호인 clk를 사용하지 않고 En을 사용한다.

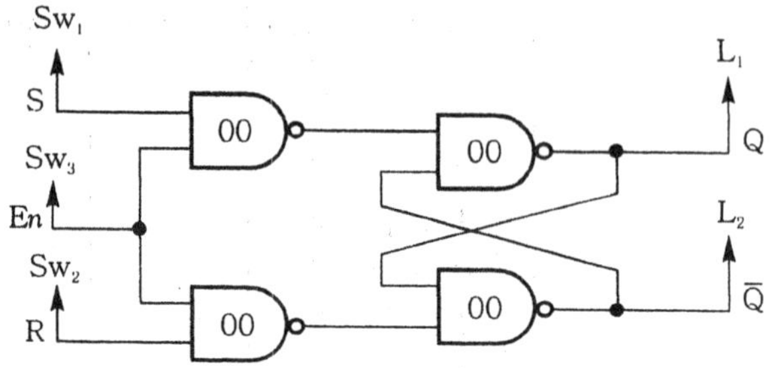

그림 10-12 RS 플립플롭의 실험 회로

표 10-5 RS 플립플롭의 실험 결과

입 력			출 력	
En(Sw_3)	S(Sw_1)	R(Sw_2)	Q(L_1)	$\overline{Q}$(L_2)
0	0	1	___	___
0	0	0	___	___
0	1	0	___	___
0	0	0	___	___
0	1	0	___	___
0	1	1	___	___
1	0	1	___	___
1	0	0	___	___
1	1	0	___	___
1	0	0	___	___
1	1	0	___	___
1	1	1	___	___

그림 10-13 RS 플립플롭의 파형도

실험 10-3 RS 플립플롭의 비동기 입력

RS 플립플롭의 회로를 그림 10-14의 회로로 구성하면 비동기 입력 프리셋과 클리어 단자를 갖게 할 수 있다. 표 10-6의 순서대로 실험하여 결과를 기록하고 프리셋과 클리어의 기능을 확인하라.

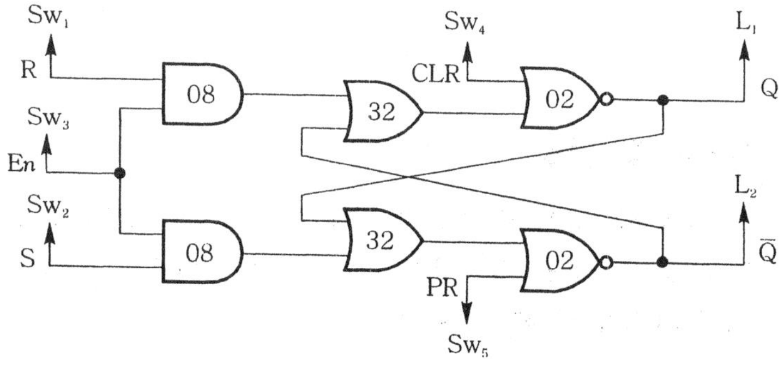

그림 10-14 프리셋과 클리어를 갖는 RS 플립플롭의 실험 회로

표 10-6 프리셋과 클리어를 갖는 RS 플립플롭의 실험 결과

입 력					출 력	
PR(Sw_5)	CLR(Sw_4)	En(Sw_3)	S(Sw_2)	R(Sw_1)	Q(L_1)	$\overline{Q}$(L_2)
0	0	0	0	0	___	___
0	0	1	0	0	___	___
0	0	0	0	0	___	___
0	0	0	0	1	___	___
0	0	1	0	1	___	___
0	0	0	0	1	___	___
0	0	0	1	0	___	___
0	0	1	1	0	___	___
0	0	0	1	0	___	___
1	0	0	0	0	___	___
1	0	1	0	1	___	___
1	0	0	0	0	___	___
0	0	0	0	0	___	___
0	1	0	0	0	___	___
0	1	1	0	1	___	___
0	1	0	0	0	___	___
0	0	0	0	0	___	___

(2) JK 플립플롭

JK 플립플롭의 IC로는 마스터-슬레이브 플립플롭인 7476이 가장 많이 쓰인다고 할 수 있다. 그림 10-15는 두 개의 마스터-슬레이브 JK 플립플롭이 집적된 7476의 핀 배치도이다.

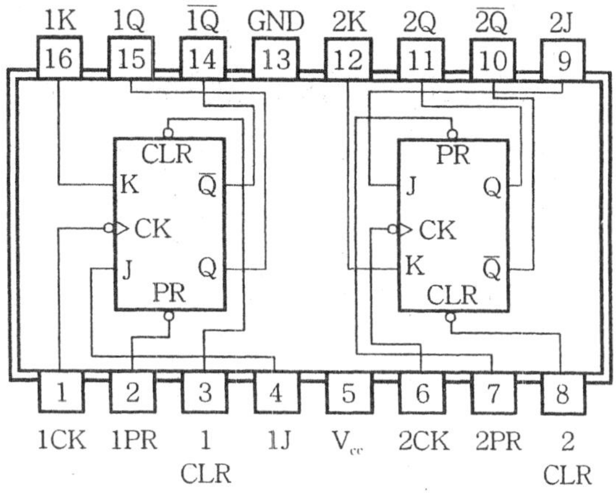

그림 10-15 JK 플립플롭 7476의 핀 배치도

실험 10-4 MSI JK 플립플롭

JK 플립플롭 IC 7476을 브레드 보드에 장착하고 5번 핀을 V_{CC}에 13번 핀을 GND에 연결한다. 실험은 그림 10-16의 회로를 구현하여 실험하고, 결과를 표 10-7에 기록한다. 표에서 클록은 하강 에지를 주어야만 하며, 클록 신호보다 항상 J, K 입력을 먼저 준다. 또, 클록과 입력에 따른 출력을 그림 10-17의 파형도에 그려라.

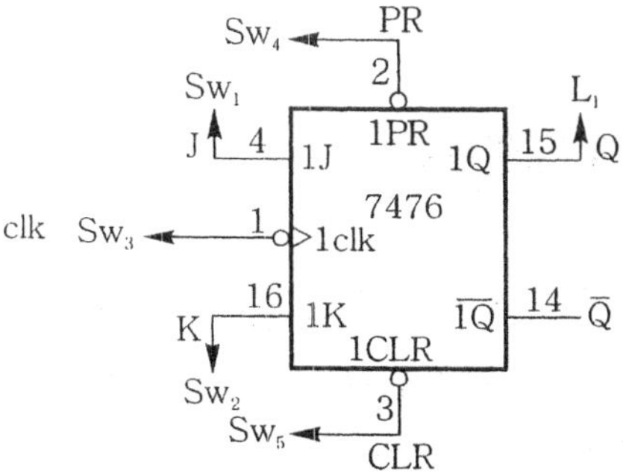

그림 10-16 JK 플립플롭 7476의 실험 회로

표 10-7 JK 플립플롭 7476의 실험 결과

입 력					출 력
PR(Sw$_4$)	CLR(Sw$_5$)	clk(Sw$_3$)	J(Sw$_1$)	K(Sw$_2$)	Q(L$_1$)
‾↓_⌐‾	1	0	×	×	___
1	1	_⌐‾↓_	0	0	___
1	1	_⌐‾↓_	0	1	___
1	1	_⌐‾↓_	1	0	___
1	1	_⌐‾↓_	1	1	___
1	1	_⌐‾↓_	1	1	___
1	‾↓_⌐‾	0	×	×	___
1	1	_⌐‾↓_	1	1	___

그림 10-17 JK 플립플롭의 파형도

실험 10-5 T형 JK 플립플롭

JK 플립플롭은 입력의 조절만으로 쉽게 토글 동작이 만들어지므로 이를 T형 플립플롭으로 그림 10-18과 같이 변형하고 클록 신호를 변화시켜 그 출력을 그림 10-19의 파형도에 그려라.

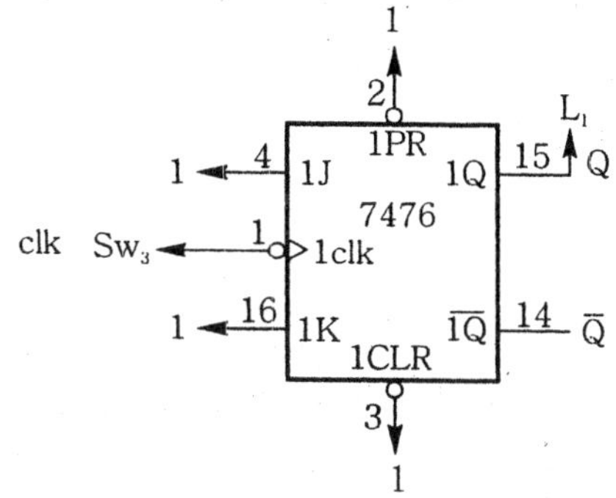

그림 10-18 T형 JK 플립플롭의 실험 회로

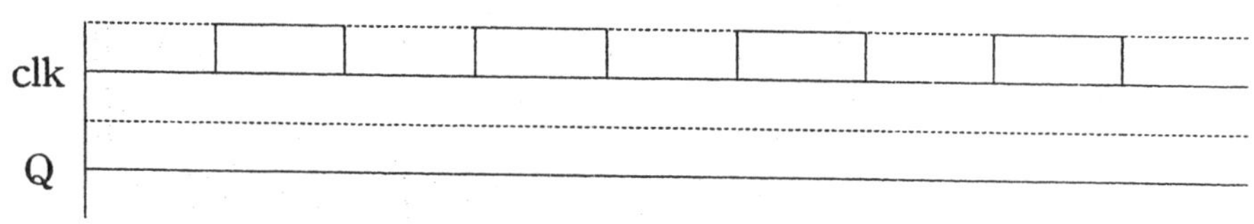

그림 10-19 T형 JK 플립플롭의 파형도

(3) D 플립플롭

D 플립플롭의 IC로는 두 개의 D 플립플롭이 집적되어 있는 7474가 가장 많이 쓰인다고 할 수 있다. 그림 10-20은 7474의 핀 배치도이다.

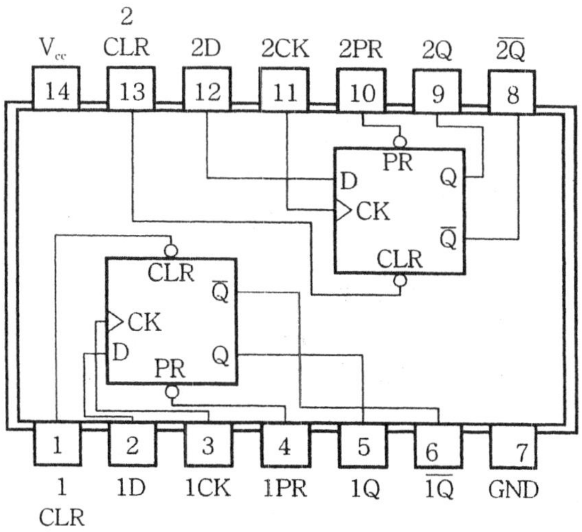

그림 10-20 D 플립플롭 7474의 핀 배치도

그림 10-21은 4비트 D 래치 7475의 핀 배치도를 나타낸다. 7475는 두 개씩의 D 래치를 하나의 인에이블로 연결한 것으로 enable 1, 2와 enable 3, 4의 제어 단자를 갖는다.

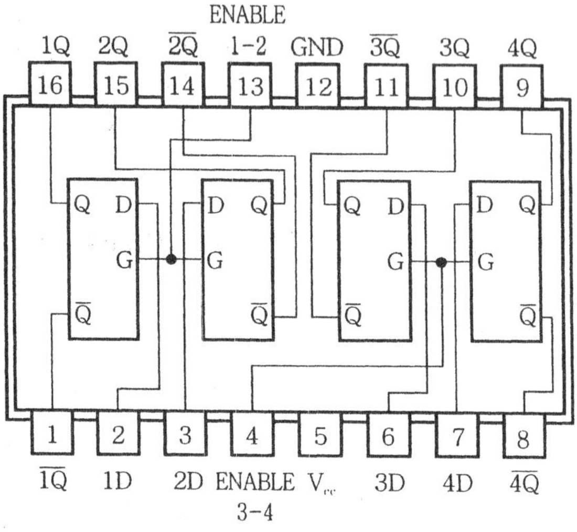

그림 10-21 4비트 D 래치 7475의 핀 배치도

실험 10-6 D 플립플롭 회로

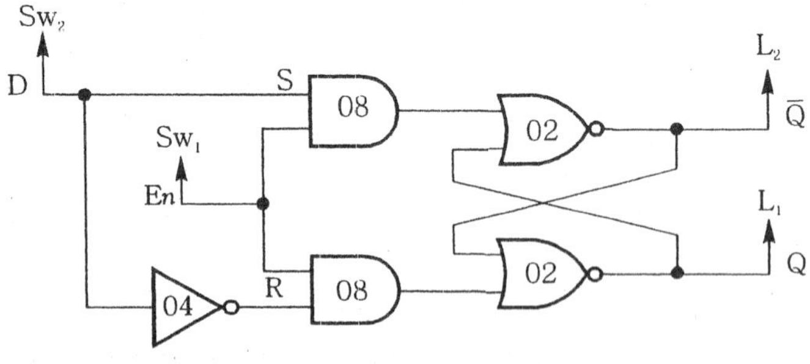

그림 10-22 게이트 레벨 D 플립플롭 실험 회로

D 플립플롭의 회로는 RS나 JK로부터 쉽게 변형이 된다고 하였다. 그림 10-22는 RS 플립플롭의 회로에 인버터를 추가하여 만든 D 플립플롭 회로이다. 이를 실험하여 표 10-8을 완성하고 진리표와 같은가 확인하라. 또 그림 10-23의 파형도를 그려라.

표 10-8 게이트 레벨 D 플립플롭 실험 결과

입 력		출 력	
En(Sw_1)	D(Sw_2)	Q(L_1)	$\overline{Q}$(L_2)
0	0	___	___
0	1	___	___
0	0	___	___
1	0	___	___
1	1	___	___
1	0	___	___

그림 10-23 게이트 레벨 D 플립플롭 회로의 파형도

실험 10-7 MSI D 플립플롭

D 플립플롭 IC 7474를 브레드 보드에 장착하고 14번 핀은 V_{CC}에, 7번 핀은 GND에 연결한 후, 그림 10-24의 실험 회로를 구성하여 실험하고, 결과를 표 10-9에 기록한 후 진리표와 같은가 확인한다. 또 실험 결과로부터 그림 10-25의 파형도를 그려라.

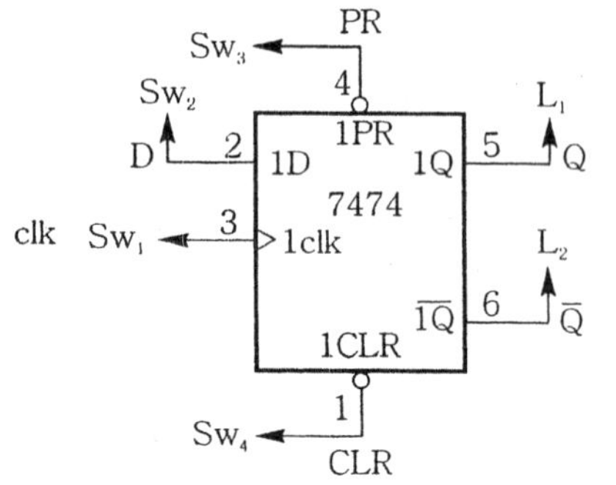

그림 10-24 D 플립플롭 7474의 실험 회로

표 10-9 D 플립플롭 7474의 실험 결과

입 력				출 력	
PR(Sw3)	CLR(Sw4)	clk(Sw1)	D(Sw2)	Q(L1)	$\overline{Q}$(L2)
‾↓_‾	1	×	0	____	____
1	1	‾_↑‾	0	____	____
1	1	‾_↑‾	1	____	____
1	‾↓_‾	×	1	____	____

그림 10-25 D 플립플롭 7474의 파형도

실험 10-8 4분주 회로

D 플립플롭 IC 7474를 브레드 보드에 장착하고 14번 핀은 V_{CC}에, 7번 핀은 GND에 연결한 후, 그림 10-26의 실험 회로를 구성하여 실험하고, 실험 결과로부터 그림 10-27의 파형도를 그려라. 또 1 Hz와 10 Hz의 구형파 펄스를 clk에 인가하여 결과를 관찰하라.

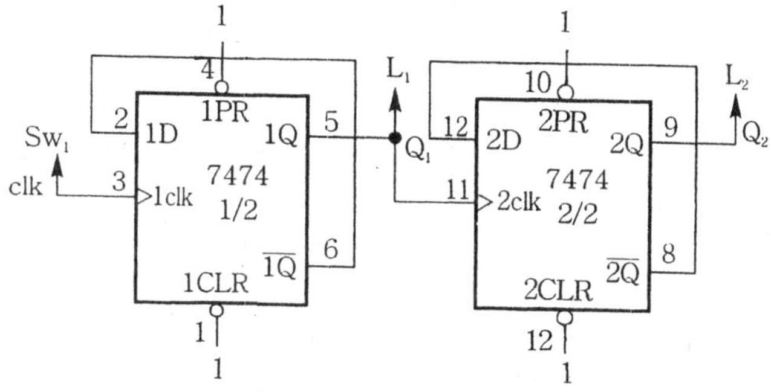

그림 10-26 4분주 실험 회로

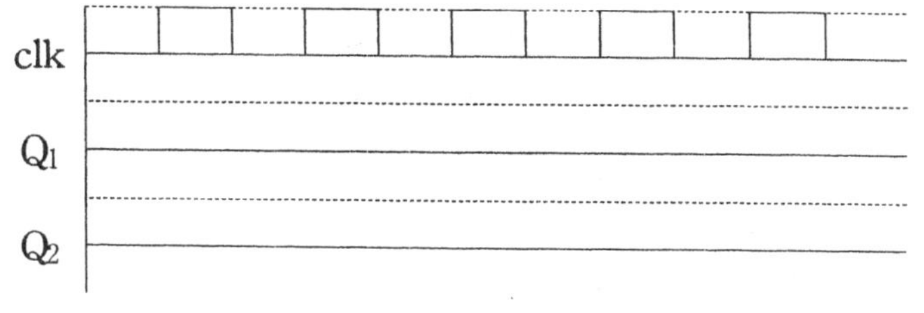

그림 10-27 4분주 실험 결과 파형도

실험 10-9 4비트 D 래치 7475

4비트 D 래치 IC 7475를 브레드 보드에 장착하고 5번 핀은 V_{CC}에, 12번 핀은 GND에 연결한 후, 그림 10-28의 실험 회로를 구성하여 실험하라. 실험은 그림 10-29의 파형도로 실험하며, 파형의 순서에 따라 그 결과를 파형도에 표시하고 분석하라.

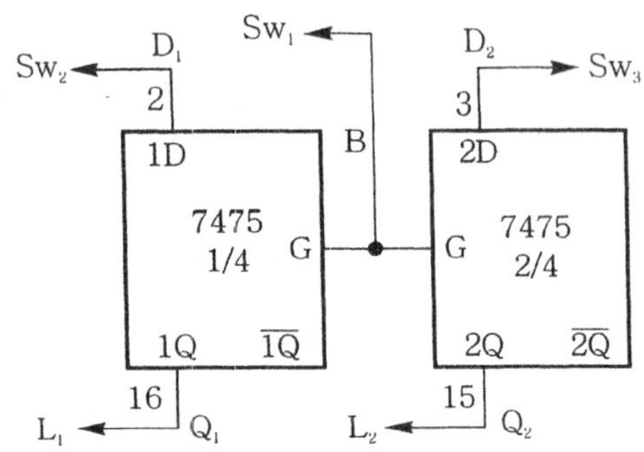

그림 10-28 D 래치 7475의 실험 회로

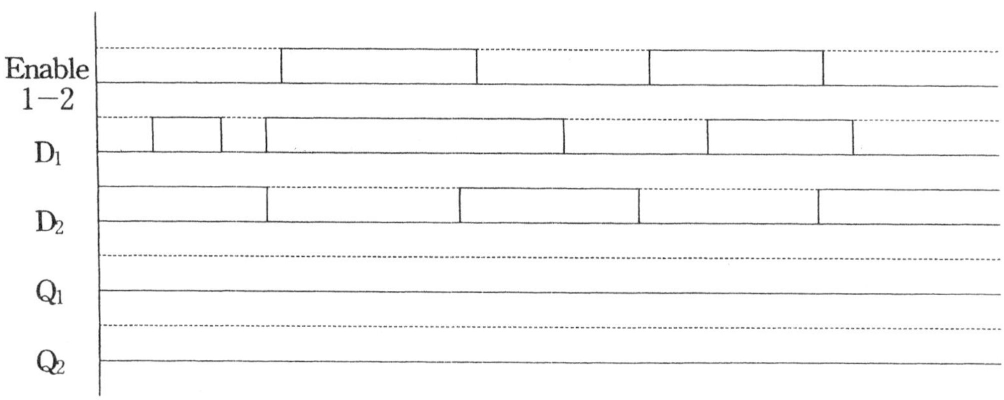

그림 10-29 D 래치의 입력에 따른 출력의 파형도

절
취
선

실험 예비 보고서

제 10 장 플립플롭

과 목 명 :

실 험 일 : 년 월 일 요일

담당교수 :

실험조교 :

학 과 : 과 반

실 험 조 : 조

학 번 :

성 명 :

확 인	

※ 실험을 진행하는 데 필요한 다음 사항을 정리하라.

1. RS 플립플롭의 회로 및 특성

2. JK 플립플롭의 회로 및 특성

3. D 플립플롭의 회로 및 특성

4. 각 플립플롭의 특성 방정식 유도

5. 래치와 플립플롭의 차이점

6. 각 플립플롭의 토글 동작

7. 마스터 슬레이브의 개념

8. 분주 회로

절취선

실험 결과 보고서

제 10 장 플립플롭

과 목 명 :

실 험 일 : 년 월 일 요일

담당교수 :

실험조교 :

학 과 : 과 반

실 험 조 : 조

학 번 :

성 명 :

평 가	

실험 10-1 RS 래치

입 력		출 력	
R(Sw1)	S(Sw2)	Q(L1)	$\overline{Q}$(L2)
0	1	___	___
0	0	___	___
1	0	___	___
0	0	___	___
1	0	___	___
1	1	___	___

실험 10-2 RS 플립플롭

입 력			출 력	
En(Sw3)	S(Sw1)	R(Sw2)	Q(L1)	$\overline{Q}$(L2)
0	0	1	___	___
0	0	0	___	___
0	1	0	___	___
0	0	0	___	___
0	1	0	___	___
0	1	1	___	___
1	0	1	___	___
1	0	0	___	___
1	1	0	___	___
1	0	0	___	___
1	1	0	___	___
1	1	1	___	___

절취선

실험 10-3 RS 플립플롭의 비동기 입력

입 력					출 력	
PR(Sw_5)	CLR(Sw_4)	En(Sw_3)	S(Sw_2)	R(Sw_1)	Q(L_1)	$\overline{Q}$(L_2)
0	0	0	0	0		
0	0	1	0	0		
0	0	0	0	0		
0	0	0	0	1		
0	0	1	0	1		
0	0	0	0	1		
0	0	0	1	0		
0	0	1	1	0		
0	0	0	1	0		
1	0	0	0	0		
1	0	1	0	1		
1	0	0	0	0		
0	0	0	0	0		
0	1	0	0	0		
0	1	1	0	1		
0	1	0	0	0		
0	0	0	0	0		

실험 10-4 MSI JK 플립플롭

입 력					출 력
PR(Sw_4)	CLR(Sw_5)	clk(Sw_3)	J(Sw_1)	K(Sw_2)	Q(L_1)
⊔	1	0	×	×	___
1	1	⎍	0	0	___
1	1	⎍	0	1	___
1	1	⎍	1	0	___
1	1	⎍	1	1	___
1	1	⎍	1	1	___
1	⊔	0	×	×	___
1	1	⎍	1	1	___

실험 10-5 T형 JK 플립플롭

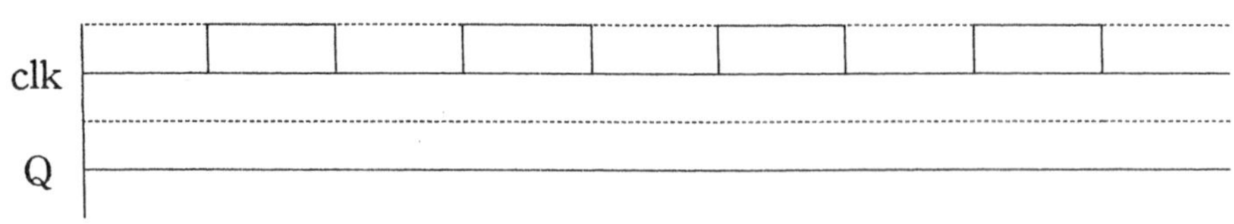

실험 10-6 D 플립플롭 회로

입 력		출 력	
En(Sw_1)	D(Sw_2)	Q(L_1)	$\overline{Q}$(L_2)
0	0	___	___
0	1	___	___
0	0	___	___
1	0	___	___
1	1	___	___
1	0	___	___

실험 10-7 MSI D 플립플롭

입 력				출 력	
PR(Sw_3)	CLR(Sw_4)	clk(Sw_1)	D(Sw_2)	Q(L_1)	$\overline{Q}$(L_2)
‾↓_‾	1	×	0	___	___
1	1	‾_↑‾	0	___	___
1	1	‾_↑‾	1	___	___
1	‾↓_‾	×	1	___	___

절취선

실험 10-8 4분주 회로

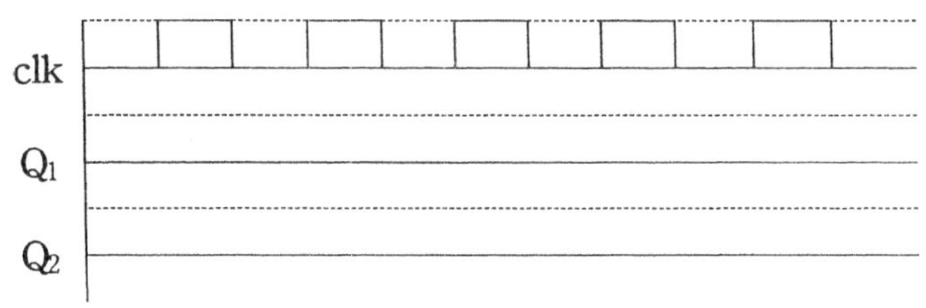

실험 10-9 4비트 D 래치 7475

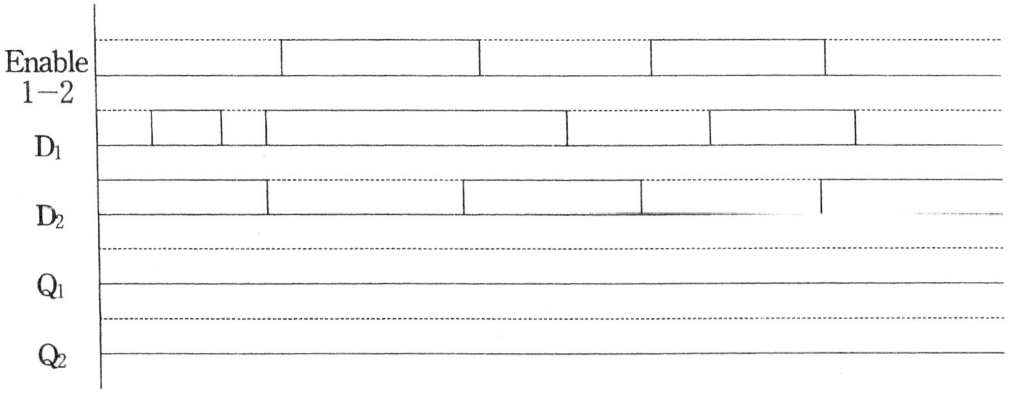

▶ **결 론** 실험 결과 검토 및 논의

11 CHAPTER 카 운 터

11-1 목 적

1. 비동기식 리플 카운터의 기본 원리를 이해한다.
2. 비동기식 모듈러스 카운터의 논리와 설계를 이해한다.
3. 동기식 카운터의 설계 과정과 논리를 이해한다.
4. MSI IC로 제공되는 카운터의 사용 방법을 이해한다.

11-2 사용 기기 및 부품

기기	논리 회로 실험 장치 (또는 대체 장비) 주파수 발생기 (구형파 1 Hz, 10 Hz)
부품	IC 7408 (quad 2-input AND gates) 1개 IC 7474 (dual D flip flops) 2개 IC 7476 (dual JK flip flops) 2개 IC 7490 (decade Counter) 1개 IC 74193 (Sync. 4 bit Up/Down binary Counter) 1개 점퍼선 약간

11-3 개 념

조합 논리 회로와 플립플롭을 이용하여 설계하는 순서 논리 회로의 가장 간단한 형태가 카운터이다. 카운터는 어떠한 입력을 계수하는 데 쓰이며, 이를 이용하면 일정한 주파수의 신호를 입력하면 원하는 시간 간격을 만들어 내는 타이머로 변형할 수도 있다.

카운터는 그 구성이나 동작에 따라 여러 가지 유형으로 나누어지는데 이를 표 11－1에 정리하였다.

표 11-1 카운터의 분류

분 류	종 류	비 고
F/F의 동작 시점	동기식	모든 F/F이 동시에 동작
	비동기식	각 F/F마다 필요시에 동작
계수값과 상태	일치	입력 수와 상태 출력값 일치
	비일치	입력 수와 상태 출력값 비일치
계수 방향	업(up)	계수값이 작은 값에서 큰 값으로 상향 계수
	다운(down)	계수값이 큰 값에서 작은 값으로 하향 계수
계수 범위	2진	기본, n 비트 카운터에서 0에서 2^n-1까지 계수
	모듈러스	특정 범위 계수 카운터

(1) 비동기식 2진 리플 카운터

비동기식 카운터의 기본 회로는 앞에서 이미 실험한 분주 회로이다. 토글 동작하는 플립플롭을 n개 연결하였다면, 입력 펄스에 대하여 최종 출력은 2^n의 분주 펄스가 출력됨은 이미 알고 있는 사실이다. 이를 그림 11－1과 같이 각 플립플롭의 출력을 모두 출력으로 연결하면 비동기식 3비트 2진(binary) 일치형 카운트 업 카운터가 된다.

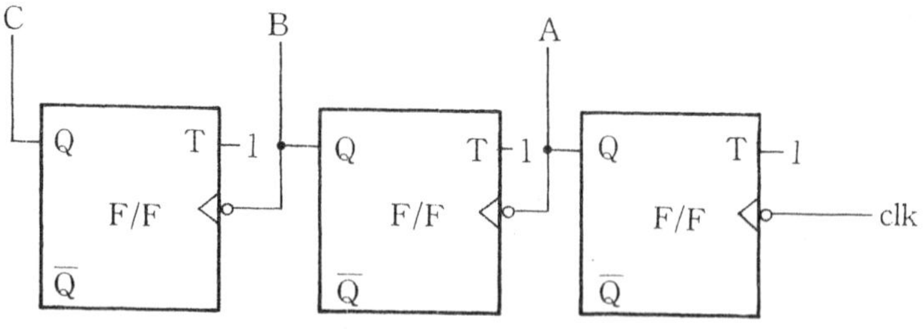

그림 11-1 3비트 2진 리플 카운터 회로

표 11-2 3비트 2진 리플 카운터의 계수표

clk	C	B	A
0	0	0	0
1	0	0	1
2	0	1	0
3	0	1	1
4	1	0	0
5	1	0	1
6	1	1	0
7	1	1	1
8(0)	0	0	0

(2) 비동기식 리셋형 모듈러스 카운터

리셋형 모듈러스 카운터는 기본적으로 2진 리플 카운터를 사용하고, 필요한 시점에 플립플롭의 비동기 입력 단자를 이용하여 리셋한다. 리셋을 위하여는 리셋이 필요한 시점을 검출하는 회로와 리셋의 시간과 클록 펄스의 주기 사이의 시간을 조절하기 위한 원-샷 회로 등이 필요하다.

(3) 비동기 직접 동작형 모듈러스 카운터

비동기 직접 동작형(direct acting) 모듈러스 카운터는 리셋형 카운터의 단점을 해결하는 방법으로 원하지 않는 불안정한 상태 없이 동작한다. 또한 리셋 입력 단자를 이용하는 것이 아니라 플립플롭의 동기 입력만을 사용하므로 원샷 회로가 불필요하다. 속도는 리셋형보다는 개선되지만 비동기식이기 때문에 고속이라고 할 수는 없는 동작을 보인다.

직접 동작이란 플립플롭들의 다음 상태를 동기 입력만으로 직접 결정하는 방식을 말한다. 또한 비동기식이기 때문에 동기 입력과 함께 클록 입력도 필요에 따라 선택할 수 있다.

(4) 동기식 카운터

동기식 카운터는 카운터의 구성에 사용되는 모든 플립플롭을 동시에 동작시키는 방식이다. 따라서 하나의 클록 신호에 모든 플립플롭의 클록 입력을 연결하는 관계로 클록형(clocked) 카운터 또는 병렬 카운터라고도 부른다.

비동기식에 비하여 동작 속도가 빠른 장점을 갖지만 매 클록 에지마다 모든 플립플롭을 동작시켜야만 하므로 설계가 복잡하여진다. 따라서 보다 조직적이며 논리적인 설계 방법이 필요하다. 다음은 동기식 카운터를 설계하는 과정을 요약한 것이다. 또한 동기식 카운터에는 n 비트 2진 카운터와 모듈러스 카운터의 구분이 의미가 없어지며 어느 경우든 똑같은 방법으로 설계가 이루어진다.

1) 동기식 카운터의 설계 단계

① 제목(분석)
② F/F의 종류와 개수 결정
③ 계수표 작성
④ 전이표 작성
⑤ F/F의 동작표와 여기표 작성
⑥ 동기식 카운터의 기본 회로 구성
⑦ 각 F/F의 입력 조합 논리 설계
⑧ 카운터 회로 완성
⑨ 검증 (파형도 또는 타이밍도)

(5) 플립플롭의 여기표와 특성 방정식

동기식 카운터의 설계 기법에는 플립플롭의 여기표를 이용하는 방법과 특성 방정식을 이용하는 방법이 있다. 표 11-3에 각 플립플롭의 여기표가 있으며, 식 (11-1)~식 (11-4)는 각 플립플롭의 특성 방정식을 정리하였다.

표 11-3 RS, JK, D, T 플립플롭의 여기표

(a) RS 플립플롭

Q_t	Q_{t+1}	S	R
0	0	0	d
0	1	1	0
1	0	0	1
1	1	d	0

(b) JK 플립플롭

Q_t	Q_{t+1}	J	K
0	0	0	d
0	1	1	d
1	0	d	1
1	1	d	0

(c) D 플립플롭

Q_t	Q_{t+1}	D
0	0	0
0	1	1
1	0	0
1	1	1

(d) T 플립플롭

Q_t	Q_{t+1}	T
0	0	0
0	1	1
1	0	1
1	1	0

$$Q_{(t+1)_{RS}} = S + \overline{R}Q_t \quad (11-1)$$

$$Q_{(t+1)_{JK}} = J\ \overline{Q}_t + \overline{K}Q_t \quad (11-2)$$

$$Q_{(t+1)_{D}} = D \quad (11-3)$$

$$Q_{(t+1)_{T}} = T \oplus Q_t \quad (11-4)$$

(6) 시프트 카운터

시프트(shift) 카운터는 존슨(Johnson) 카운터라고도 하며, 존슨 코드(시프트 카운터 코드)를 발생시키는 카운터이다. 존슨 코드는 방향을 나타내는 코드로 많이 사용되며, 그 경우 코드간의 차가 방향 차로 나타날 때, 코드 중 서로 다른 비트의 수가 코드 차가 되는 특수한 코드이다. 표 11-4는 4비트 존슨 코드를 나타내며 이는 카운터의 계수표가 된다.

표 11-4 4비트 존슨 코드

10진수	D	C	B	A
0	0	0	0	0
1	1	0	0	0
2	1	1	0	0
3	1	1	1	0
4	1	1	1	1
5	0	1	1	1
6	0	0	1	1
7	0	0	0	1

(7) 링 카운터

링 카운터는 10비트의 10진 코드로 자릿값이 9876543210이며, 표 11-5와 같이 10진수 어떤 값을 표현하더라도 10비트 중 반드시 한 개의 비트만이 1인 코드 체계이다.

표 11-5 링 카운터 코드

10진수	Q_9	Q_8	Q_7	Q_6	Q_5	Q_4	Q_3	Q_2	Q_1	Q_0
0	0	0	0	0	0	0	0	0	0	1
1	0	0	0	0	0	0	0	0	1	0
2	0	0	0	0	0	0	0	1	0	0
3	0	0	0	0	0	0	1	0	0	0
4	0	0	0	0	0	1	0	0	0	0
5	0	0	0	0	1	0	0	0	0	0
6	0	0	0	1	0	0	0	0	0	0
7	0	0	1	0	0	0	0	0	0	0
8	0	1	0	0	0	0	0	0	0	0
9	1	0	0	0	0	0	0	0	0	0

(8) 카운터 응용

카운터의 응용으로는 계수 동작을 이용하는 카운터와 일정한 주파수의 입력을 이용하여 시간 간격을 만들어 내는 타이머가 있다.

카운터는 말 그대로 외부로부터 입력되는 입력 펄스의 수를 헤아리는 회로로 앞에서 구성한 여러 카운터의 입력 클록 단자에 미지의 클록 펄스를 연결하여 사용한다. 타이머는 카운터에 입력되는 클록의 주파수를 알고 있는 경우, 특정 시간 간격을 만들어 내는 회로로 쓰인다.

(9) MSI 카운터 IC

MSI IC 소자로 제공되는 카운터는 대부분 BCD 또는 4비트 2진 카운터이다. 비동기식과 동기식이 있으며, 저속과 고속 타입, 카운트-업 카운터와 업/다운 카운터, 비동기 프리셋과 클리어 단자 등의 변형과 주변 회로와의 조합 등으로 여러 가지 변형이 나와 있다.

10진 카운터로는 비동기로 7490, 74290, 74390(dual counter), 74490, 74142, 74176, 74196 등이 있고, 동기식으로 74162, 74692 등이 있으며, 동기식 10진 업/다운 카운터로 74190, 74192, 74168, 74560, 74568, 74668, 74696, 74698 등이 있다.

4비트 2진 카운터로 비동기식 7493, 293, 393, 74177, 74197 등이 있으며, 동기식 74160, 74161, 74163, 74690, 74691, 74693 등이 있고, 업/다운 카운터로 74169, 74191, 74193, 74561, 74569, 74669, 74697, 74699 등이 있다.

그 외에 2진+6진의 7492가 있으며, 74143과 74144는 BCD 카운터/래치/7세그먼트 디코더/드라이버로 카운트 값이 외부 저항도 필요 없이 7-세그먼트로 바로 출력된다.

CMOS IC로는 4017 디케이드 카운터, 4020 14단 2진 리플 카운터, 4024 7단 2진 리플 카운터, 4040 12단 2진 리플 카운터, 40102 8비트 동기식 BCD 다운 카운터, 40103 8비트 동기식 2진 다운 카운터, 4510, 4516 프리셋터블 업/다운 카운터, 4518 듀얼 BCD 업 카운터, 4520 듀얼 2진 업 카운터 등이 있다. 14553은 000에서 999까지 카운트가 가능한 3자리 10진 카운터이며, 출력은 4비트의 출력 하나만으로 다중화되어 있다. 14018은 5비트 존슨 카운터로 구성되고, 이를 2부터 10까지의 수로 나누어 분할할 수 있는 카운터이다.

11-4 실 험

(1) 비동기식 카운터

실험 11-1 비동기식 3비트 카운트-업 리플 카운터

JK 플립플롭 7476을 이용한 비동기식 3비트 카운트-업 리플 카운터는 그림 11-2의 회로로 설계된다. 7476 IC 두 개를 브레드 보드에 장착하고 5번 핀은 Vcc에, 13번 핀은 GND에 연결한다. 그림 11-2의 회로를 실험하여 결과를 표 11-6에 기록하고 계수표와 같은가 확인하라. 또, 실험 결과를 그림 11-3에 파형도로 그리고, clk 단자에 주파수 발생기로부터 1 Hz 구형파 펄스를 연결하여 계수 동작을 관찰하라.

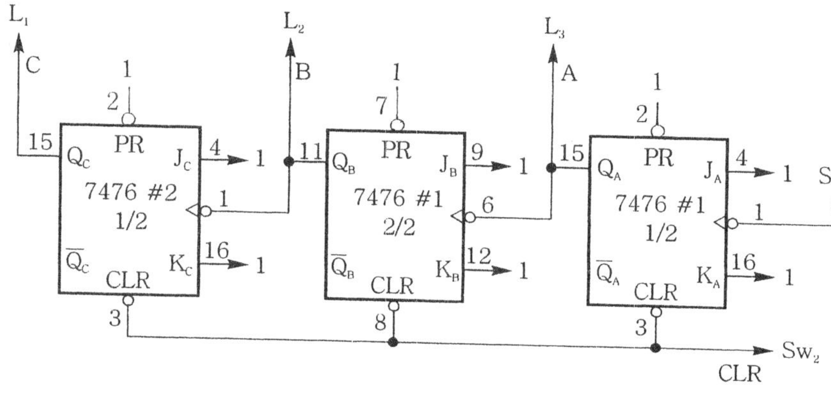

그림 11-2 비동기식 3비트 카운트-업 리플 카운터 실험 회로

표 11-6 비동기식 3비트 카운트-업 리플 카운터 실험 결과

입 력		출 력		
CLR(Sw_2)	clk(Sw_1) 횟수	C(L_1)	B(L_2)	A(L_3)
0→1	0	___	___	___
1	0	___	___	___
1	1	___	___	___
1	2	___	___	___
1	3	___	___	___
1	4	___	___	___
1	5	___	___	___
1	6	___	___	___
1	7	___	___	___
1	8(0)	___	___	___

그림 11-3 비동기식 3비트 카운트-업 리플 카운터 실험 결과 파형도

실험 11-2 비동기식 4비트 2진 카운트-다운 리플 카운터

D 플립플롭 7474를 이용한 비동기식 4비트 카운트-다운 리플 카운터는 그림 11-4의 회로로 설계된다. 7474 IC 두 개를 브레드 보드에 장착하고 14번 핀은 V_{CC}에, 7번 핀은 GND에 연결한다. 그림 11-4의 회로를 실험하여 결과를 표 11-7에 기록하고 계수표와 같은가 확인하라. 또, 실험 결과를 그림 11-5에 파형도로 그리고, clk 단자에 주파수 발생기로부터 1 Hz 구형파 펄스를 연결하여 계수 동작을 관찰하라.

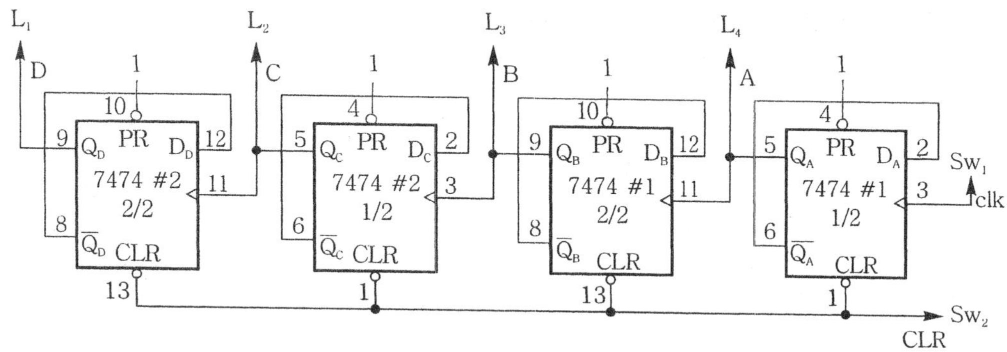

그림 11-4 비동기식 4비트 카운트-다운 리플 카운터 실험 회로

표 11-7 비동기식 4비트 카운트-다운 리플 카운터 실험 결과

입 력		출 력			
CLR(Sw2)	clk(Sw1) 횟수	D(L1)	C(L2)	B(L3)	A(L4)
0→1	0	___	___	___	___
1	0	___	___	___	___
1	1	___	___	___	___
1	2	___	___	___	___
1	3	___	___	___	___
1	4	___	___	___	___
1	5	___	___	___	___
1	6	___	___	___	___
1	7	___	___	___	___
1	8	___	___	___	___
1	9	___	___	___	___
1	10	___	___	___	___
1	11	___	___	___	___
1	12	___	___	___	___
1	13	___	___	___	___
1	14	___	___	___	___
1	15	___	___	___	___
1	16(0)	___	___	___	___

그림 11-5 비동기식 4비트 카운트-다운 리플 카운터 실험 결과 파형도

(2) 비동기 직접 동작형 모듈러스 카운터

실험 11-3 비동기 직접 동작형 모듈러스-10 카운터

다음의 분석 자료로부터 비동기 직접 동작형 모듈러스-10 카운터 회로를 JK 플립플롭을 이용하여 설계하라. 표 11-8은 직접 동작형 Mod-10 카운터의 계수표를 나타낸다.

표 11-8 비동기 직접 동작형 Mod-10 카운터의 계수표

clk	D		C		B		A	
0	0		0		0		0	T
1	0		0		0	T, S	1	T
2	0		0		1		0	T
3	0		0	T, S	1	T, R	1	T
4	0		1		0		0	T
5	0		1		0	T, S	1	T
6	0		1		1		0	T
7	0	T, S	1	T, R	1	T, R	1	T
8	1		0		0		0	T
9	1	T, R	0		0		1	T
10(0)	0		0		0		0	

A단 플립플롭의 동작 : 매클록 펄스에서 토글 동작
B단 플립플롭의 동작 : 상태가 변화되는 시점이 4개 존재
클록 신호는 A단의 출력 Q를 사용
A 출력이 1에서 0으로 변화될 때의 동작(표 11-9)

표 11-9 Mod-10 카운터의 B단 F/F의 동작

clk	상태 변화	입력 J K	선택 J K
2	Ⓣ	1 1	1 1
	S	1 0	
4	Ⓣ	1 1	d 1
	Ⓡ	0 1	
6	Ⓣ	1 1	1 1
	S	1 0	
8	Ⓣ	1 1	d 1
	Ⓡ	0 1	
10	N	0 0	0 1
	Ⓡ	0 1	

C단 플립플롭의 동작 : 상태가 바뀌는 점이 두 곳 존재
클록 신호는 B단 출력 Q 사용 토글 동작
D단 플립플롭의 동작 : clk 8과 10에서 상태의 변화 존재
A의 출력으로 클록 신호 사용
A 출력이 1에서 0으로 변화될 때의 동작(표 11-10)

표 11-10 Mod-10 카운터의 D단 F/F의 동작

clk	상태 변화	입력 J K	선택 J K
2	N	0 0	0 1
	Ⓡ	0 1	
4	N	0 0	0 1
	Ⓡ	0 1	
6	N	0 0	0 1
	Ⓡ	0 1	
8	Ⓣ	1 1	1 1
	S	1 0	
10	Ⓣ	1 1	d 1
	Ⓡ	0 1	

분석된 각 단의 동작으로부터 설계된 비동기 직접 동작형 Mod-10 카운터의 회로를 그림 11-6에 그리고, 실험하여 그림 11-7의 파형도를 완성하고 계수표와 비교하라.

그림 11-6 비동기 직접 동작형 Mod-10 카운터의 설계 회로

그림 11-7 비동기 직접 동작형 Mod-10 카운터의 실험 결과 파형도

(3) 동기식 카운터

실험 11-4 동기식 10진 카운터 설계

다음의 각 단계의 공란을 메워 JK 플립플롭을 이용한 동기식 10진 카운터의 회로를 설계하라.

① 제목(분석) : 동기식 10진 카운터
② F/F의 종류와 개수 : JK F/F 4개
③ 계수표, ④ 전이표, ⑤ 여기표 : 표 11-11에 완성

표 11-11 동기식 10진 카운터의 계수표와 전이표, 여기표

clk	현재 상태				다음 상태				F/F의 입력							
	D	C	B	A	D	C	B	A	J_D	K_D	J_C	K_C	J_B	K_B	J_A	K_A
0	0	0	0	0	0	0	0	1								
1	0	0	0	1	0	0	1	0								
2	0	0	1	0	0	0	1	1								
3	0	0	1	1	0	1	0	0								
4	0	1	0	0	0	1	0	1								
5	0	1	0	1	0	1	1	0								
6	0	1	1	0	0	1	1	1								
7	0	1	1	1	1	0	0	0								
8	1	0	0	0	1	0	0	1								
9	1	0	0	1	0	0	0	0								

⑥ 동기식 카운터의 기본 회로 구성(그림 11-9에 그림)
⑦ 각 F/F의 입력 조합 논리 설계(그림 11-8의 카르노 맵)

J_D

DC \ BA	00	01	11	10
00				
01				
11				
10				

$J_D =$

K_D

DC \ BA	00	01	11	10
00				
01				
11				
10				

$K_D =$

J_C

DC \ BA	00	01	11	10
00				
01				
11				
10				

$J_C =$

K_C

DC \ BA	00	01	11	10
00				
01				
11				
10				

$K_C =$

J_B

DC \ BA	00	01	11	10
00				
01				
11				
10				

$J_B =$

K_B

DC \ BA	00	01	11	10
00				
01				
11				
10				

$K_B =$

$J_A =$

$K_A =$

그림 11-8 동기식 10진 카운터 회로 설계를 위한 카르노 맵

⑧ 카운터 회로 완성(그림 11-9)

그림 11-9 동기식 10진 카운터 설계 회로

실험 11-5 동기식 10진 카운터 실험

JK 플립플롭 IC 7476 두 개를 브레드 보드에 장착하고 5번 핀을 V_{CC}에 13번 핀을 GND에 연결한다. 실험은 그림 11-10의 회로를 구현하여 실험하고, 결과를 표 11-12에 기록하라. 또 이를 그림 11-11의 파형도로 나타내어라.

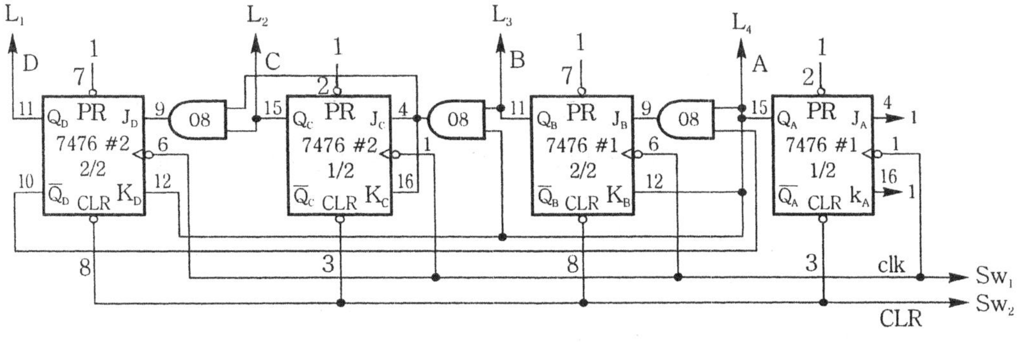

그림 11-10 동기식 10진 카운터 실험 회로

표 11-12 동기식 10진 카운터 실험 결과

입 력		출 력			
CLR(Sw_2)	clk(Sw_1) 횟수	D(L_1)	C(L_2)	B(L_3)	A(L_4)
0→1	0	___	___	___	___
1	0	___	___	___	___
1	1	___	___	___	___
1	2	___	___	___	___
1	3	___	___	___	___
1	4	___	___	___	___
1	5	___	___	___	___
1	6	___	___	___	___
1	7	___	___	___	___
1	8	___	___	___	___
1	9	___	___	___	___
1	10(0)	___	___	___	___

그림 11-11 동기식 10진 카운터 실험 결과 파형도

(4) 기타 카운터

실험 11-6 시프트 카운터

그림 11-12는 D 플립플롭에 의한 4비트 시프트 카운터(존슨 카운터) 회로이다. 이를 실험하여 표 11-13의 계수표를 완성하고 그림 11-13의 파형도를 완성하라. D 플립플롭 IC 7474는 V_{CC}는 14번, GND는 7번 핀이다. 또, clk 단자인 Sw_1에 1 Hz 구형파 펄스를 연결하여 계수 동작을 관찰하라.

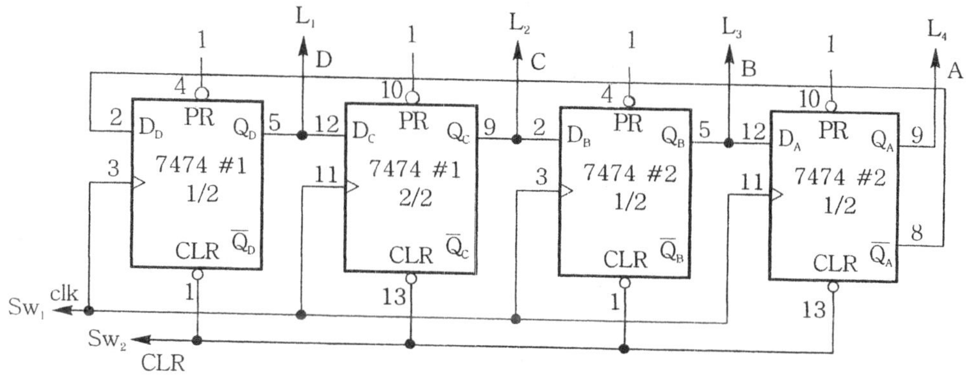

그림 11-12 4비트 시프트 카운터 실험 회로

표 11-13 4비트 시프트 카운터 실험 결과 계수표

입 력		출 력			
CLR(Sw_2)	clk(Sw_1) 횟수	D(L_1)	C(L_2)	B(L_3)	A(L_4)
0→1	0	___	___	___	___
1	0	___	___	___	___
1	1	___	___	___	___
1	2	___	___	___	___
1	3	___	___	___	___
1	4	___	___	___	___
1	5	___	___	___	___
1	6	___	___	___	___
1	7	___	___	___	___
1	8(0)	___	___	___	___

그림 11-13 4비트 시프트 카운터 실험 결과 파형도

(5) MSI 카운터 IC

비동기 2진+5진 카운터로 구성되어 있는 디케이드 카운터 MSI IC 7490은 매우 다양하게 사용할 수 있는 카운터이다. 그림 11−14는 7490 IC의 내부 논리를 나타낸다. 초기값을 세트 또는 리셋하는 부분을 제외하고는 2진 부분과 5진 부분은 서로 독립적이어서 어떻게 조합하는가에 따라 2진부터 10진까지의 다양한 모듈러스 카운터를 만들어 낼 수 있다. 그림 11−15는 7490의 핀 배치도이며, 그림 11−16은 7490의 10진 카운터로의 이용을 나타낸다.

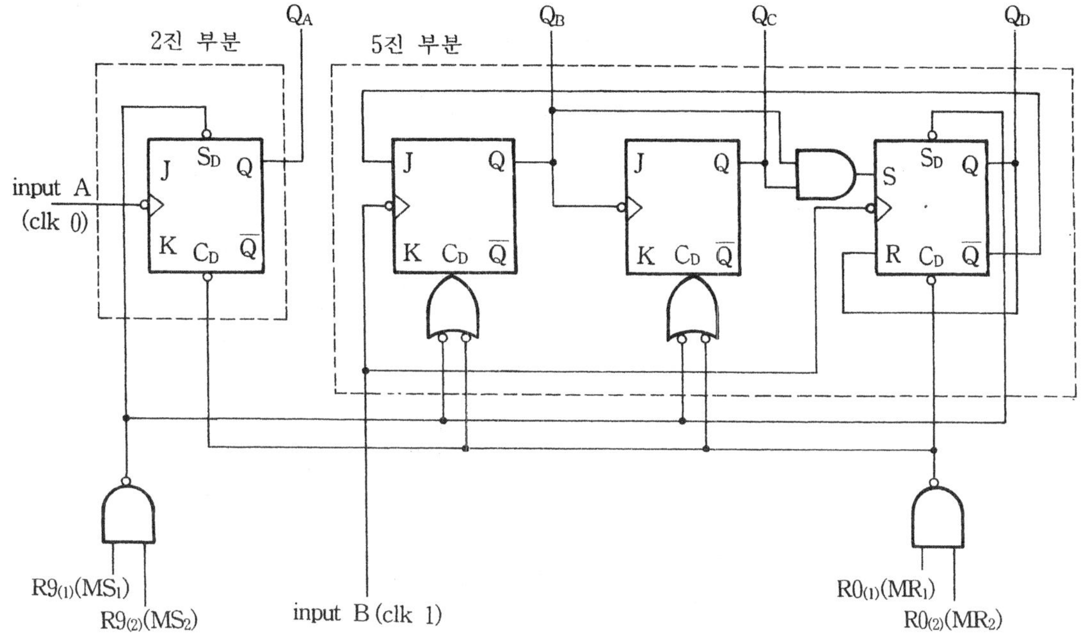

그림 11-14 비동기 2진+5진 디케이드 카운터 7490의 내부 회로

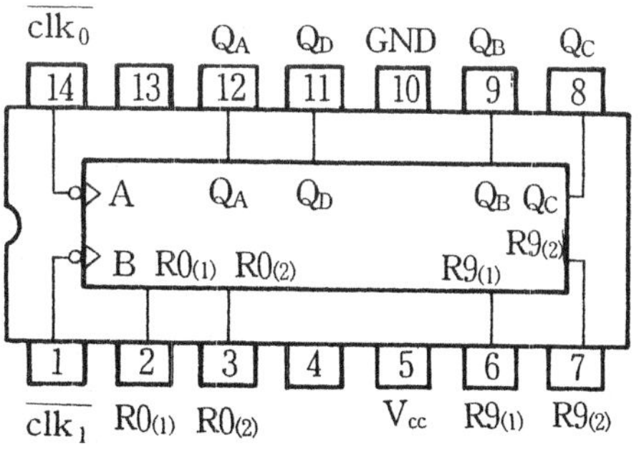

그림 11-15 비동기 2진+5진 디케이드 카운터 7490의 핀 배치도

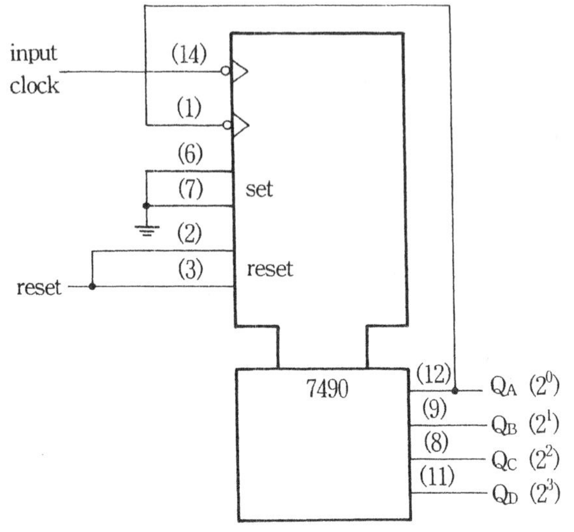

그림 11-16 디케이드 카운터 7490의 10진 카운터로의 이용

그림 11-17은 MSI 동기식 4비트 2진 카운터 IC 74193의 논리를 나타낸다.

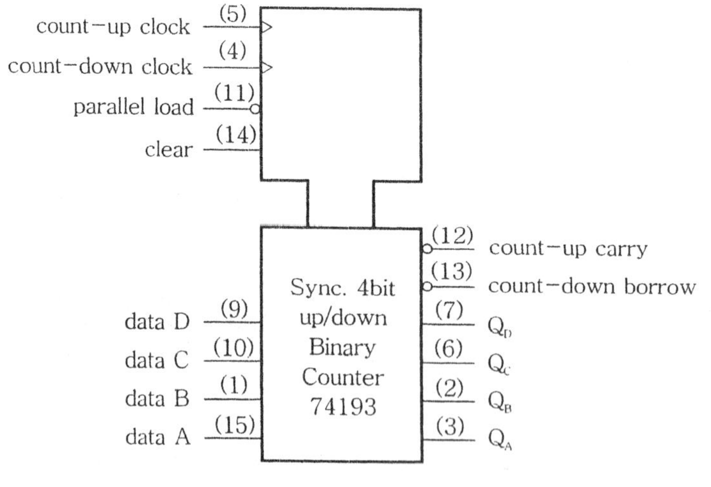

그림 11-17 동기식 4비트 2진 카운터 IC 74193의 논리

74193은 독특하고 다양한 동작을 제공하는 카운터로, 카운트-업과 카운트-다운 동작을 언제든 필요할 경우 사용할 수 있도록 카운트-업 클록과 카운트-다운 클록 단자가 별도로 존재한다. 또 초기화로 클리어가 가능함은 물론, 특정값을 병렬 로드할 수 있는 4 비트 데이터 입력 단자와 제어 단자가 있어서 특정의 모듈러스에 이용할 수 있다. 또, 카운트-업 자리올림과 카운트-다운 자리빌림 단자가 있어서 일정 값의 계수 후에 신호를 발생시킬 수 있다.

그림 11-18은 74193의 핀 배치도를 나타낸다.

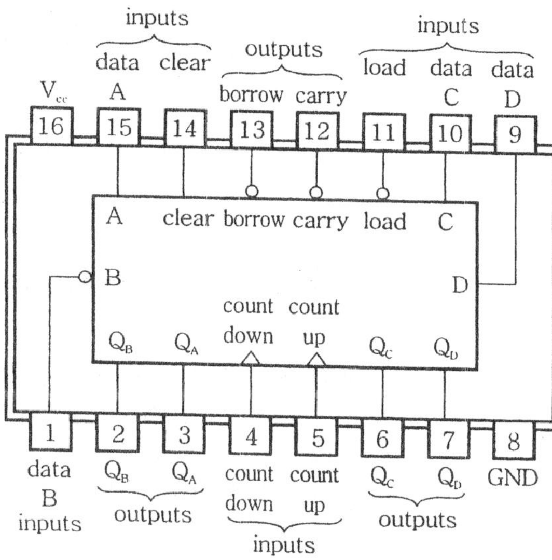

그림 11-18 동기식 4비트 2진 카운터 IC 74193의 핀 배치도

실험 11-7 MSI 비동기 2진+5진 카운터 7490의 6진 카운터 실험

그림 11-19는 7490의 6진 카운터로의 이용 회로를 나타낸다. 실험하여 표 11-14를 완성하라. 7490은 5번 핀이 Vcc이며 10번 핀이 GND이다. 또, clk 단자에 주파수 발생기로부터 1 Hz와 10 Hz의 구형파 펄스를 연결하여 계수 동작을 관찰하라.

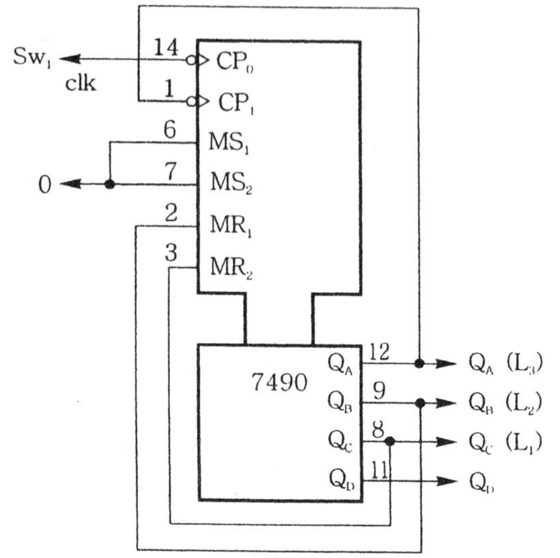

그림 11-19 디케이드 카운터 7490의 6진 카운터 실험 회로

표 11-14 디케이드 카운터 7490의 6진 카운터 실험 결과 계수표

입 력	출 력		
clk(Sw1) 횟수	$Q_C(L_1)$	$Q_B(L_2)$	$Q_A(L_3)$
0	___	___	___
1	___	___	___
2	___	___	___
3	___	___	___
4	___	___	___
5	___	___	___
6(0)	___	___	___

실험 11-8 MSI 동기식 4비트 2진 카운터 74193

74193을 브레드 보드에 장착하고 16번 핀을 V_{CC}에 8번 핀을 GND에 연결한 다음 그림 11-20의 회로를 구현하여 실험하라. 실험은 표 11-15의 순서대로 하되 입력에 표기되지 않은 값은 없는 값이며, 그때그때의 출력을 관찰하여 표를 완성하라.

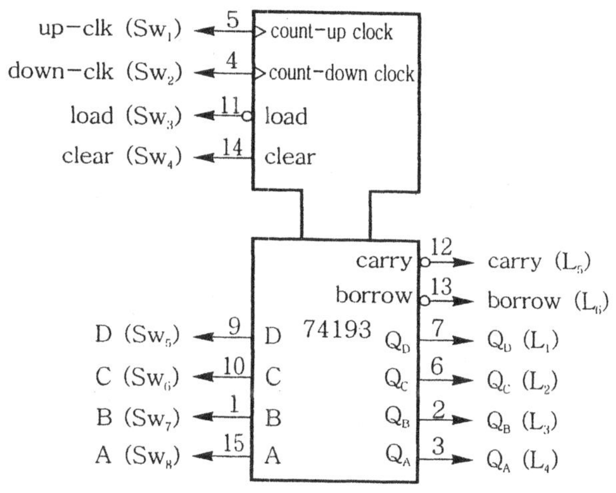

그림 11-20 동기식 4비트 2진 카운터 74193의 실험 회로

표 11-15 동기식 4비트 2진 카운터 74193의 실험 결과

입 력								출 력					
clear (Sw_4)	load (Sw_3)	D (Sw_5)	C (Sw_6)	B (Sw_7)	A (Sw_8)	up-clk (Sw_1) 횟수	down-clk (Sw_2) 횟수	Q_D (L_1)	Q_C (L_2)	Q_B (L_3)	Q_A (L_4)	carry (L_5)	borrow (L_6)
1→0	1							___	___	___	___	___	___
0	0→1	1	1	0	0	0		___	___	___	___	___	___
0	1					1		___	___	___	___	___	___
0	1					2		___	___	___	___	___	___
0	1					3		___	___	___	___	___	___
0	1					4	0	___	___	___	___	___	___
0	1						1	___	___	___	___	___	___
0	1						2	___	___	___	___	___	___
0	1						3	___	___	___	___	___	___
0	1						4	___	___	___	___	___	___
1→0	1					0		___	___	___	___	___	___
0	1					1		___	___	___	___	___	___
0	1					2		___	___	___	___	___	___
0	1					3	0	___	___	___	___	___	___
0	1						1	___	___	___	___	___	___
0	1						2	___	___	___	___	___	___
0	1						3	___	___	___	___	___	___
0	1						4	___	___	___	___	___	___

절
취
선

실험 예비 보고서

제 11 장 카운터

과 목 명 :

실 험 일 : 년 월 일 요일

담당교수 :

실험조교 :

학 과 : 과 반

실 험 조 : 조

학 번 :

성 명 :

확 인	

※ 실험을 진행하는 데 필요한 다음 사항을 정리하라.

1. 카운터의 기본 개념과 종류

2. 분주 회로와 리플 카운터의 특성과 차이점

3. 각 플립플롭의 동작표와 여기표

4. 비동기식 직접 동작형 카운터의 설계 방법

5. 동기식 카운터의 설계 단계

6. 시프트 카운터의 특성

7. 링 카운터의 특성

8. 카운터의 응용

절
취
선

실험 결과 보고서

제 11 장 카운터

과 목 명 :

실 험 일 : 년 월 일 요일

담당교수 :

실험조교 :

학 과 : 과 반

실 험 조 : 조

학 번 :

성 명 :

평 가	

실험 11-1 비동기식 3비트 카운트-업 리플 카운터

입 력		출 력		
CLR(Sw_2)	clk(Sw_1) 횟수	C(L_1)	B(L_2)	A(L_3)
0 → 1	0	___	___	___
1	0	___	___	___
1	1	___	___	___
1	2	___	___	___
1	3	___	___	___
1	4	___	___	___
1	5	___	___	___
1	6	___	___	___
1	7	___	___	___
1	8(0)	___	___	___

절취선

실험 11-2 비동기식 4비트 2진 카운트-다운 리플 카운터

입력		출력			
CLR(Sw_2)	clk(Sw_1) 횟수	D(L_1)	C(L_2)	B(L_3)	A(L_4)
0→1	0				
1	0				
1	1				
1	2				
1	3				
1	4				
1	5				
1	6				
1	7				
1	8				
1	9				
1	10				
1	11				
1	12				
1	13				
1	14				
1	15				
1	16(0)				

실험 11-3 비동기 직접 동작형 모듈러스-10 카운터

절취선

실험 11-4 동기식 10진 카운터 설계

clk	현재 상태				다음 상태				F/F의 입력							
	D	C	B	A	D	C	B	A	J_D	K_D	J_C	K_C	J_B	K_B	J_A	K_A
0	0	0	0	0	0	0	0	1								
1	0	0	0	1	0	0	1	0								
2	0	0	1	0	0	0	1	1								
3	0	0	1	1	0	1	0	0								
4	0	1	0	0	0	1	0	1								
5	0	1	0	1	0	1	1	0								
6	0	1	1	0	0	1	1	1								
7	0	1	1	1	1	0	0	0								
8	1	0	0	0	1	0	0	1								
9	1	0	0	1	0	0	0	0								

실험 11-5 동기식 10진 카운터 실험

입 력		출 력			
CLR(Sw_2)	clk(Sw_1) 횟수	D(L_1)	C(L_2)	B(L_3)	A(L_4)
0→1	0				
1	0				
1	1				
1	2				
1	3				
1	4				
1	5				
1	6				
1	7				
1	8				
1	9				
1	10(0)				

실험 11-6 시프트 카운터

입 력		출 력			
CLR(Sw_2)	clk(Sw_1) 횟수	D(L_1)	C(L_2)	B(L_3)	A(L_4)
0→1	0				
1	0				
1	1				
1	2				
1	3				
1	4				
1	5				
1	6				
1	7				
1	8(0)				

절취선

실험 11-7 MSI 비동기 2진+5진 카운터 7490의 6진 카운터 실험

입 력	출 력		
clk(Sw_1) 횟수	$Q_C(L_1)$	$Q_B(L_2)$	$Q_A(L_3)$
0	___	___	___
1	___	___	___
2	___	___	___
3	___	___	___
4	___	___	___
5	___	___	___
6(0)	___	___	___

실험 11-8 MSI 동기식 4비트 2진 카운터 74193

입 력								출 력					
clear (Sw_4)	load (Sw_3)	D (Sw_5)	C (Sw_6)	B (Sw_7)	A (Sw_8)	up-clk (Sw_1) 횟수	down-clk (Sw_2) 횟수	Q_D (L_1)	Q_C (L_2)	Q_B (L_3)	Q_A (L_4)	carry (L_5)	borrow (L_6)
1→0	1							___	___	___	___	___	___
0	0→1	1	1	0	0	0		___	___	___	___	___	___
0	1					1		___	___	___	___	___	___
0	1					2		___	___	___	___	___	___
0	1					3		___	___	___	___	___	___
0	1					4	0	___	___	___	___	___	___
0	1						1	___	___	___	___	___	___
0	1						2	___	___	___	___	___	___
0	1						3	___	___	___	___	___	___
0	1						4	___	___	___	___	___	___
1→0	1					0		___	___	___	___	___	___
0	1					1		___	___	___	___	___	___
0	1					2		___	___	___	___	___	___
0	1					3	0	___	___	___	___	___	___
0	1						1	___	___	___	___	___	___
0	1						2	___	___	___	___	___	___
0	1						3	___	___	___	___	___	___
0	1						4	___	___	___	___	___	___

▶ **결 론** 실험 결과 검토 및 논의

12 CHAPTER 레지스터

12-1 목 적

1. 레지스터의 기본 원리를 이해한다.
2. 병렬 데이터 전송 레지스터의 논리와 설계를 이해한다.
3. 직렬 데이터 전송 레지스터의 설계 과정과 논리를 이해한다.
4. 직병렬 데이터 전송 레지스터의 논리를 이해한다.
5. MSI IC로 제공되는 레지스터의 사용 방법을 이해한다.

12-2 사용 기기 및 부품

기기	논리 회로 실험 장치 (또는 대체 장비)
부품	IC 7400 (quad 2-input NAND gates) 3개 IC 7404 (hex inverters) 1개 IC 7474 (dual D flip flops) 2개 IC 7476 (dual JK flip flops) 2개 IC 74194 (4 bit bidirectional universal shift register) 1개 점퍼선 약간

12-3 개 념

레지스터는 여러 비트의 데이터를 저장하는 기능을 갖는 플립플롭의 모임을 말한다. 단순히 여러 비트의 데이터를 저장하는 회로는 앞에서 이미 D 래치라는 이름의 회로를 다룬 바 있다. 일반적으로 래치는 제어 신호의 레벨에서 동작하는 회로이며, 레지스터는 제어 신호의 에지에서 동작하는 것을 말한다.

레지스터는 단순히 데이터를 저장할 뿐만 아니라, 병렬 데이터를 전송하며 1비트씩의 직렬 데이터를 입력 또는 출력하기도 하고, 병렬 데이터를 입력받고 직렬로 출력하거나 직렬 데이터를 입력받아 병렬로 출력하기도 한다. 이들을 각각 병렬 데이터 전송 레지스터, 직렬 전송 레지스터, 직병렬 전송 레지스터라고 부른다.

(1) 병렬 데이터 전송 레지스터

데이터를 저장한다는 것은 데이터를 입력하고 출력하는 기능을 필요로 하며, 이를 병렬 데이터 전송이라 한다. 대부분의 디지털 회로에서는 회로 내부 또는 가까운 거리에서는 병렬 데이터를 처리하므로 소규모의 기억 기능 또는 임시의 기억 기능을 해결하는 방법으로 병렬 전송 레지스터를 사용한다. 병렬 전송 레지스터는 필요한 비트 수만큼의 플립플롭을 사용하며, 입력 또는 출력을 제어하는 단자를 갖고 있다.

병렬 데이터 전송 레지스터는 두 가지 방법으로 회로를 구성할 수 있다. 첫 번째로는 플립플롭의 동기 입력을 사용하는 것이고, 두 번째로는 비동기 입력을 사용하는 것이다.

그림 12-1은 D 플립플롭의 동기 입력을 이용하여 4 비트의 데이터를 저장하는 4 비트 병렬 전송 레지스터의 구성을 나타낸다.

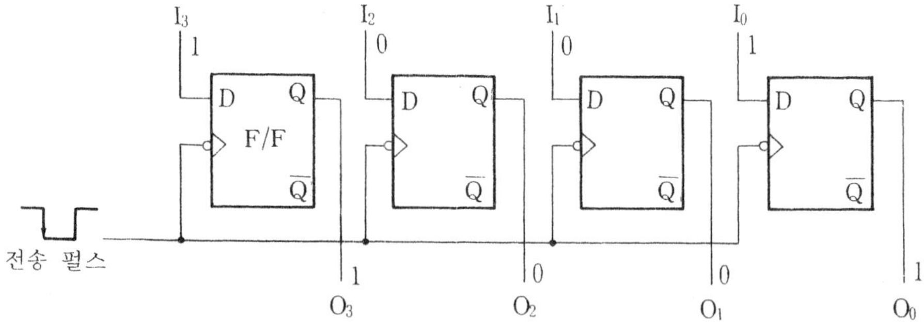

그림 12-1 D 입력을 이용한 병렬 데이터 전송 레지스터

그림 12-2는 전송 제어 신호를 가지며, 비동기 입력을 이용하여 병렬로 전송되는 데이터를 그대로 저장할 수 있는 레지스터를 나타낸다. 비동기 입력을

사용하기 때문에 클록 입력을 전송 제어 신호로 사용하지 못하고, 프리셋과 클리어 입력인 S_D와 C_D 단자에 NAND 게이트를 설치하여 그 입력의 하나를 제어 신호로 사용한다.

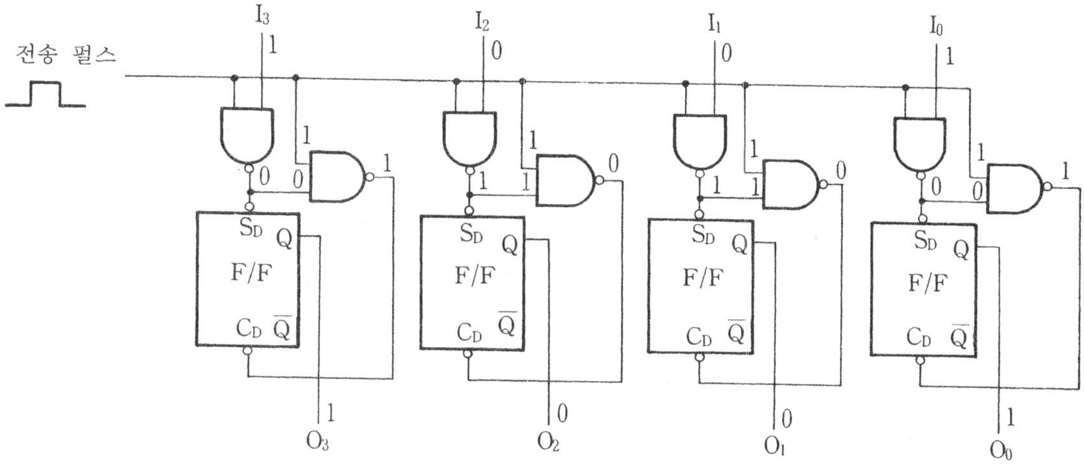

그림 12-2 비동기 입력을 이용한 병렬 데이터 전송 레지스터

(2) 직렬 데이터 전송 레지스터

내부적으로 1비트씩의 데이터를 사용할 경우, 혹은 먼 거리에 데이터를 전송하기 위하여는 비용의 절감을 위하여 고속의 동작이 필요 없는 직렬 전송(serial transfer) 방식을 사용한다. 이때, 직렬 데이터 전송 레지스터가 필요하다.

직렬 전송 레지스터는 시프트 레지스터(shift register)라 부르며, 1비트씩 좌(left) 또는 우(right)로 자리이동(shift)한다. 따라서 4비트의 데이터를 직렬로 전송하려면 4개의 클록 펄스가 필요하다. 또, 직렬 전송은 간단히 구성될 수 있기 때문에 동기 입력을 사용하는 것이 일반적이다.

그림 12-3은 D 플립플롭을 이용한 시프트 레지스터를 보여 준다. 이 시프트 레지스터는 좌측에서 우측으로 1비트씩 데이터의 이동이 이루어지는 레지스터이다. 가장 우측의 데이터(LSB)는 레지스터 밖으로 출력(shift out)되며, 내부에서는 1비트씩 자리이동(shift right), 가장 좌측의 플립플롭은 외부로부터 입력(shift in)을 받아들일 수 있다. 표 12-1은 시프트 펄스에 따른 시프트 동작을 나타낸다.

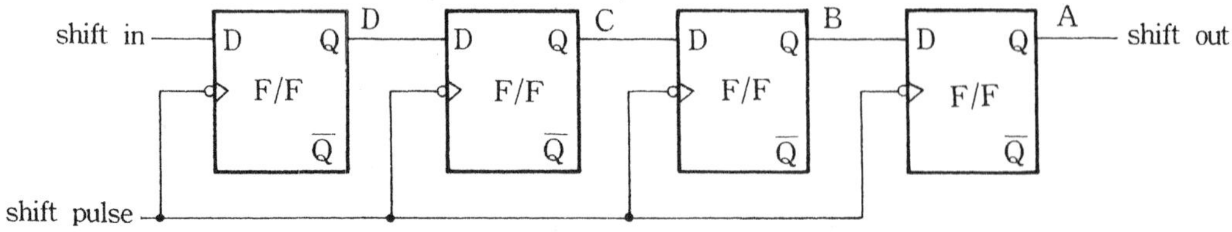

그림 12-3 D 플립플롭을 이용한 4비트 시프트 레지스터

표 12-1 4비트 시프트 레지스터의 동작

shift pulse	shift in	D	C	B	A	shift out
0	0	1	0	1	1	
1	1	0	1	0	1	1
2	0	1	0	1	0	1
3	1	0	1	0	1	0
4		1	0	1	0	1

(3) 직병렬 데이터 전송 레지스터

데이터의 송수신 등에 사용되는 레지스터는 보다 복합적인 전송 기능을 필요로 한다. 송신부에서는 병렬의 데이터를 직렬로 바꾸어 주는 기능이 필요하며, 반대로 수신부에서는 직렬 데이터를 병렬로 바꾸는 기능이 필요하다. 이는 직병렬 데이터 전송 레지스터로 해결할 수 있다.

직병렬 데이터 전송 레지스터는 직렬 입력을 받아 직렬 또는 병렬로 출력하기도 하며, 병렬 입력을 받아 병렬 또는 직렬 출력을 할 수도 있다. 이때 병렬 입력은 플립플롭의 비동기 입력 단자를 사용하고, 직렬 입력 또는 시프트 동작은 플립플롭의 동기 입력 단자를 사용한다.

그림 12-4는 직병렬 데이터 전송 레지스터의 구성을 나타낸다.

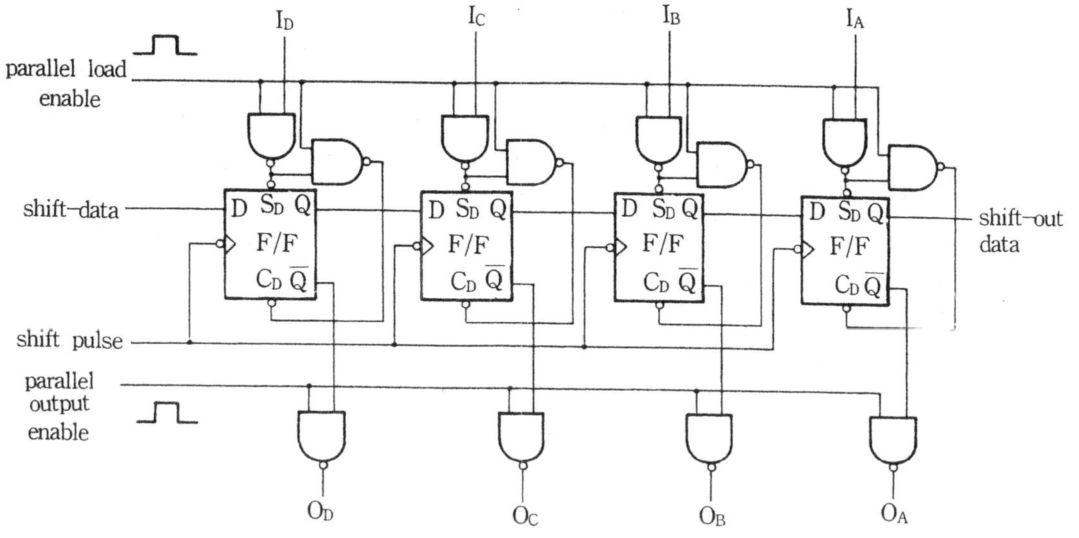

그림 12-4 D 플립플롭을 이용한 직병렬 레지스터

(4) 양방향 직병렬 데이터 전송 레지스터

앞의 직병렬 레지스터는 시프트의 방향이 고정되어 양방향으로의 시프트 동작이 필요한 경우라면 사용할 수 없게 된다. 그림 12-5는 플립플롭과 MUX를 이용하여 병렬 입력, 병렬 출력, 직렬 입력, 직렬 출력 단자와 좌우 시프트 동작을 제공하는 양방향 직병렬 레지스터의 회로이다. 이를 모듈 논리로 표현하면 그림 12-6으로 표현되고, 이의 동작은 표 12-2로 나타낼 수 있다.

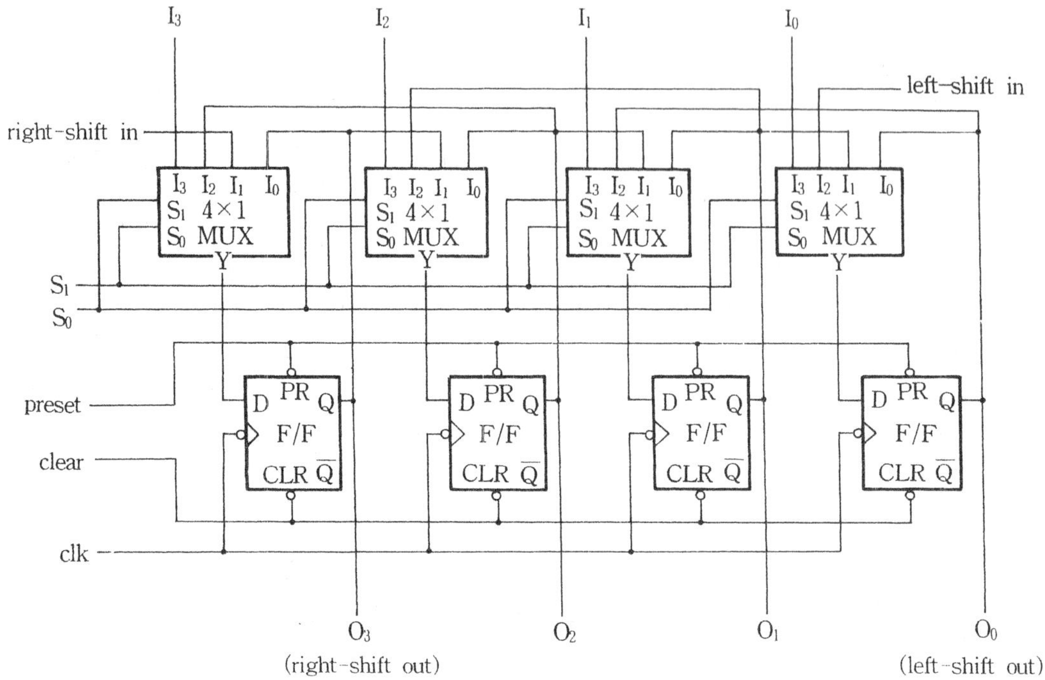

그림 12-5 양방향 직병렬 레지스터

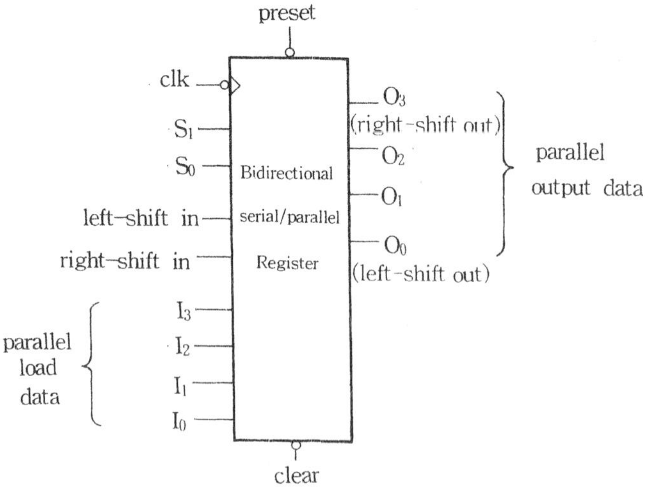

그림 12-6 양방향 직병렬 레지스터의 논리 기호

표 12-2 양방향 직 · 병렬 레지스터의 동작

비동기		동 기		동 작
preset	clear	S_1	S_0	
0	1	×	×	초기화(1111)
1	0	×	×	초기화(0000)
1	1	0	0	데이터 홀드
1	1	0	1	시프트 라이트
1	1	1	0	시프트 레프트
1	1	1	1	병렬 입력

(5) MSI 레지스터 IC

레지스터의 IC 소자는 TTL과 CMOS로 여러 가지 형태의 것이 제공되고 있다. 병렬 입력·병렬 출력의 기능을 갖는 레지스터로 4비트의 74173 (3-상태)이 있고, 4조 4비트 레지스터 파일 74170, 74670 (3-상태), 4비트 2 입력 멀티플렉스 레지스터 74298, 74398, 74399가 있으며, 2비트 8워드 2조 레지스터 파일 74172 (3-상태), 8비트 레지스터 74574 (3-상태) 등이 있다.

직렬 입력·직렬 출력의 8비트 시프트 레지스터로는 7491이 있다.

병렬 입력·직렬 출력 기능의 시프트 레지스터로 4비트 프리셋 입력이 가능한 7494, 5비트 병렬 입력이 가능한 7496, 8비트 병렬 입력 시프트 레지스터 74165, 74166, 74597 (input F/F) 등이 있고, 16비트 병렬-직렬 변환용 74674 등이 있다.

직렬 입력·병렬 출력 기능의 시프트 레지스터로 8비트 74164, 74502, 74503, 74595 (3-상태 래치), 12비트 74504, 16비트 74673, CMOS로 4비트 4015(dual), 8비트 4094(3-상태 버퍼) 등이 있다.

병렬 입력과 출력이 가능한 시프트 레지스터로 4비트의 7495, 74178, 74179, 74195, 74295 (3-상태), 74395 (3-상태), 8비트의 74199, 74322 등이 있다.

병렬 입출력이 가능한 양방향 시프트 레지스터로 4비트의 74194, 40104 (CMOS 3-상태)와 8비트 74190, 74299 (3-상태), 74323 (3-상태)이 있다.

그 밖에 4조의 16비트 FIFO 레지스터로 CMOS 40105와 4비트 데이터를 8비트 데이터로 변환하는 레지스터 74396 등이 있다.

12-4 실 험

(1) 병렬 데이터 전송 레지스터

실험 12-1 비동기 입력을 이용한 병렬 전송 레지스터

JK 플립플롭 7476을 이용한 병렬 전송 레지스터를 비동기 입력을 이용하여 구성하면 그림 12-7이 된다. 이를 실험하여 결과를 표 12-3에 기록하고 결과를 분석하라. 7476은 V_{CC}가 5번, GND가 13번 핀이다.

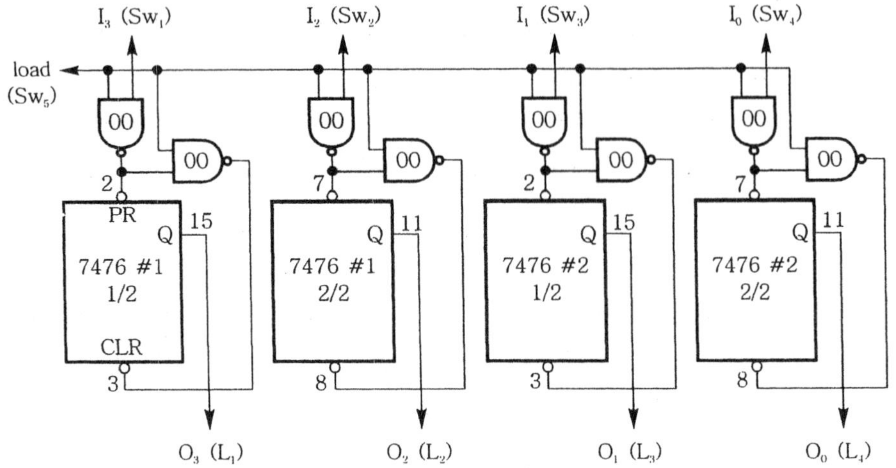

그림 12-7 비동기 입력을 이용한 병렬 전송 레지스터 실험 회로

표 12-3 비동기 입력을 이용한 병렬 전송 레지스터 실험 결과

입 력					출 력			
load(Sw5)	I3(Sw1)	I2(Sw2)	I1(Sw3)	I0(Sw4)	O3(L1)	O2(L2)	O1(L3)	O0(L4)
0	0	0	0	0	___	___	___	___
0→1	0	0	0	0	___	___	___	___
0	1	1	1	1	___	___	___	___
0→1	1	1	1	1	___	___	___	___
0	0	1	0	1	___	___	___	___
0→1	0	1	0	1	___	___	___	___
0	1	0	1	0	___	___	___	___
0→1	1	0	1	0	___	___	___	___

(2) 직렬 데이터 전송 레지스터

실험 12-2 직렬 전송 레지스터

D 플립플롭 7474를 이용한 직렬 전송 레지스터 회로를 구성하면 그림 12-8과 같다. 브레드 보드에 7474 두 개를 장착하고 14번 핀을 V_{CC}에, 7번 핀을 GND에 연결한 후 그림 12-8의 회로를 실험하라. 실험 결과를 관찰하여 표 12-4에 기록하고 그 동작을 분석하여 그림 12-9의 파형도를 그려라.

표 12-4의 shift-pulse는 횟수이며 스위치를 0에서 1로 바꾸는 것을 의미한다. 출력은 먼저 최초의 값을 기록한 후 shift-in 데이터를 먼저 주고 shift-pulse를 인가한다. 출력의 shift-out은 A(L4) 단자와 같다.

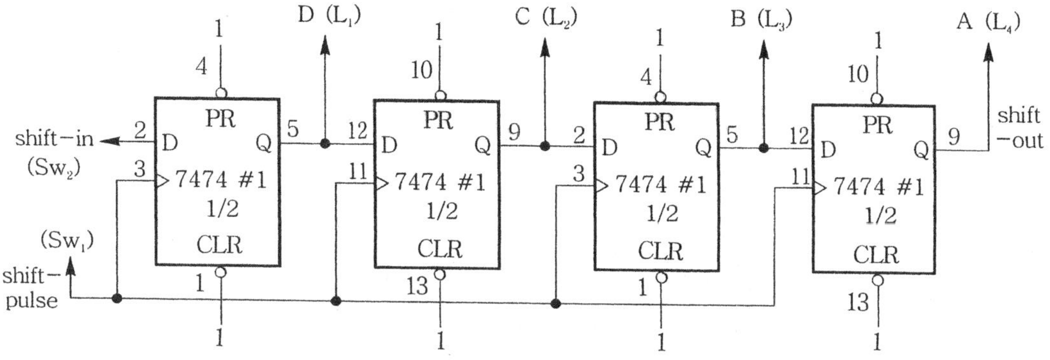

그림 12-8 직렬 전송 레지스터 실험 회로

표 12-4 직렬 전송 레지스터 실험 결과

입 력		출 력				
shift-pulse (Sw_1)	shift-in (Sw_2)	$D(L_1)$	$C(L_2)$	$B(L_3)$	$A(L_4)$	shift-out (L_4)
0		___	___	___	___	___
1 (0 → 1)	0	___	___	___	___	___
2 (0 → 1)	1	___	___	___	___	___
3 (0 → 1)	0	___	___	___	___	___
4 (0 → 1)	1	___	___	___	___	___

그림 12-9 직렬 전송 레지스터 실험 결과 파형도

실험 12-3 시프트-인/순환 레지스터

그림 12-10은 시프트-인 동작과 순환 동작을 선택적으로 수행할 수 있는 시프트-인/순환 레지스터 회로이다. 실험 12-2의 회로를 변형하여 회로를 구현하고 표 12-5의 내용을 실험하여 기록하라.

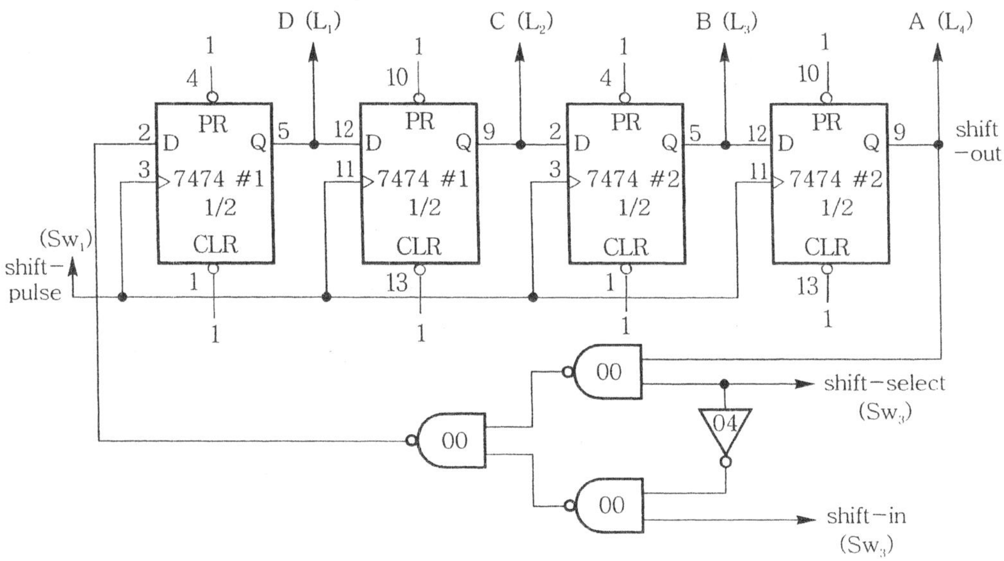

그림 12-10 시프트-인/순환 레지스터 실험 회로

표 12-5 시프트-인/순환 레지스터 실험 결과

입 력			출 력				
shift-pulse (Sw_1)	shift-select (Sw_2)	shift-in (Sw_3)	D(L_1)	C(L_2)	B(L_3)	A(L_4)	shift-out (L_4)
0	0		___	___	___	___	___
1 (0 → 1)	0	1	___	___	___	___	___
2 (0 → 1)	0	0	___	___	___	___	___
3 (0 → 1)	0	1	___	___	___	___	___
4 (0 → 1)	0	0	___	___	___	___	___
5 (0 → 1)	1		___	___	___	___	___
6 (0 → 1)	1		___	___	___	___	___
7 (0 → 1)	1		___	___	___	___	___
8 (0 → 1)	1		___	___	___	___	___

(3) 직병렬 데이터 전송 레지스터

실험 12-4 직병렬 데이터 전송 레지스터

D 플립플롭을 이용한 직병렬 데이터 전송 레지스터는 그림 12-11의 회로로 설계된다. 7474 IC 두 개와 7400 IC 세 개를 이용하여 회로를 구현하고, 표 12-6의 내용을 실험하여 표를 완성하라. 병렬 동작과 직렬 동작이 정상적으로 이루어지는가 확인하라.

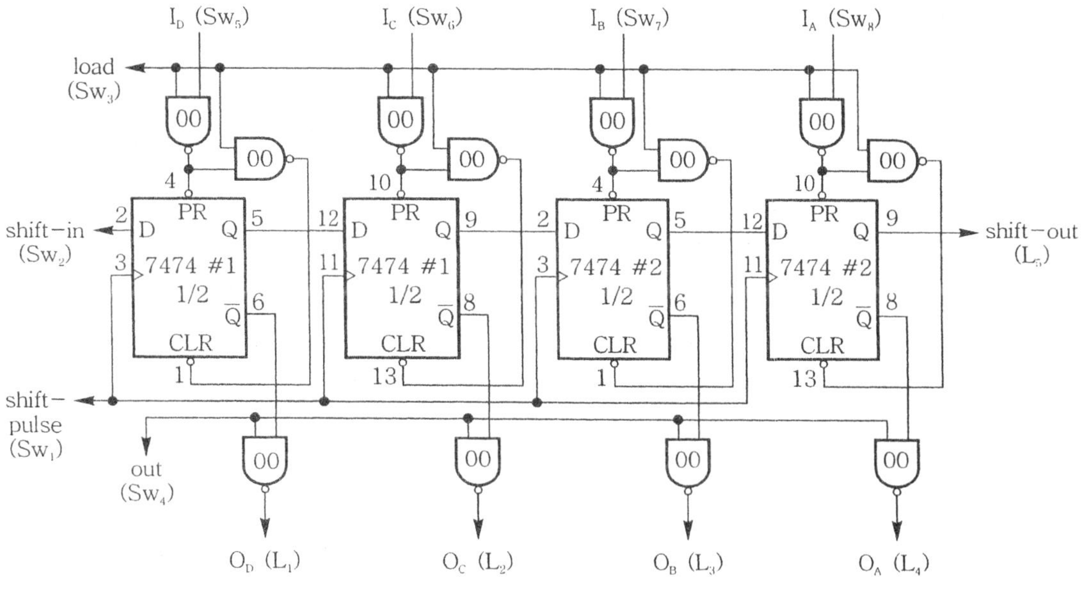

그림 12-11 직병렬 전송 레지스터 실험 회로

표 12-6 직병렬 전송 레지스터 실험 결과

입 력							출 력					
load (Sw3)	ID (Sw5)	IC (Sw6)	IB (Sw7)	IA (Sw8)	shift-pulse (Sw1) 횟수	shift-in (Sw2)	out (Sw4)	OD (L1)	OC (L2)	OB (L3)	OA (L4)	shift-out (L5)
0	1	0	1	0			0	___	___	___	___	___
0→1							1	___	___	___	___	___
0					0	1	0	___	___	___	___	___
0						1	1	___	___	___	___	___
0					1	1	0	___	___	___	___	___
0						1	1	___	___	___	___	___
0					2	1	0	___	___	___	___	___
0						1	1	___	___	___	___	___
0					3	1	0	___	___	___	___	___
0						1	1	___	___	___	___	___
0					4	1	0	___	___	___	___	___
0						1	1	___	___	___	___	___

(4) MSI 레지스터

74194는 양방향 시프트와 병렬 입출력이 가능한 4비트 범용 레지스터이다. 그림 12-12에 74194의 기능을 논리 기호로 나타내고 모드 선택 단자에 따른 기능을 표 12-7에 정리하였다. 그림 12-13은 74194의 핀 배치도를 나타낸다.

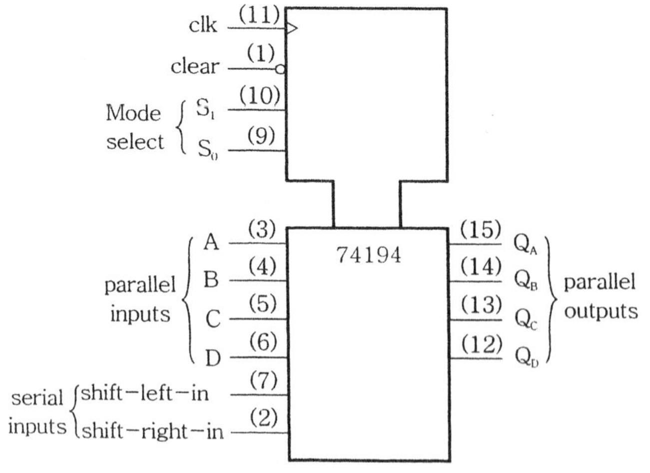

그림 12-12 4비트 양방향 범용 시프트 레지스터 74194의 논리

표 12-7 4비트 양방향 범용 시프트 레지스터 74194의 기능

제어 입력			clk	동 작
clear	Mode Select S_1	Mode Select S_0		
1	0	1	0 -> 1	시프트 라이트
1	1	0	0 -> 1	시프트 레프트
1	1	1	0 -> 1	병렬 로드
1	0	0	×	데이터 홀드
0	×	×	×	클리어

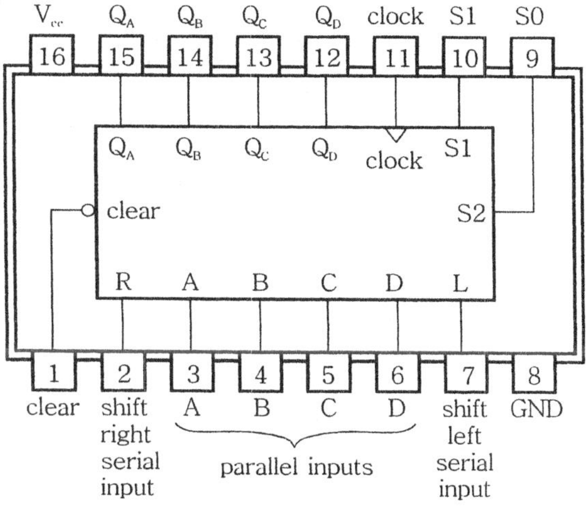

그림 12-13 4비트 양방향 범용 시프트 레지스터 74194의 핀 배치도

74299는 8비트 양방향 범용 시프트 레지스터이다. 기능은 4비트의 74194와 거의 유사하나, 핀 수를 줄이기 위하여 병렬 데이터 입출력 신호를 공통으로 사용하며, 3-상태 출력으로 되어 있다. 그림 12-14는 74299의 논리를, 그림 12-15는 핀 배치도를 나타내며, 표 12-8은 이의 동작을 나타낸다.

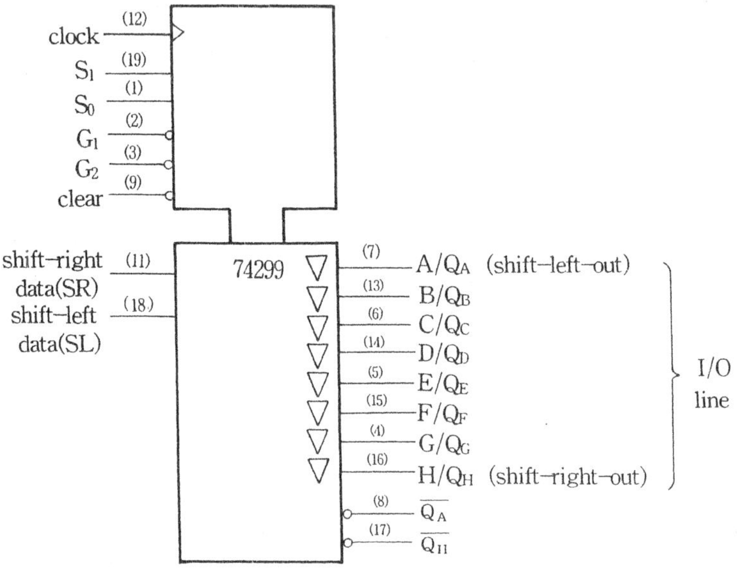

그림 12-14 8비트 양방향 범용 시프트 레지스터 74299의 논리

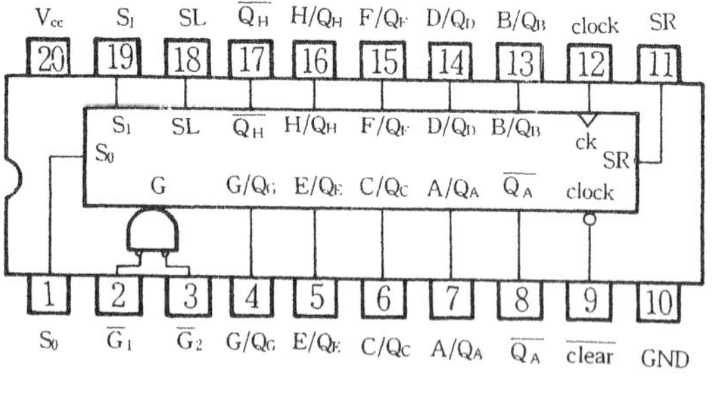

그림 12-15 8비트 양방향 범용 시프트 레지스터 74299의 핀 배치도

표 12-8 8비트 양방향 범용 시프트 레지스터 74299의 기능

입 력						출력	동작
clear	Mode Select		CK	output control		Q	
	S_1	S_0		$\overline{G_1}$	$\overline{G_2}$		
1	0	1	0 —> 1	—	—	—	시프트 라이트
1	1	0					시프트 레프트
1	1	1				Z	병렬 로드
1	0	0				—	데이터 홀드
0	×	×	×				클리어
—				1	×	Z	—
				×	1		

실험 12-5 4비트 양방향 범용 시프트 레지스터 74194

양방향 시프트와 병렬 입출력이 가능한 4비트 범용 레지스터 74194를 브레드 보드에 장착하고 16번 핀을 V_{CC}에, 8번 핀을 GND에 연결한 다음 그림 12-16의 실험 회로를 구성하라. 실험은 표 12-9의 순서대로 하며 결과를 관찰하여 빈 칸을 채워 표를 완성하라. clk 신호를 사용하는 경우에는 다른 입력 신호를 먼저 안정시킨 후 클록 신호를 0에서 1로 변화시킨다.

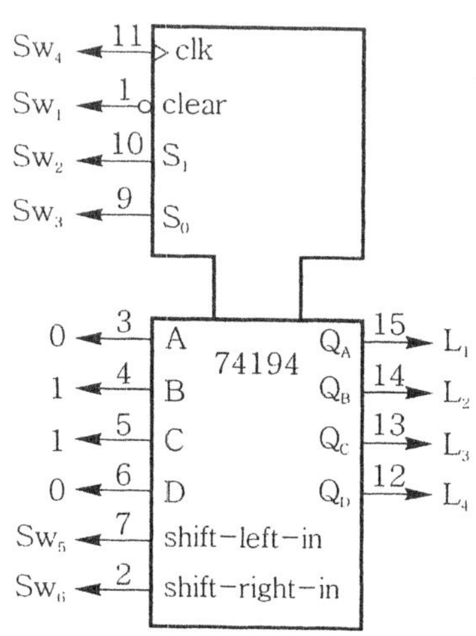

그림 12-16 4비트 양방향 범용 시프트 레지스터 74194의 실험 회로

표 12-9 4비트 양방향 범용 시프트 레지스터 74194의 실험 결과

입 력						출 력			
clear(Sw_1)	S_1(Sw_2)	S_0(Sw_3)	clk(Sw_4)	s-l-in (Sw_5)	s-r-in (Sw_6)	Q_A(L_1)	Q_B(L_2)	Q_C(L_3)	Q_D(L_4)
1→0						___	___	___	___
0→1						___	___	___	___
1	1	0	0→1	1	0	___	___	___	___
1	1	0	0→1	1	0	___	___	___	___
1	1	0	0→1	1	0	___	___	___	___
1	1	0	0→1	1	0	___	___	___	___
1	1	1	0→1	1	1	___	___	___	___
1	0	1	0→1	0	1	___	___	___	___
1	0	1	0→1	0	1	___	___	___	___
1	0	1	0→1	0	1	___	___	___	___
1	0	1	0→1	0	1	___	___	___	___
1	0	0	0→1	0	0	___	___	___	___
0→1						___	___	___	___

절
취
선

실험 예비 보고서

제 12 장 레지스터

과 목 명 :

실 험 일 : 년 월 일 요일

담당교수 :

실험조교 :

학 과 : 과 반

실 험 조 : 조

학 번 :

성 명 :

확 인	

※ 실험을 진행하는 데 필요한 다음 사항을 정리하라.

1. 플립플롭과 래치, 레지스터의 개념과 특성

2. 동기 입력을 이용한 병렬 데이터 전송 레지스터

3. 비동기 입력을 이용한 병렬 전송 레지스터

4. 동기 입력을 이용한 직렬 전송 레지스터

5. 병렬 입력 직렬 출력 기능의 레지스터 회로

6. 양방향 시프트와 병렬 입력, 병렬 출력을 위한 레지스터의 논리

7. MSI 레지스터 IC 74194의 기능

8. 레지스터 파일을 사용하기 위한 레지스터 어드레싱의 기본 개념

절
취
선

실험 결과 보고서

제 12 장 레지스터

과 목 명 :

실 험 일 : 년 월 일 요일

담당교수 :

실험조교 :

학 과 : 과 반

실 험 조 : 조

학 번 :

성 명 :

평 가	

실험 12-1 비동기 입력을 이용한 병렬 전송 레지스터

입 력					출 력			
load(Sw_5)	I_3(Sw_1)	I_2(Sw_2)	I_1(Sw_3)	I_0(Sw_4)	O_3(L_1)	O_2(L_2)	O_1(L_3)	O_0(L_4)
0	0	0	0	0	___	___	___	___
0→1	0	0	0	0	___	___	___	___
0	1	1	1	1	___	___	___	___
0→1	1	1	1	1	___	___	___	___
0	0	1	0	1	___	___	___	___
0→1	0	1	0	1	___	___	___	___
0	1	0	1	0	___	___	___	___
0→1	1	0	1	0	___	___	___	___

실험 12-2 직렬 전송 레지스터

입 력		출 력				
shift-pulse (Sw_1)	shift-in (Sw_2)	D(L_1)	C(L_2)	B(L_3)	A(L_4)	shift-out (L_4)
0		___	___	___	___	___
1 (0→1)	0	___	___	___	___	___
2 (0→1)	1	___	___	___	___	___
3 (0→1)	0	___	___	___	___	___
4 (0→1)	1	___	___	___	___	___

실험 12-3 시프트-인/순환 레지스터

입 력			출 력				
shift-pulse (Sw_1)	shift-select (Sw_2)	shift-in (Sw_3)	D(L_1)	C(L_2)	B(L_3)	A(L_4)	shift-out (L_4)
0	0		___	___	___	___	___
1 (0 → 1)	0	1	___	___	___	___	___
2 (0 → 1)	0	0	___	___	___	___	___
3 (0 → 1)	0	1	___	___	___	___	___
4 (0 → 1)	0	0	___	___	___	___	___
5 (0 → 1)	1		___	___	___	___	___
6 (0 → 1)	1		___	___	___	___	___
7 (0 → 1)	1		___	___	___	___	___
8 (0 → 1)	1		___	___	___	___	___

절취선

실험 12-4 직병렬 데이터 전송 레지스터

입 력							출 력					
load (Sw_3)	I_D (Sw_5)	I_C (Sw_6)	I_B (Sw_7)	I_A (Sw_8)	shift-pulse (Sw_1) 횟수	shift-in (Sw_2)	out (Sw_4)	O_D (L_1)	O_C (L_2)	O_B (L_3)	O_A (L_4)	shift-out (L_5)
0	1	0	1	0			0	___	___	___	___	___
0 → 1							1	___	___	___	___	___
0					0	1	0	___	___	___	___	___
0						1	1	___	___	___	___	___
0					1	1	0	___	___	___	___	___
0						1	1	___	___	___	___	___
0					2	1	0	___	___	___	___	___
0						1	1	___	___	___	___	___
0					3	1	0	___	___	___	___	___
0						1	1	___	___	___	___	___
0					4	1	0	___	___	___	___	___
0						1	1	___	___	___	___	___

실험 12-5 4비트 양방향 범용 시프트 레지스터 74194

입 력						출 력			
clear(Sw_1)	S_1(Sw_2)	S_0(Sw_3)	clk(Sw_4)	s-l-in (Sw_5)	s-r-in (Sw_6)	Q_A(L_1)	Q_B(L_2)	Q_C(L_3)	Q_D(L_4)
1→0						___	___	___	___
0→1						___	___	___	___
1	1	0	0→1	1	0	___	___	___	___
1	1	0	0→1	1	0	___	___	___	___
1	1	0	0→1	1	0	___	___	___	___
1	1	0	0→1	1	0	___	___	___	___
1	1	1	0→1	1	1	___	___	___	___
1	0	1	0→1	0	1	___	___	___	___
1	0	1	0→1	0	1	___	___	___	___
1	0	1	0→1	0	1	___	___	___	___
1	0	1	0→1	0	1	___	___	___	___
1	0	0	0→1	0	0	___	___	___	___
0→1						___	___	___	___

▶ **결 론** 실험 결과 검토 및 논의

13
CHAPTER

순서 논리 회로

13-1 목 적

1. 순서 논리 회로의 기본 원리를 이해한다.
2. 순서 논리 회로의 설계 과정을 이해하고 실제 설계를 수행한다.
3. 순서 논리 회로의 실험을 이해한다.
4. 주어진 순서 논리 회로의 분석 과정을 이해한다.
5. 직렬 반복 회로의 구성과 동작을 이해한다.

13-2 사용 기기 및 부품

기기	논리 회로 실험 장치 (또는 대체 장비)
부품	IC 7404 (hex inverters) 1개 IC 7408 (quad 2-input AND gates) 1개 IC 7486 (quad 2-input XOR gates) 1개 IC 7474 (dual D flip flops) 1개 IC 7476 (dual JK flip flops) 1개 점퍼선 약간

13-3 개 념

순서 논리 회로(sequential networks)는 조합 논리 회로와 플립플롭을 이용하여 구성하며, 현재 입력만으로 출력이 결정되는 조합 논리 회로와는 달리, 현재 입력과 기억되어 있는 값에 의하여 출력이 결정되는 회로이다.

순서 논리 회로의 설계는 조합 논리 회로의 설계에 비하여 매우 복잡하며, 순서 논리 회로의 일종인 카운터나 레지스터보다도 더욱 복잡한 설계 과정이 필요하다. 다음은 순서 논리 회로를 설계하는 과정을 요약한 것이다.

① 문제 분석
- 문제를 분석하여 기능을 나타내는 제목과 블록도로 표시한다.

② 입출력 시퀀스 정의
- 입력의 순서에 따른 출력값 정의한다.

③ 상태 그래프와 상태표 작성
- 상태를 정의하고, 상태의 전이를 그래프와 표로 작성한다.

④ 상태 간략화
- 특정 상태를 제거하여도 그 기능에 손상을 주지 않는 경우 제거한다.

⑤ F/F 종류 및 개수 결정
- 사용할 F/F의 종류와 상태 수에 따른 개수를 결정한다.
- m상태일 때 부등식($2^{n-1} < m \leq 2^n$)을 만족하는 n개 F/F

⑥ 정의된 상태를 F/F에 할당
- 간략화된 상태를 F/F의 실제 값으로 할당한다.

⑦ F/F 입력 논리와 출력 함수 설계
- 여기표나 상태 방정식을 유도하여 F/F의 입력과 출력 함수를 설계한다.

⑧ 회로 설계
- F/F을 중심으로 조합 논리 회로를 추가하여 순서 논리 회로를 완성한다.

⑨ 검증
- 타이밍 차트, 회로 구성 실험, 컴퓨터 시뮬레이션 등으로 회로를 검증한다.

주어진 순서 논리 회로를 분석할 경우에는 위의 순서 논리 회로 설계 단계를 역으로 적용하면 된다.

13-4 실 험

(1) 순서 논리 회로 설계 및 실험

실험 13-1 시퀀스 101 디텍터 설계

입력 시퀀스가 101일 때 출력이 1, 그 외에는 0을 출력하는 회로를 설계하라. 회로의 설계는 앞에서 정의한 순서 논리 회로 설계 9단계를 따라 설계하여 공백을 메우고 설계된 회로를 그림 13-4에 그려라.

① 문제 분석

- 제목 : 입력 시퀀스 101 디텍터
- 블록도 (그림 13-1)

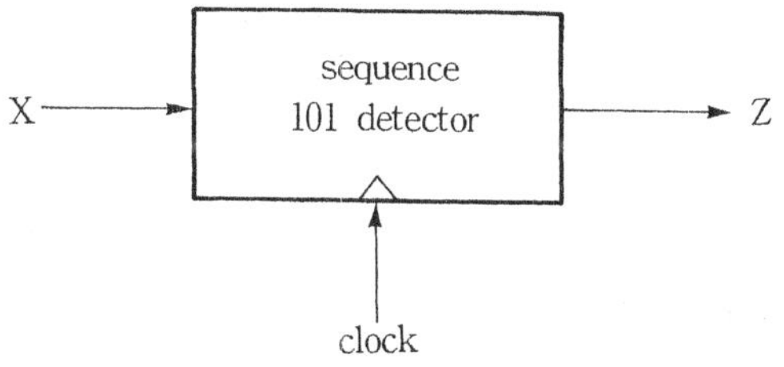

그림 13-1 시퀀스 101 디텍터의 블록도

② 입출력 시퀀스 정의

입력 시퀀스 X = 0 0 1 1 0 1 0 0 1 0 1 0 0
출력 시퀀스 Z =

③ 상태 그래프와 상태표 작성 (그림 13-2, 표 13-1)

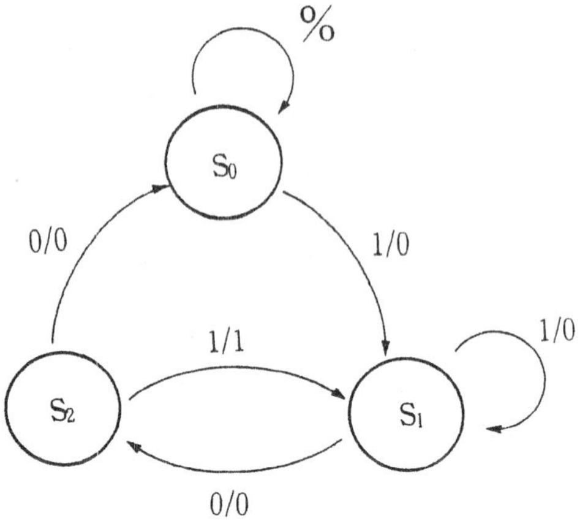

그림 13-2 시퀀스 101 디텍터의 상태 그래프

표 13-1 시퀀스 101 디텍터의 상태표

현재 상태	다음 상태		출 력	
	X=0	X=1	X=0	X=1

④ 상태 간략화 (없음)

⑤ F/F 종류 및 개수 결정

상태 수가 3이므로 F/F의 개수는 2개, D F/F 이용

⑥ 정의된 상태를 F/F에 할당 (표 13-2)

표 13-2 플립플롭으로 할당한 시퀀스 101 디텍터의 상태표

현재 상태		다음 상태		출 력	
A	B	X=0	X=1	X=0	X=1
		A^+B^+	A^+B^+	Z	Z

⑦ F/F 입력 논리와 출력 함수 설계 (그림 13-3)

A^+

AB \ X	0	1
00		
01		
11		
10		

$A^+ =$

(a) A F/F의 다음 상태 출력

B^+

AB \ X	0	1
00		
01		
11		
10		

$B^+ =$

(b) B F/F의 다음 상태 출력

Z

AB \ X	0	1
00		
01		
11		
10		

Z =

(c) 출력 Z

그림 13-3 A^+, B^+와 출력 Z의 간략화 설계를 위한 카르노 맵

⑧ 회로 설계 (그림 13-4)

그림 13-4 시퀀스 101 디텍터의 순서 논리 회로 설계

⑨ 검증 (실험 13-2)

실험 13-2 시퀀스 101 디텍터 실험

실험 13-1에서 설계된 순서 논리 회로를 실험하여 그림 13-5의 파형도에 그리고 정상적으로 동작하는가 분석하라.

그림 13-5 시퀀스 101 디텍터의 실험 결과 파형도

(2) 순서 논리 회로 분석 및 실험

실험 13-3 순서 논리 회로 분석 실험

그림 13-6의 순서 논리 회로를 실험하여 파형도를 그려라. 단 실험 회로를 구성하고 초기 상태는 클리어 단자를 이용하여 리셋시켜라.

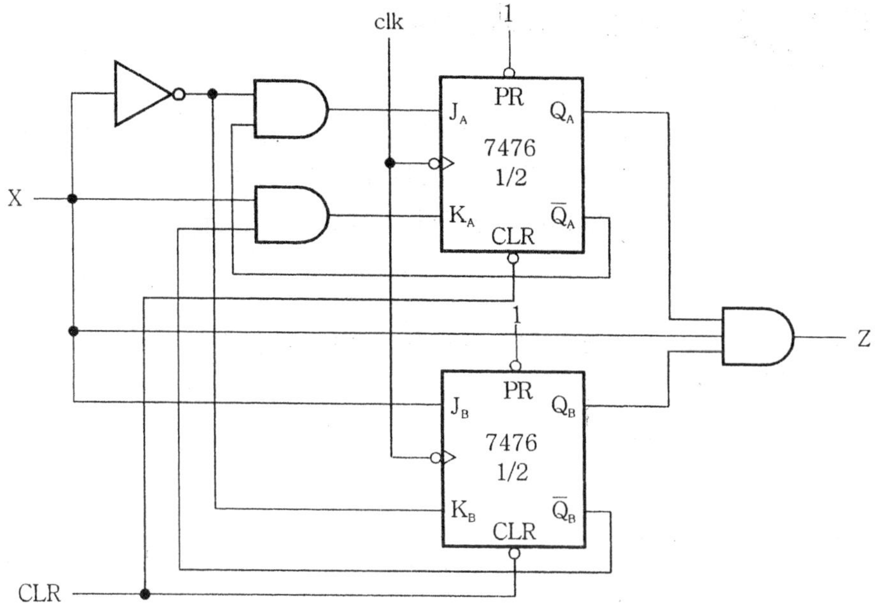

그림 13-6 실험 13-3의 순서 논리 회로 분석 실험 회로

그림 13-7 실험 13-3의 순서 논리 회로 분석 실험 결과 파형도

실험 13-4 순서 논리 회로의 분석

실험 13-3의 회로로부터 이론적으로 분석하여 다음의 단계를 완성하고 이론적인 값과 실험 13-3의 결과가 일치하는가 확인하라.

먼저 각 플립플롭과 출력의 논리식을 구하라.

(플립플롭의 입력과 출력의 함수식)

J_A =

K_A =

J_B =

K_B =

Z =

앞에서 구한 플립플롭의 입력의 논리식과 JK 플립플롭의 특성 방정식의 형식을 일치시켜 각 플립플롭의 상태 방정식을 구하라.

$Q_{t+1} = J\overline{Q_t} + \overline{K}Q_t$ (JK 플립플롭의 특성 방정식)

(플립플롭의 상태 방정식)

A^+ =

B^+ =

플립플롭의 상태 방정식으로부터 표 13-3의 상태표를 완성하라.

표 13-3 실험 13-4의 상태표

현재 상태		다음 상태		출 력	
A	B	X=0	X=1	X=0	X=1
		A^+B^+	A^+B^+	Z	Z

플립플롭의 값으로 할당된 상태 대신에 심벌을 이용하여 상태를 정의하고, 이를 그림 13-8에 상태 그래프로 그려라.

그림 13-8 실험 13-4의 상태 그래프

위의 분석 결과와 실험 13-3의 실험 결과가 일치하는가 확인하고, 어떠한 동작을 하는 순서 논리 회로인가 그림 13-9에 블록도로 그려라.

그림 13-9 실험 13-4의 블록도

(3) 직렬 반복 순서 논리 회로

실험 13-5 짝수 패리티 체커

그림 13-10은 짝수 패리티 체커를 직렬 반복 회로로 설계한 것이다. 이를 실험하여 그림 13-11의 파형도로 그리고 정상 동작하는가 확인하라.

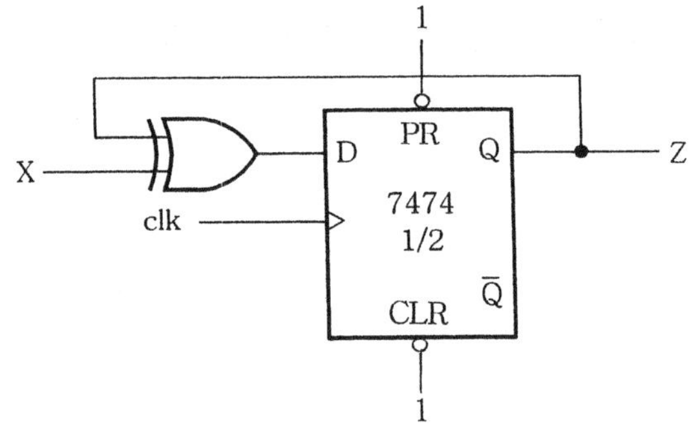

그림 13-10 짝수 패리티 체커의 실험 회로

그림 13-11 짝수 패리티 체커의 실험 결과 파형도

절
취
선

실험 예비 보고서

제 13 장 순서 논리 회로

과 목 명 :

실 험 일 : 년 월 일 요일

담당교수 :

실험조교 :

학 과 : 과 반

실 험 조 : 조

학 번 :

성 명 :

확 인	

※ 실험을 진행하는 데 필요한 다음 사항을 정리하라.

1. 순서 논리 회로의 종류와 그 특성

2. 순서 논리 회로의 설계 절차

3. 순서 논리 회로의 분석 절차

4. 병렬 조합 회로와 직렬 반복 회로의 특성

5. 순서 논리 회로와 ROM과의 관계

절
취
선

실험 결과 보고서

제 13 장 순서 논리 회로

과 목 명 :

실 험 일 : 년 월 일 요일

담당교수 :

실험조교 :

학 과 : 과 반

실 험 조 : 조

학 번 :

성 명 :

평 가	

실험 13-1 시퀀스 101 디텍터 설계

② 입출력 시퀀스 정의

입력 시퀀스 X = 0 0 1 1 0 1 0 0 1 0 1 0 0

출력 시퀀스 Z =

③ 상태 그래프와 상태표 작성 (그림 13-2, 표 13-1)

현재 상태	다음 상태		출 력	
	X=0	X=1	X=0	X=1

⑦ F/F 입력 논리와 출력 함수 설계

$A^{+}=$

$B^{+}=$

$Z =$

⑧ 회로 설계

절취선

실험 13-2 시퀀스 101 디텍터 실험

clk

X

Q_A

Q_B

Z

실험 13-3 순서 논리 회로 분석 실험

CLR

clk

X

Q_A

Q_B

Z

실험 13-4 순서 논리 회로 분석

(플립플롭의 입력과 출력의 함수식)

J_A =

K_A =

J_B =

K_B =

Z =

(플립플롭의 상태 방정식)

A^{+} =

B^{+} =

현재 상태	다음 상태		출 력	
A B	X=0	X=1	X=0	X=1
	$A^{+}B^{+}$	$A^{+}B^{+}$	Z	Z

실험 13-4의 상태 그래프

실험 13-4의 블록도

실험 13-5 짝수 패리티 체커

절취선

▶ **결 론** 실험 결과 검토 및 논의

부록 : TTL Logic IC 핀 배치도

00 : Quad 2-Input NAND
03 : Quad 2-In NAND with OC

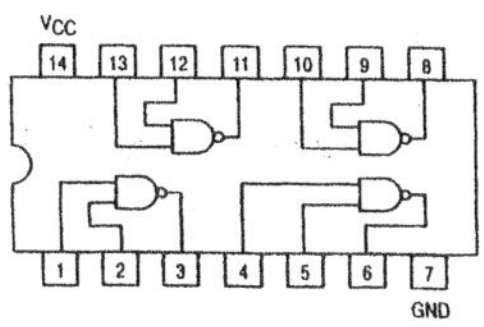

01 : Quad 2-In NAND with OC

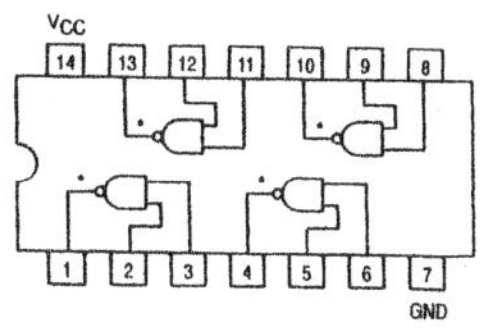

02 : Quad 2-Input NOR

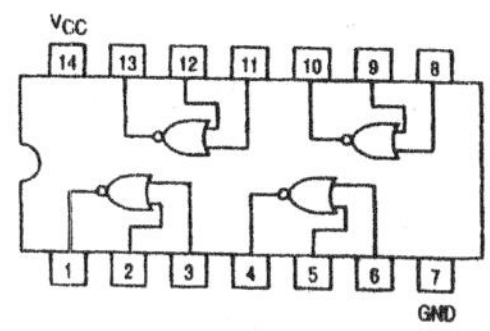

04 : Hex Inverter
05 : Hex Inverter with OC
06 : Hex Inverter with OC, High Voltage Out

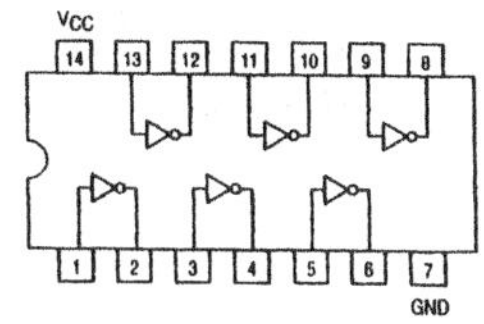

07 : Hex Buffer with OC, High Voltage Out

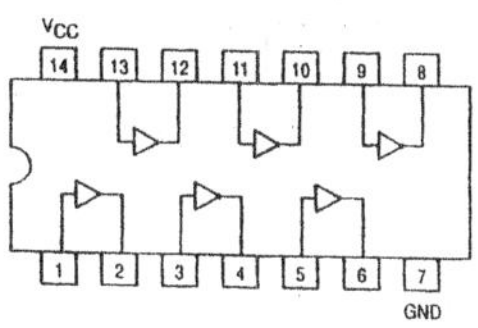

08 : Quad 2-Input AND
09 : Quad 2-In AND with OC

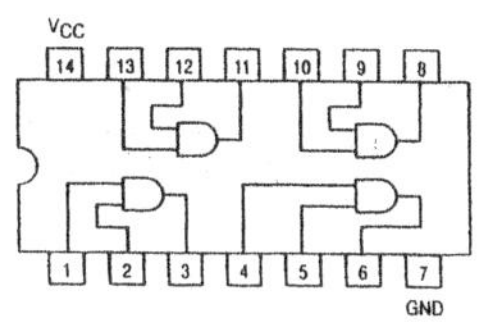

10 : Triple 3-Input NAND
12 : Triple 3-In NAND with OC

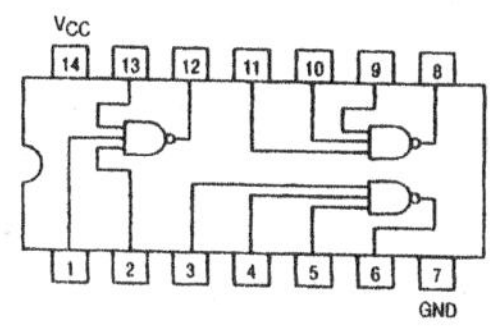

11 : Triple 3-Input AND
15 : Triple 3-In AND with OC

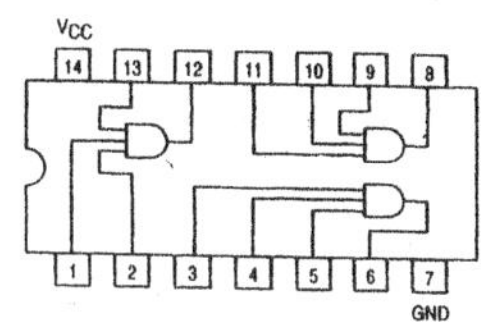

13 : Dual 4-In NAND Schmitt Trigger

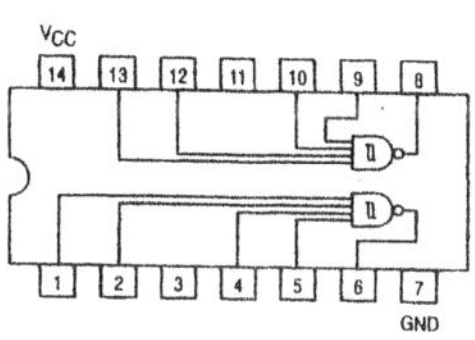

14 : Hex Inverter Schmitt Trigger

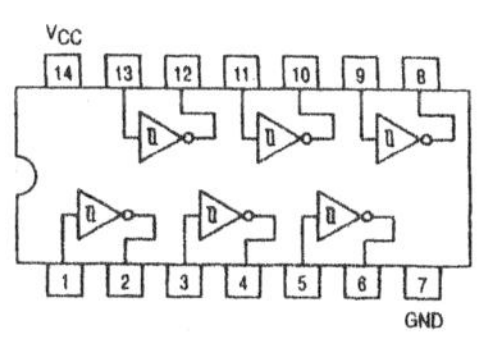

20 : Dual 4-Input NAND
22 : Dual 4-In NAND with OC

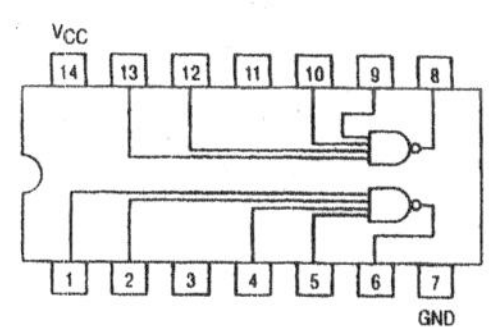

21 : Dual 4-In AND with OC

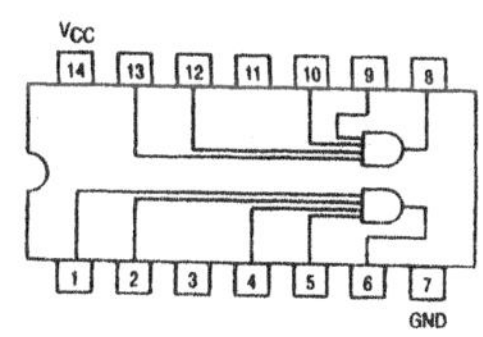

23 : Dual 4-In NOR with Strobe

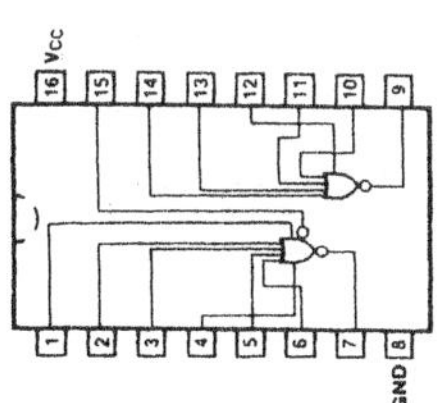

25 : Dual 4-In NOR with Strobe

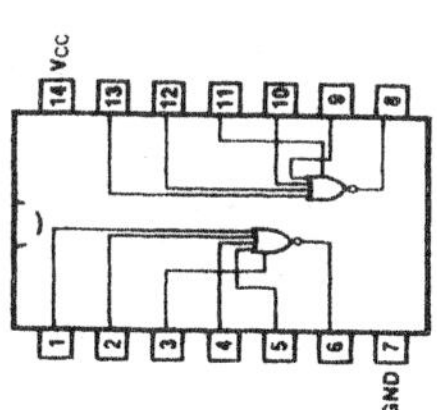

26 : Quad 2-In NAND Buffer with OC (15V)
38 : Quad 2-In NAND Buffer with OC

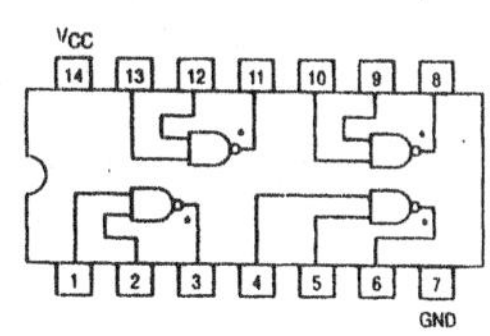

27 : Triple 3-Input NOR

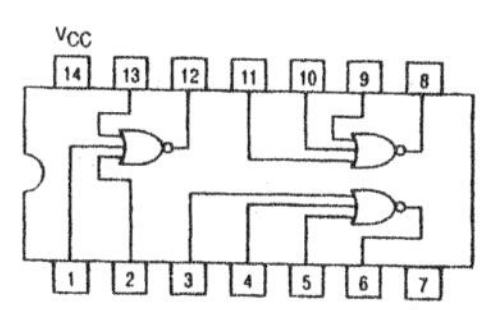

28 : Quad 2-In NOR Buffer
33 : Quad 2-In NOR Buffer with OC

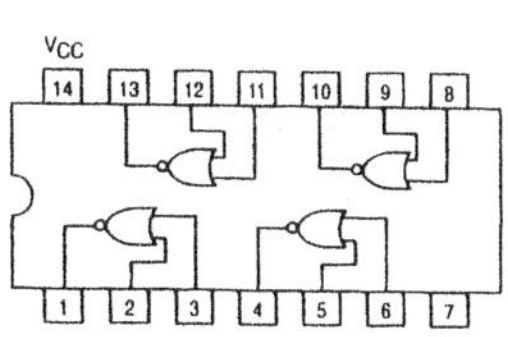

30 : 8-Input NAND

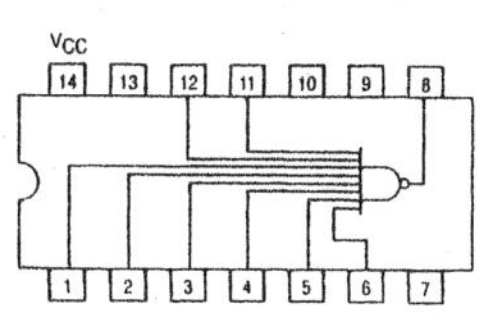

32 : Quad 2-Input OR

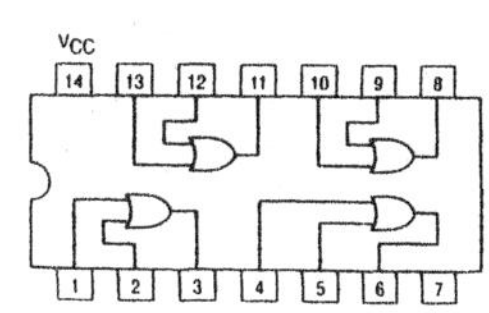

34 : Hex Buffer
35 : Hex Buffer with OC

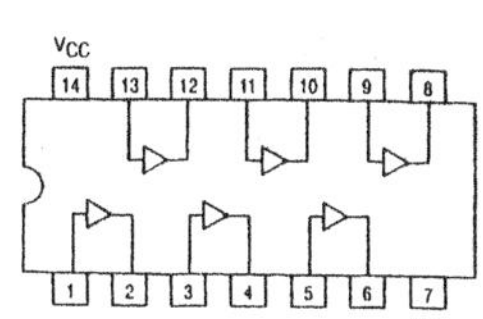

37 : Quad 2-In NAND Buffer

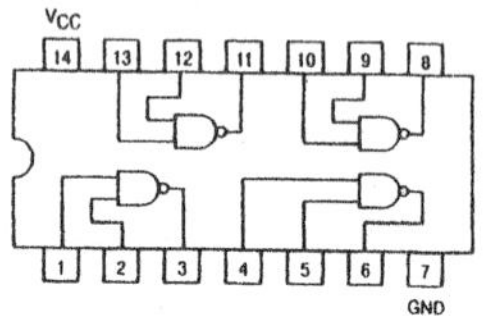

40 : Dual 4-In NAND Buffer

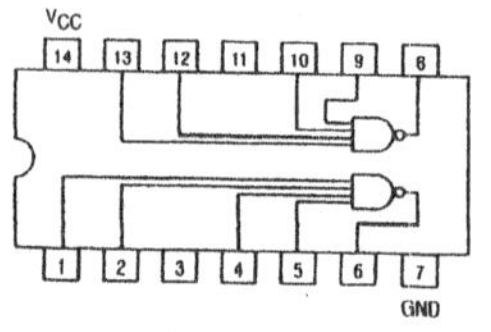

42 : BCD to Decimal Decoder
43 : Excess 3 to Decimal Decoder
44 : Excess 3 Gray to Decimal Decoder

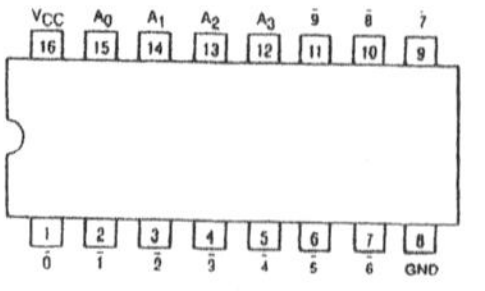

45 : BCD to Decimal Decoder 30V with OC

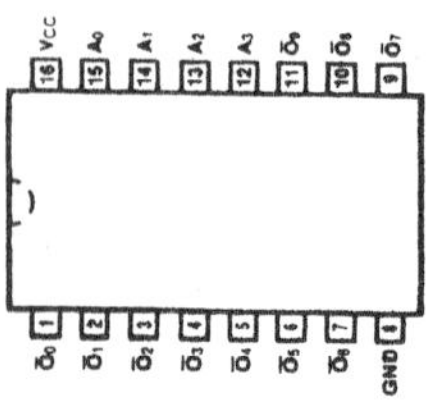

46 : BCD to Seven Segment Decoder 30V with OC
47 : BCD to Seven Segment Decoder 15V with OC

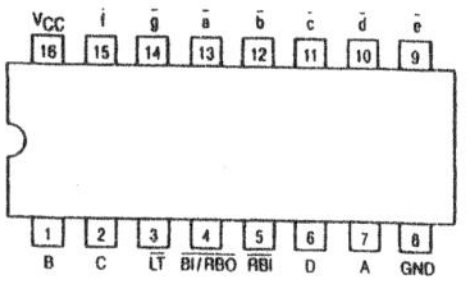

48 : BCD to Seven Segment Decoder 2kΩ pullup with OC

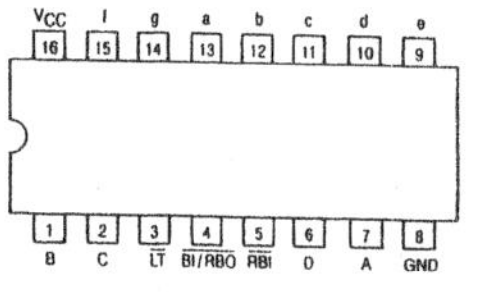

49 :BCD to Seven Segment Decoder 5.5V with OC

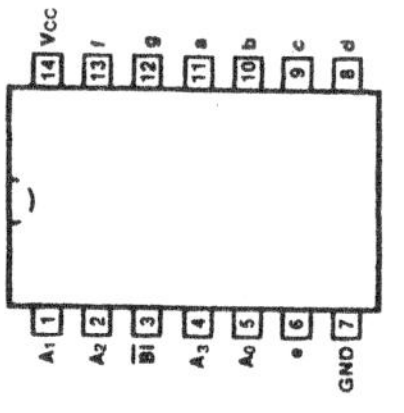

50 : Dual 2 wide 2-Input AND OR INVERT

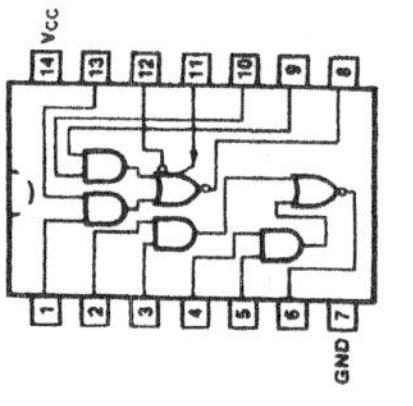

51 : Dual 2 wide 2-Input AND OR INVERT

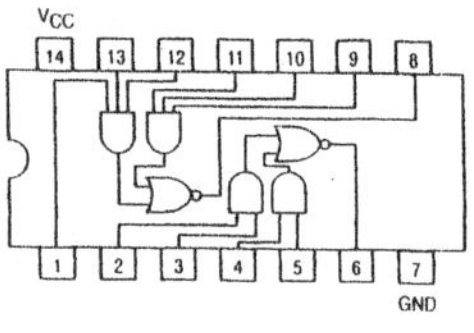

53 : 4 wide 2-Input AND OR INVERT

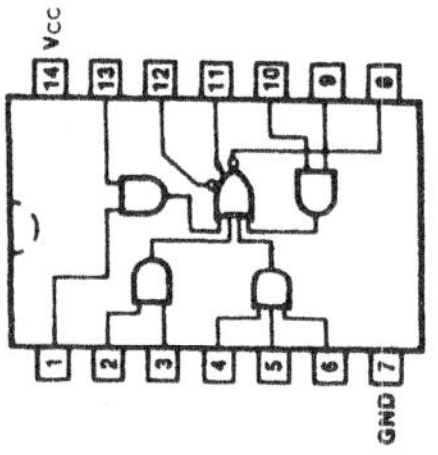

54 : 4 with 2-Input AND OR INVERT

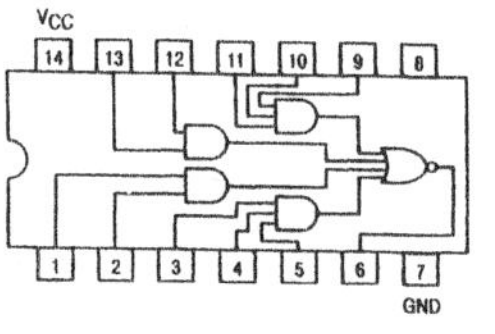

55 : Expandable 2 wide 4-Input AND OR INVERT

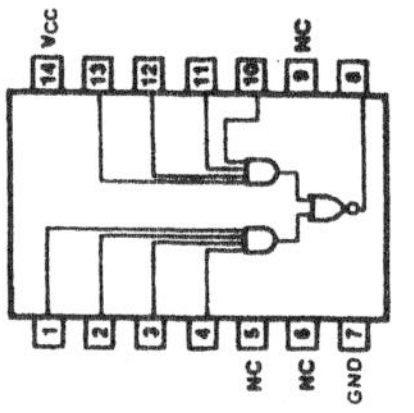

60 : Dual 4-Input Expander

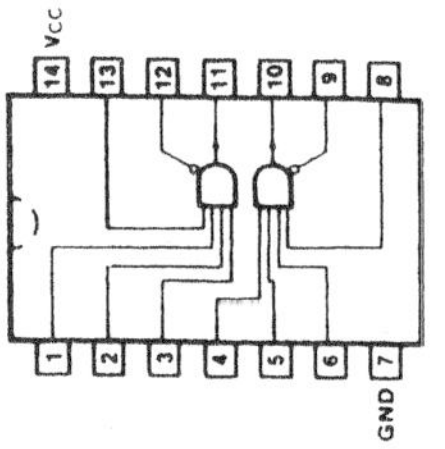

64 : 4-2-3-2 Input AND OR INVERT
65 : 4-2-3-2 Input AND OR INVERT with OC

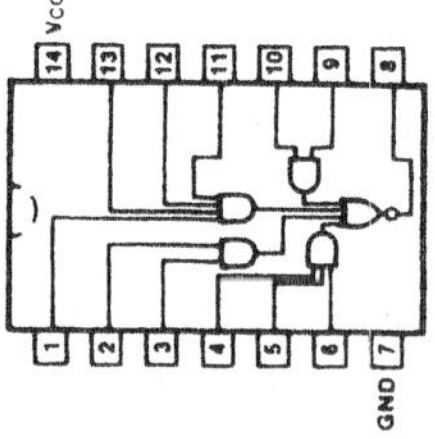

70 : AND gated JK-FF with Preset and Clear

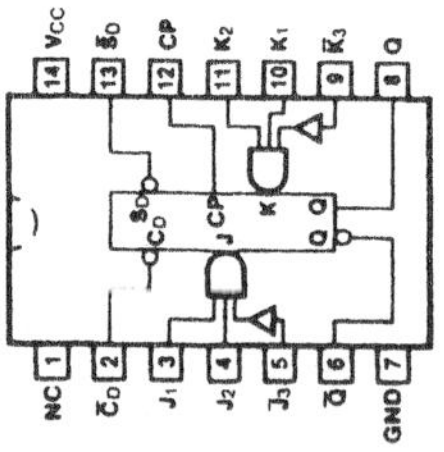

72 : AND gated JK-FF with Preset and Clear

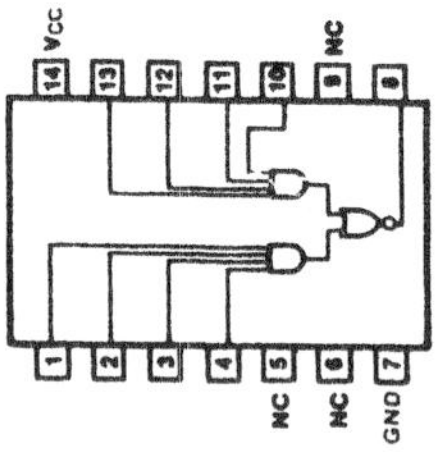

73 : Dual JK Flip Flop

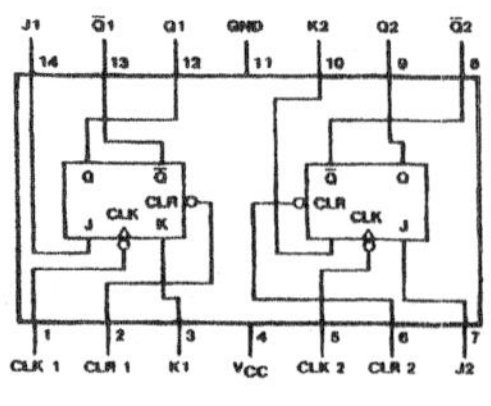

74 : Dual D Type Flip Flop

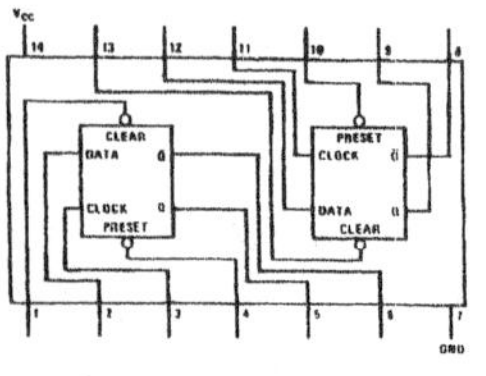

75 : 4 Bit Latch

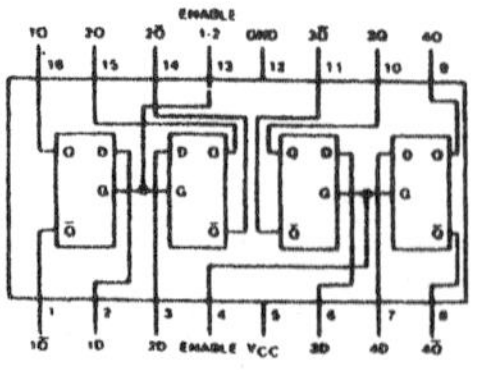

76 : Dual JK Flip Flop

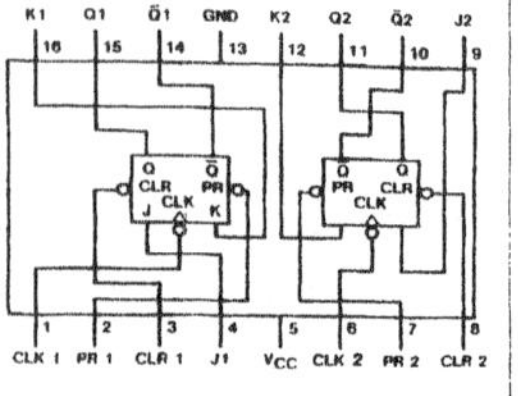

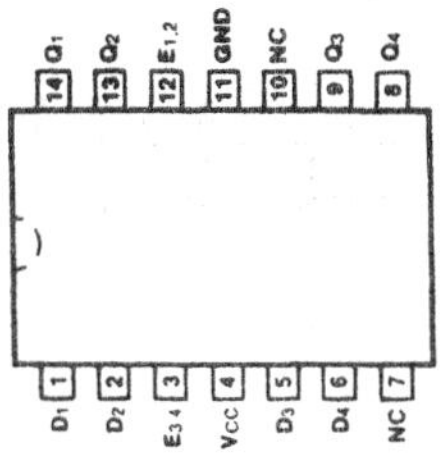

77 : 4 Bit Bistable Latch(Flat Pack only)

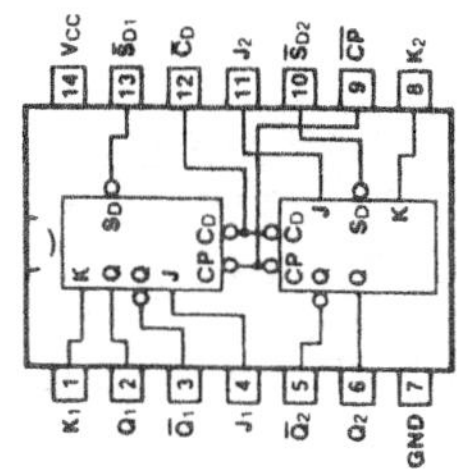

78 : Dual JK Flip Flop

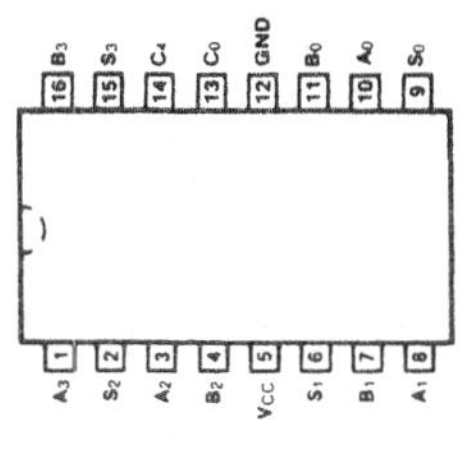

83 : 4 Bit Binary Full Adder

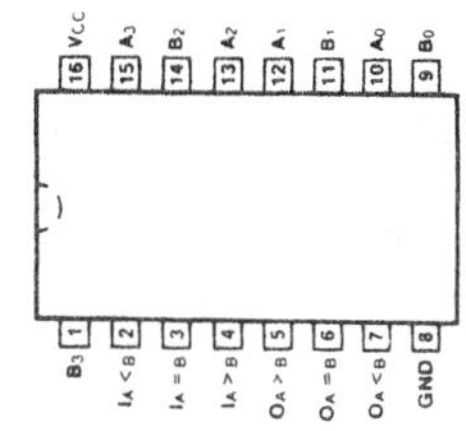

85 : 4 Bit Comparator

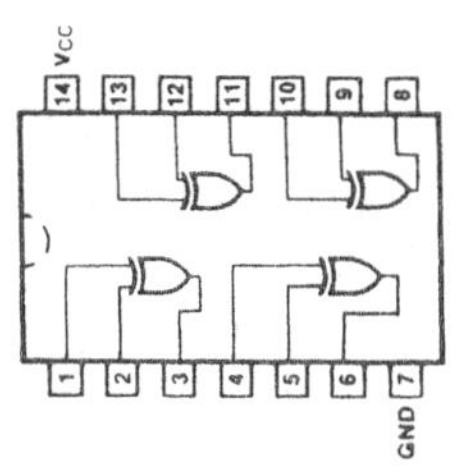

86 : Quad Exclusive OR

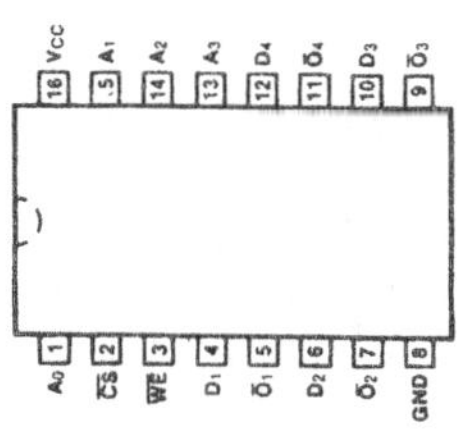

89 : 64 Bit RAM (Open Collector)

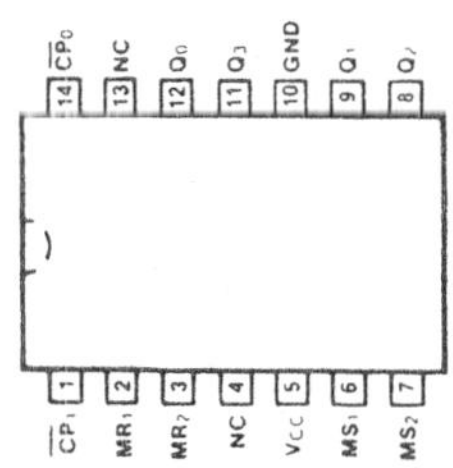

90 : Decade Counter

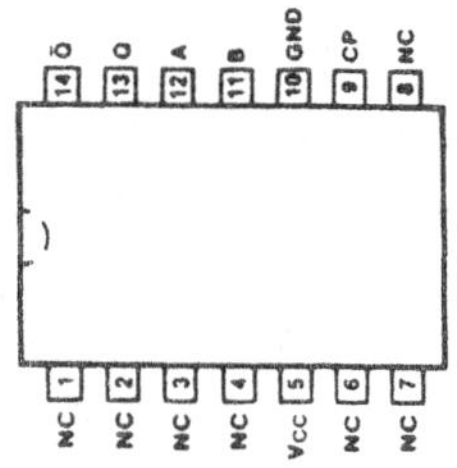

91 : 8 Bit Shift Register SISO

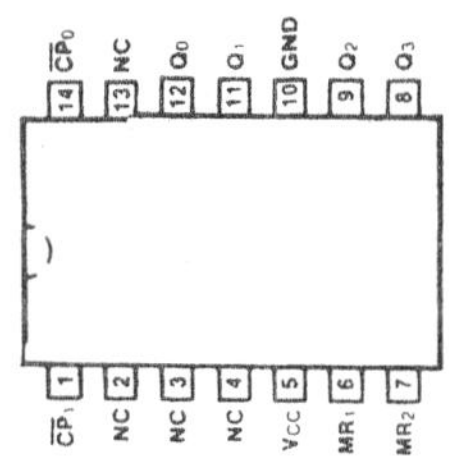

92 : Divide by 12 Counter

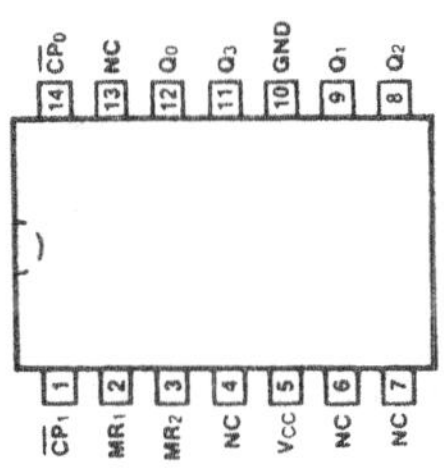

93 : 4 Bit Binary Counter

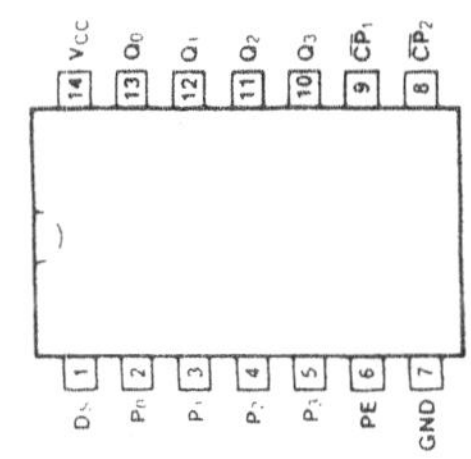

95 : 4 Bit Shift Register PIPO

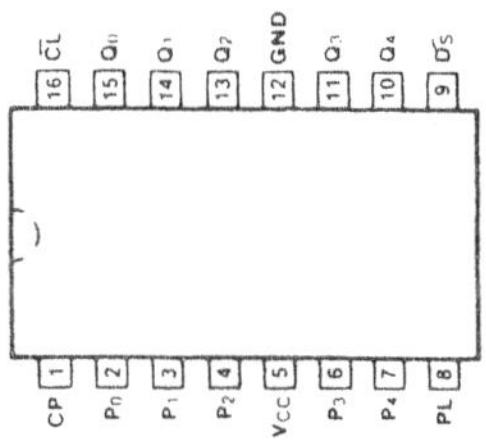

96 : 5 Bit Shift Register PIPO

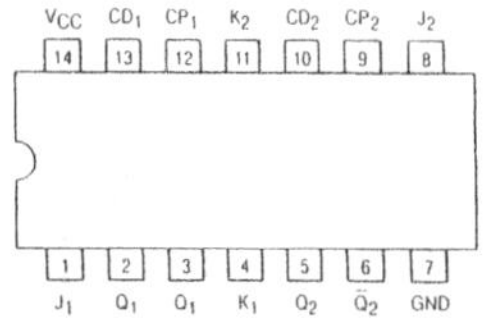

107 : Dual JK Flip Flop

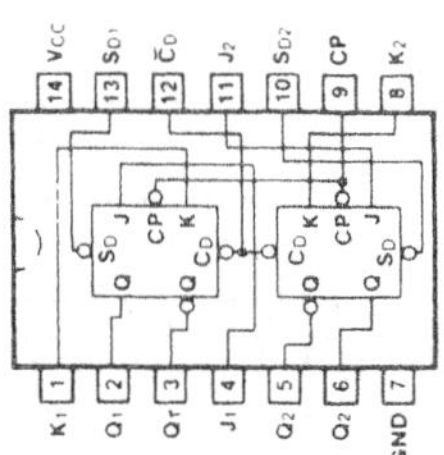

108 : Dual JK Flip Flop

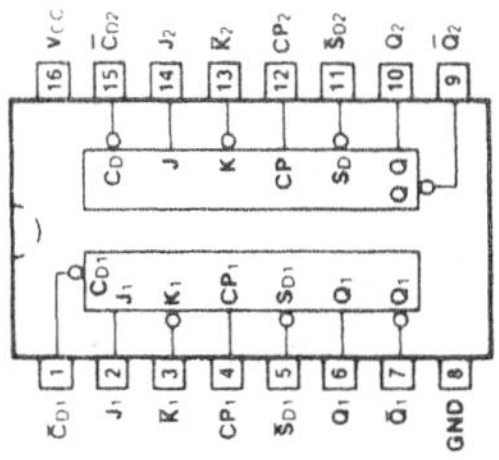

109 : Dual JK Flip Flop

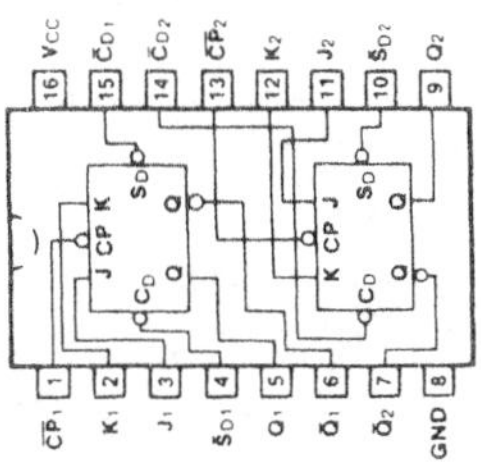

112 : Dual JK Flip Flop

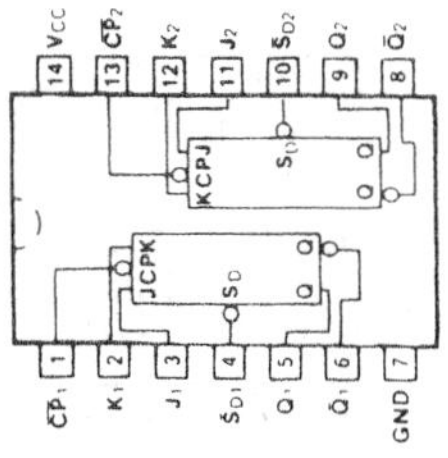

113 : Dual JK Flip Flop

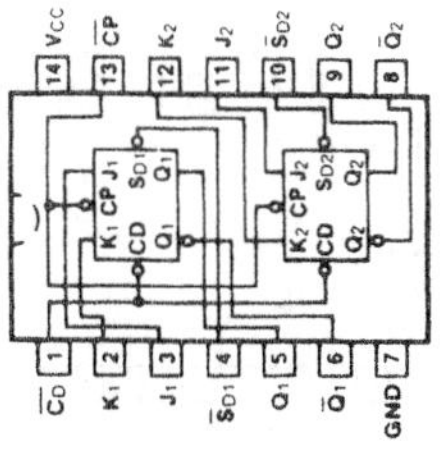

114 : Dual JK Flip Flop

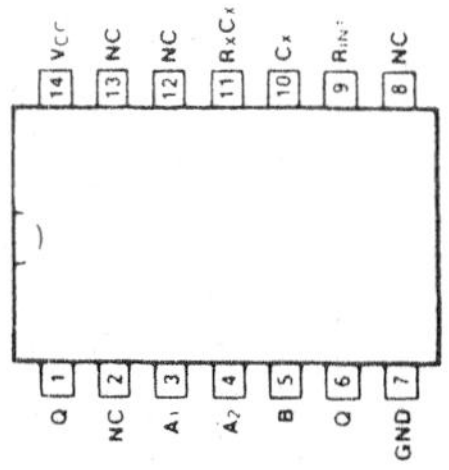

121 : Monostable Multivibrator

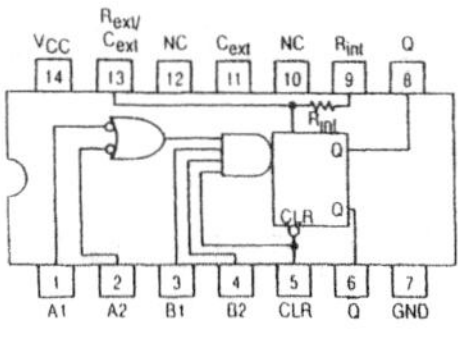

122 : Retriggerable Monostable Multivibrator

123 : Dual Retriggerable Monostable Multivibrator

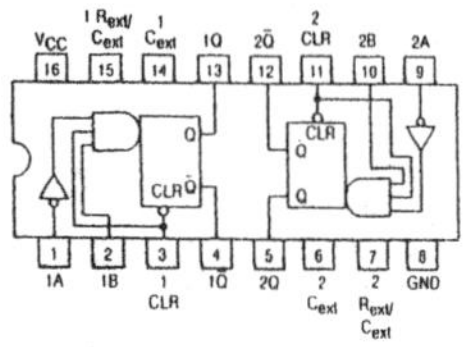

125 : Quad 3 State Buffer

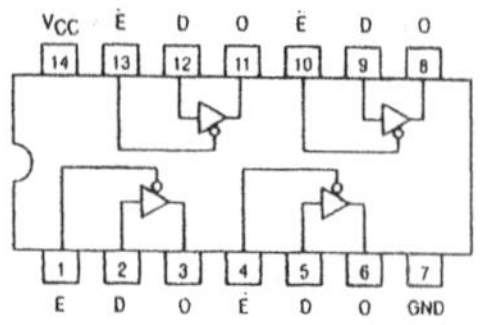

126 : Quad 3 State Buffer

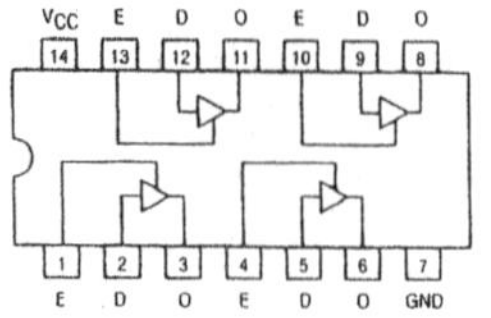

131 : 3 to 8 Line Decoder with Address Latch

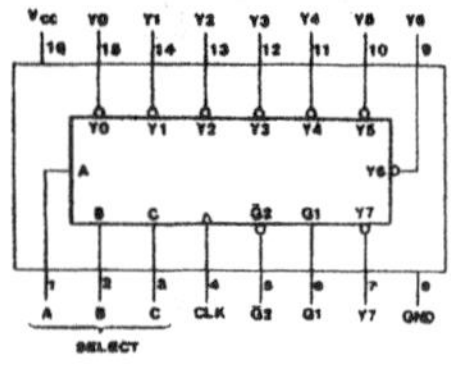

132 : Quad 2-Input NAND Schmitt Trigger

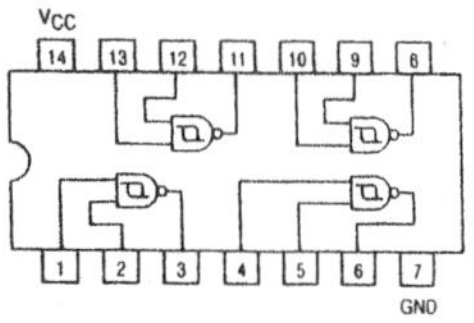

133 : 13 Input NAND

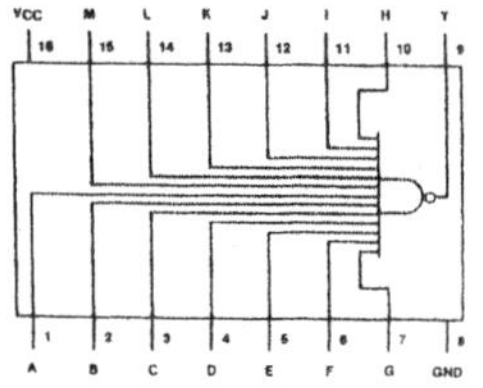

136 : Quad Exclusive OR with OC

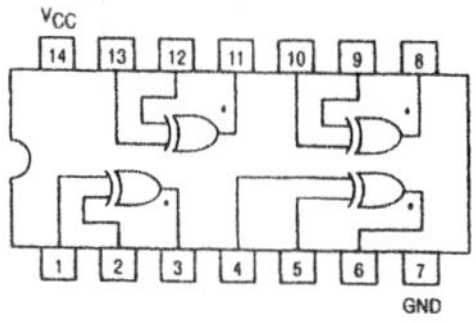

137 : 3 to 8 Line Decoder / Latch

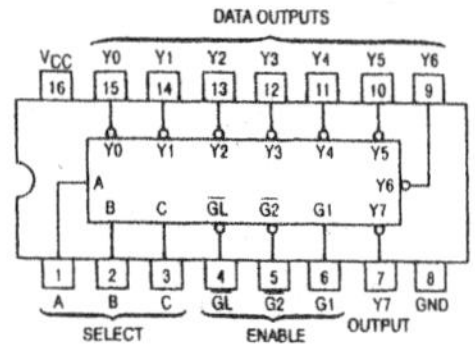

138 : 3 to 8 Line Decoder

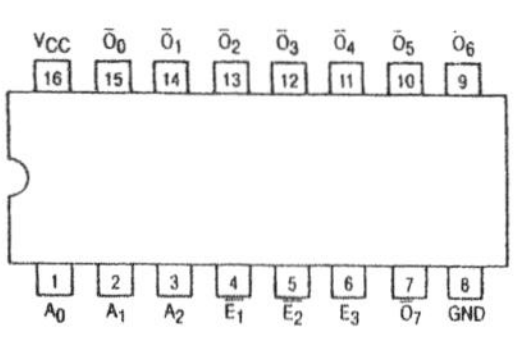

139 : Dual 2 to 4 Line Decoder

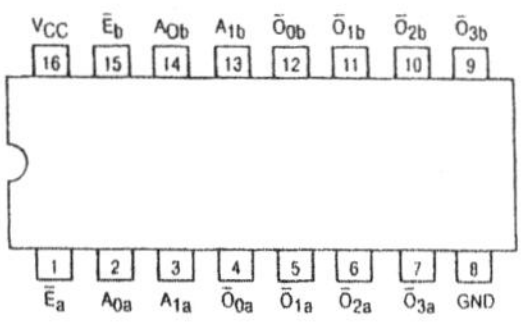

140 : Dual 4 Input NAND Line Driver (50Ω)

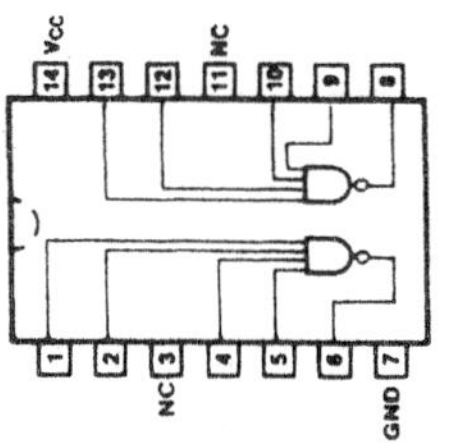

145 : BCD to Decimal Decoder 15V with OC

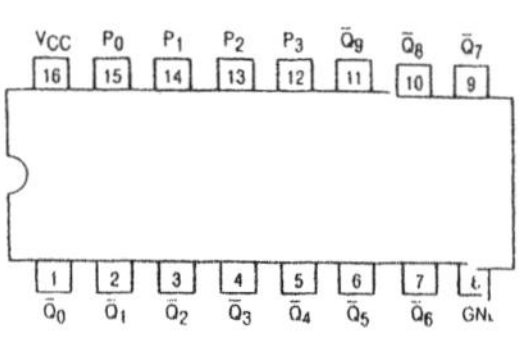

147 : 10 to 4 Line Priority Encoder

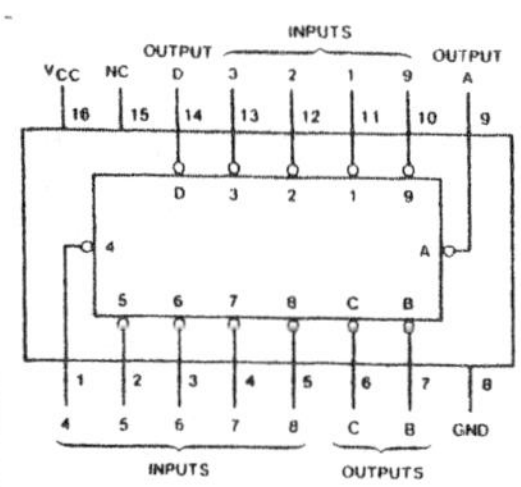

148 : 8 to 3 Line Priority Encoder

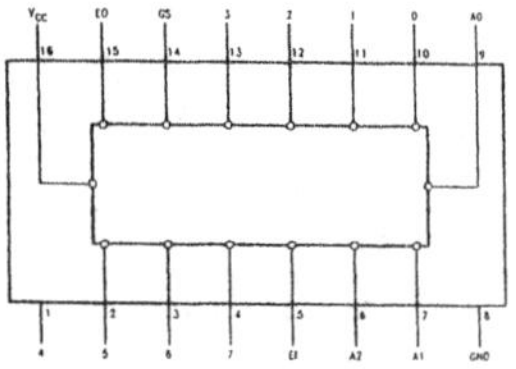

149 : 8 to 8 Line Priority Encoder

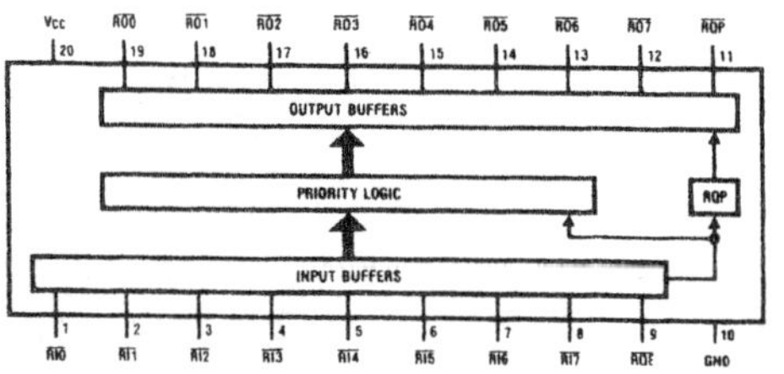

150 : 16 to 1 Line Data Selector

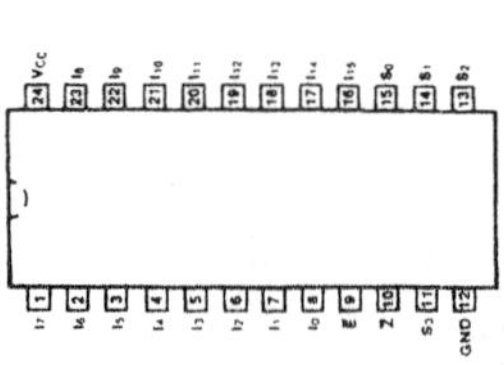

151 : 8 to 1 Line Data Selector

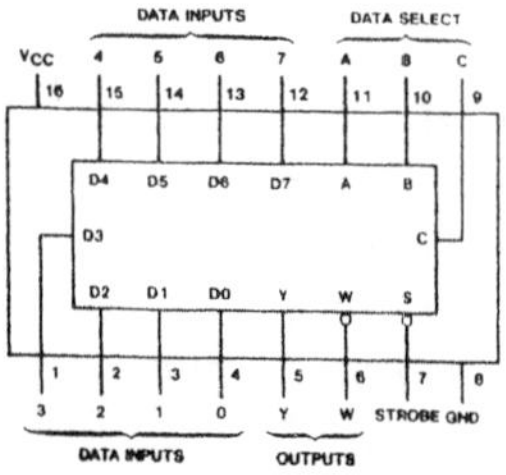

152 : 8 to 1 Line Data Selector

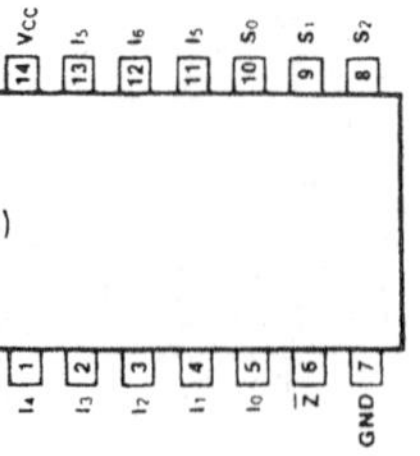

153 : Dual 4 to 1 Line Data Selector

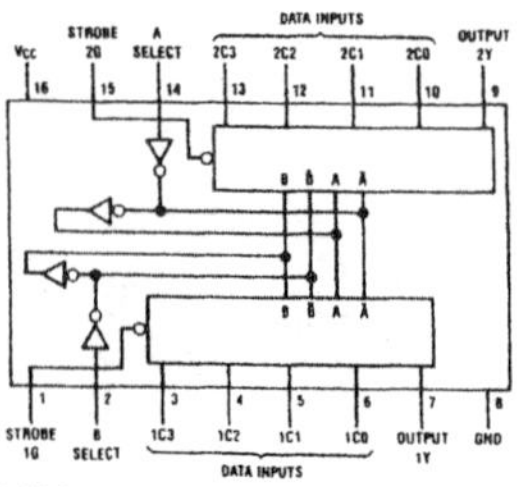

154 : 4 to 16 Line Decoder

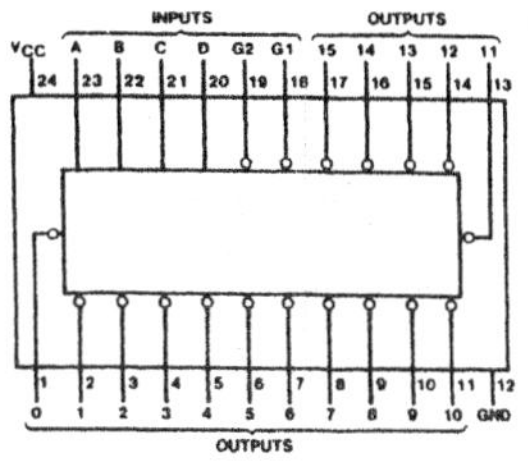

155 : Dual 2 to 4 Line Decoder
156 : Dual 2 to 4 Line Decoder with OC

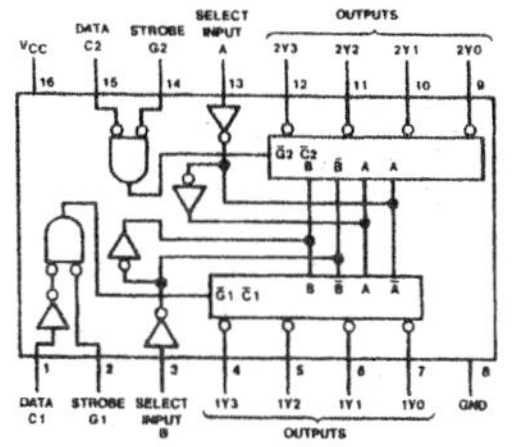

157 : Quad 2 to 1 Line Data Selector
158 : Quad 2 to 1 Line Data Selector Inverting

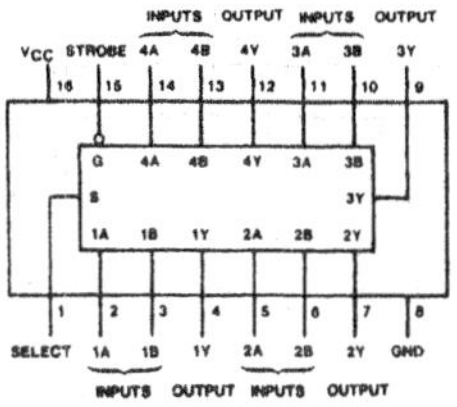

160, 162 : Synchronous Decoder Counter
161, 163 : Synchronous Binary Counter

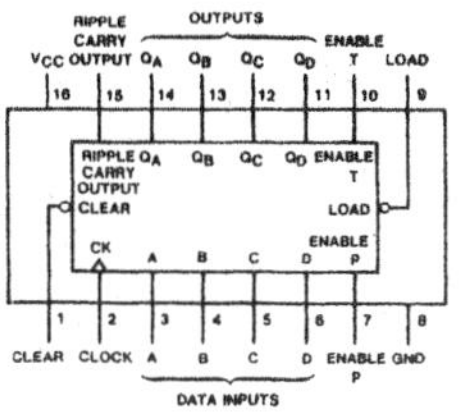

164 : 8 Bit Shift Register

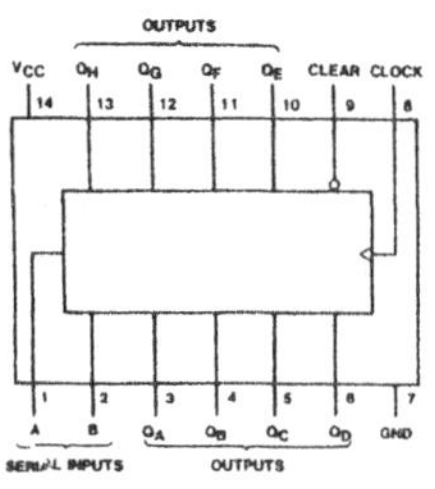

165 : 8 Bit Shift Register PISO

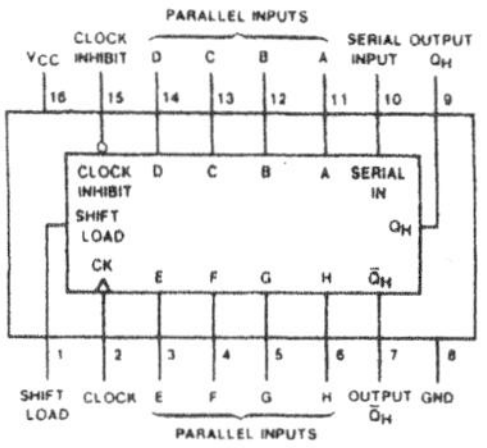

166 : 8 Bit Shift Register PISO

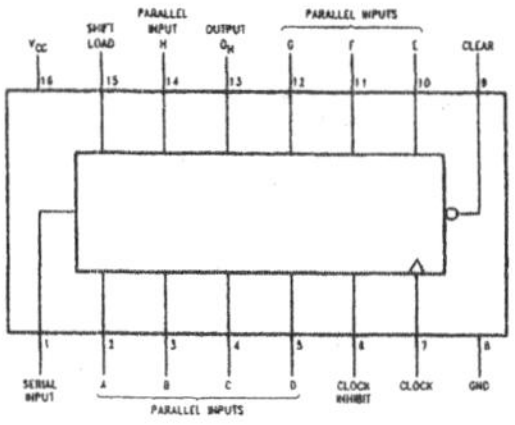

168 : Synchronous up down Decade Counter
169 : Synchronous up down Binary Counter

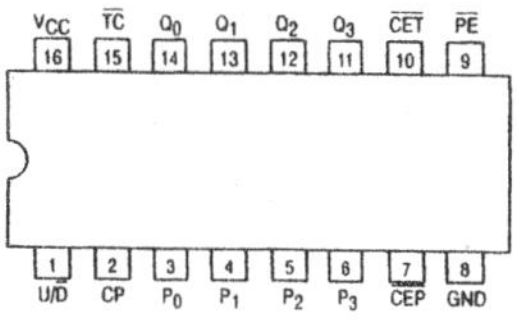

170 : 4 × 4 Register File with OC

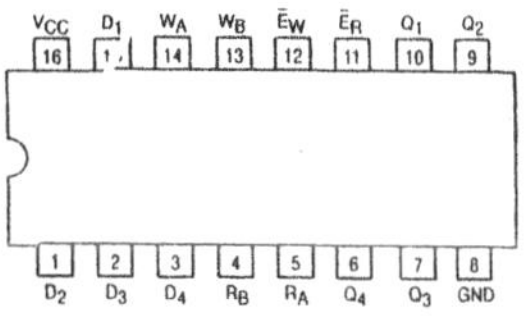

173 : Quad D Type Register (3 State)

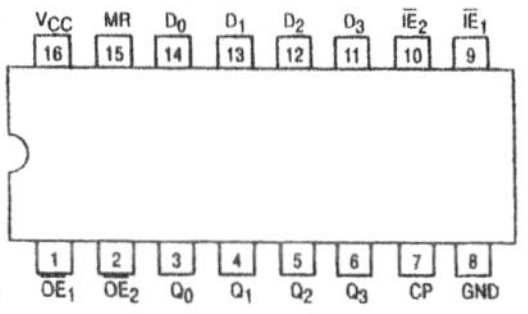

174 : Hex D Type Flip Flop

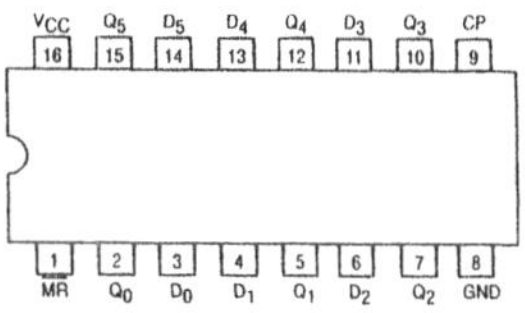

175 : Quad D Type Flip Flop

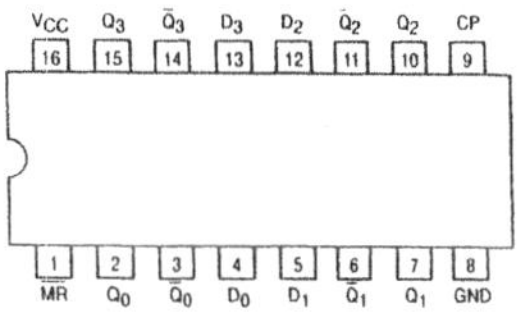

180 : 9 Bit Parity Generator

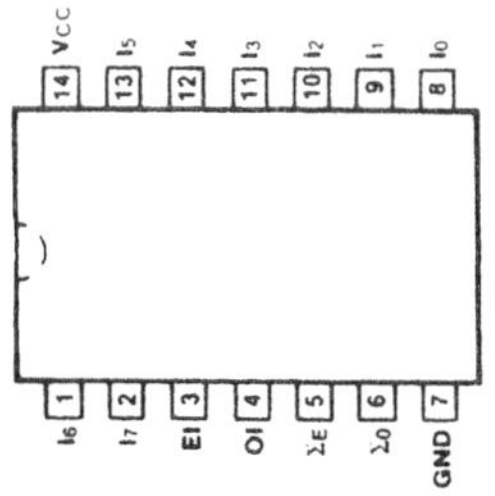

181 : 4 Bit ALU / Function Generator

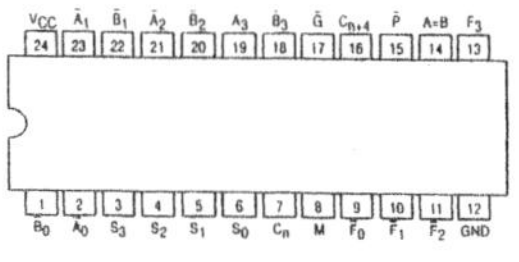

182 : Look Ahead Carry Generator

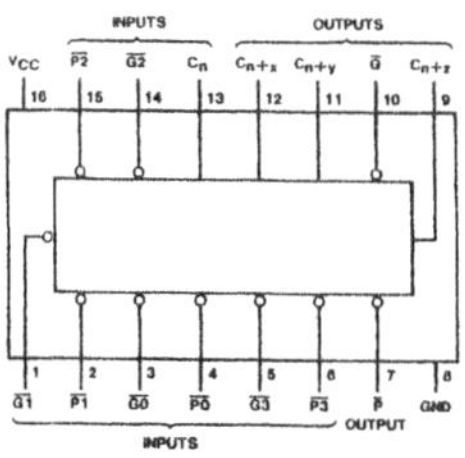

190 : Synchronous up down Decade Counter
191 : Synchronous up down Binary Counter

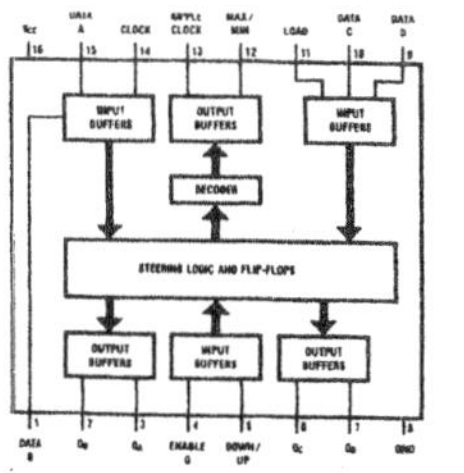

192 : Synchronous up down Decade Counter
193 : Synchronous up down Binary Counter

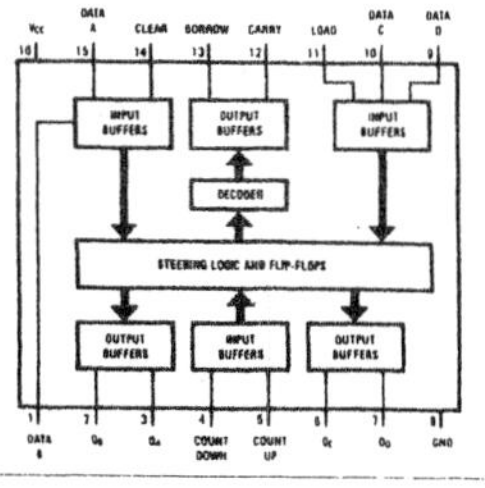

194 : 4 Bit Bidirectional Shift Register PIPO

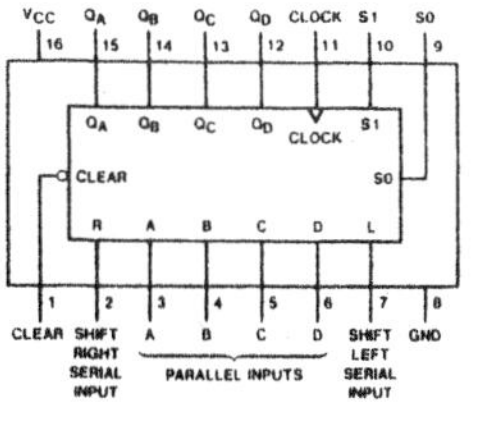

195 : 4 Bit Shift Register PIPO

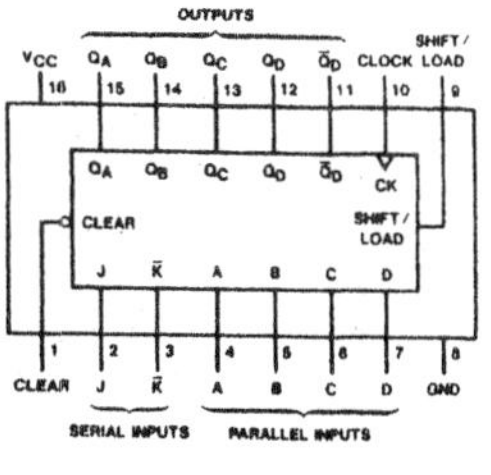

196 : Presettable Decade Counter
197 : Presettable Binary Counter

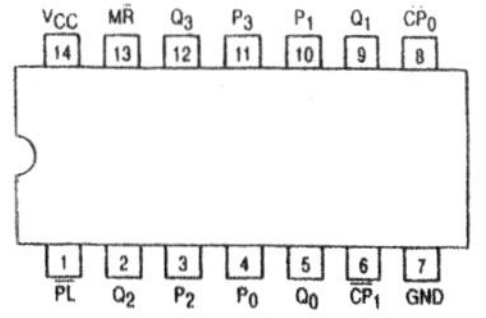

221 : Dual Monostable Multivibrator

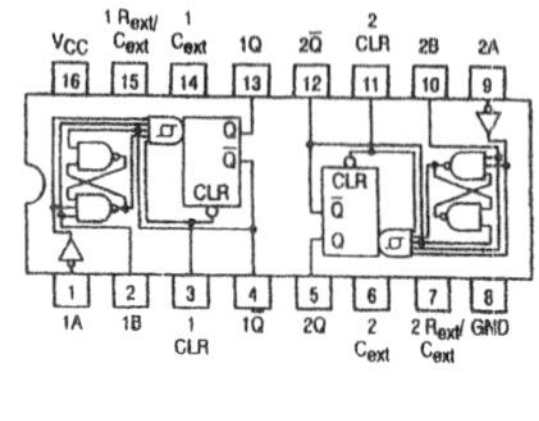

237 : Decoder with Address Latches

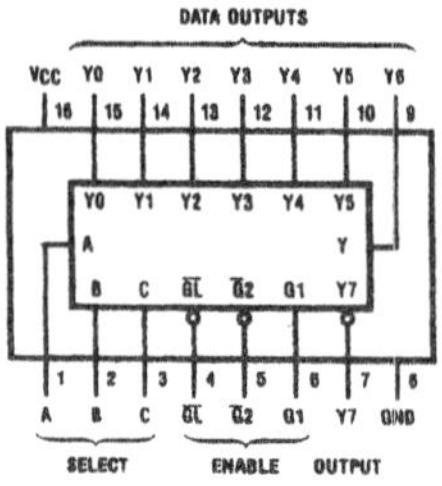

240 : Octal 3 State Bus Inverter

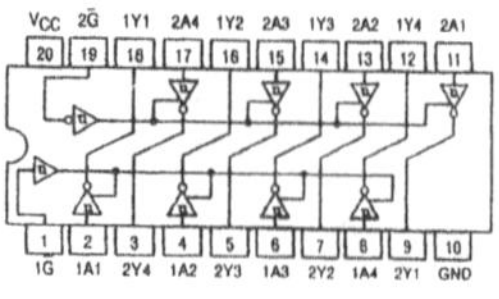

241 : Octal 3 State Bus Driver
244 : Octal 3 State Bus Driver

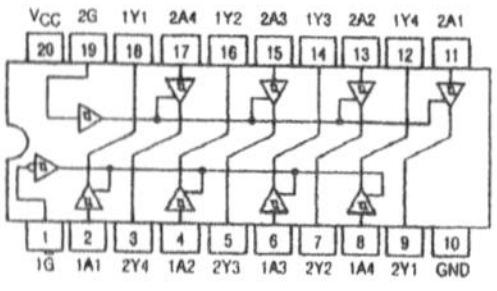

242 : Quad 3 State Bus Transceiver

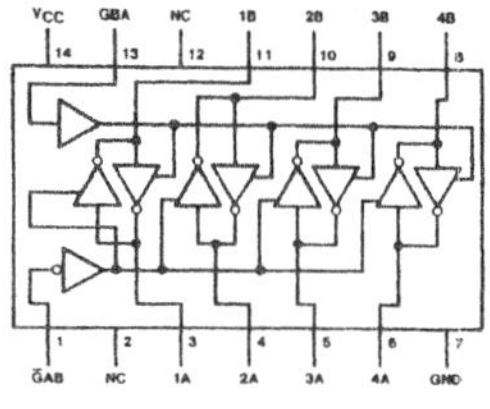

243 : Quad 3 State Bus Transceiver

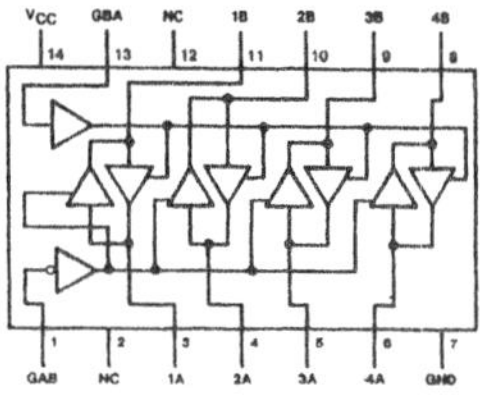

245 : Octal 3 State Bus Tranceiver

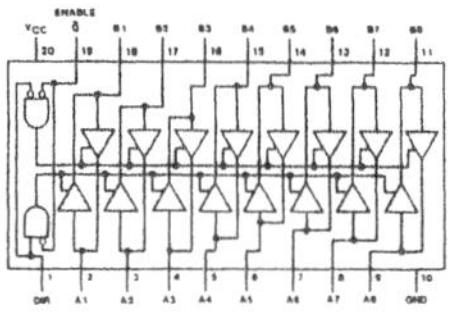

246 : BCD to Seven Segment Decoder 30V with OC
247 : BCD to Seven Segment Decoder 15V with OC

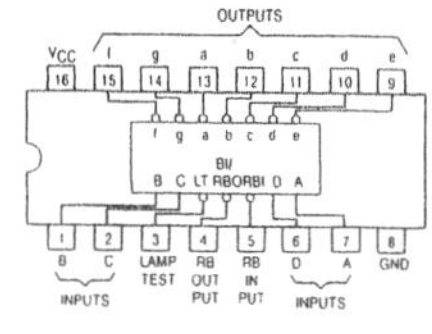

248 : BCD to Seven Segment Decoder 2kΩ pullup with OC
249 : BCD to Seven Segment Decoder 5.5V with OC

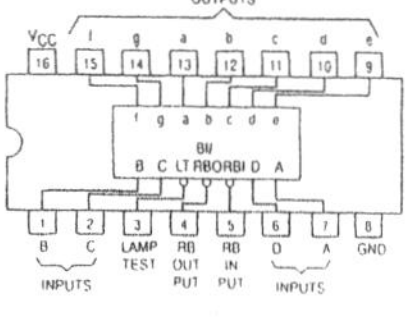

251 : 8 to 1 Line Data Selector 3 State

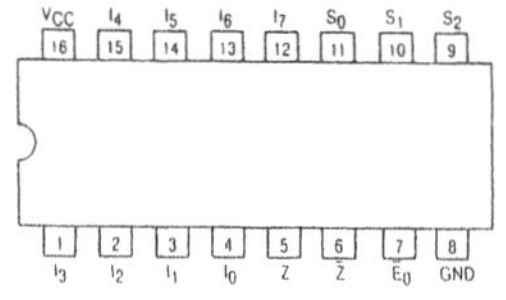

253 : Dual 4 to 1 Line Data Selector 3 State

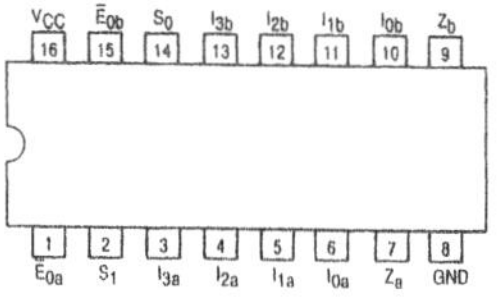

257 : Quad 2 to 1 Data Selector 3 State

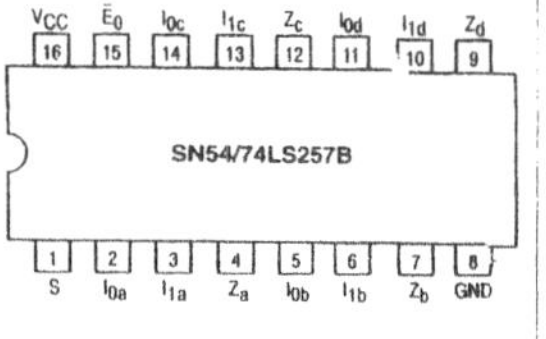

258 : Quad 2 to 1 Data Selector 3 State

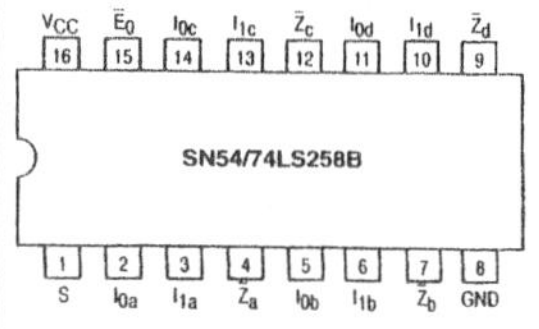

259 : 8 Bit Addressable Latch

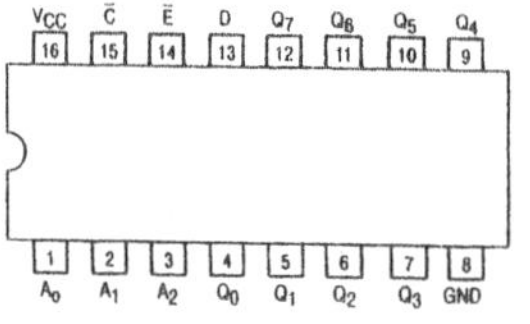

260 : Dual 5-Input NOR

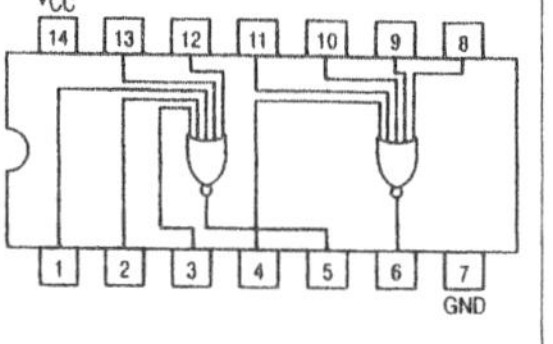

266 : Quad 2-Input EX-NOR with OC

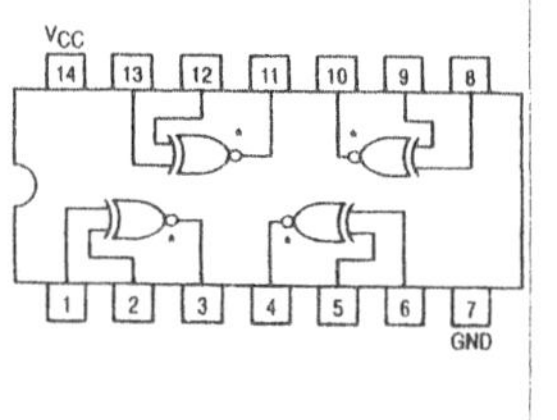

273 : Octal D Flip Flop with Clear

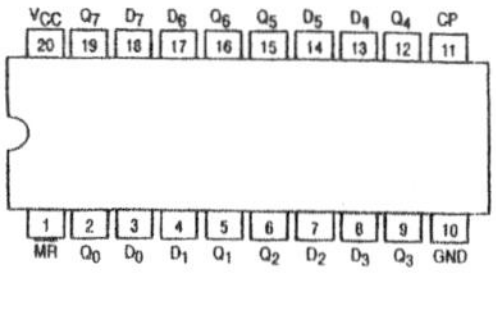

279 : Quad RS Latch

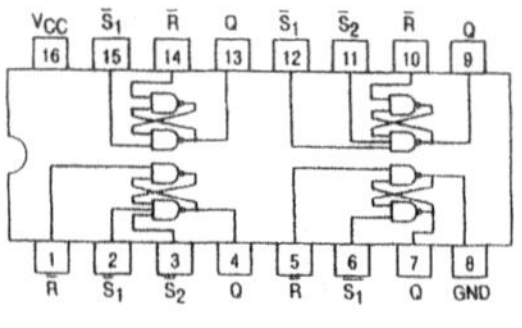

280 : 9 Bit Parity Generator / Checker

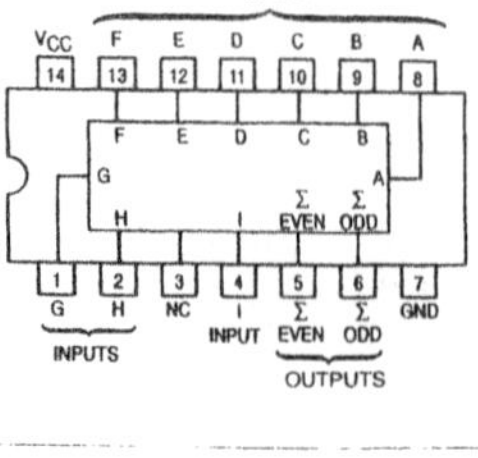

283 : 4 Bit Binary Full Adder

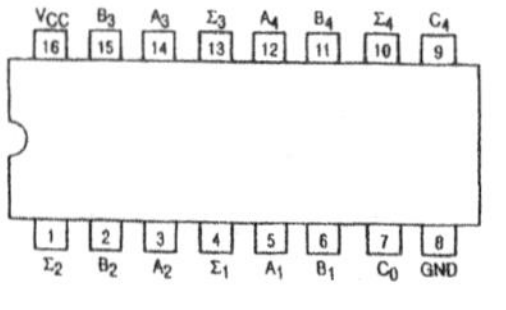

290 : Decade Counter

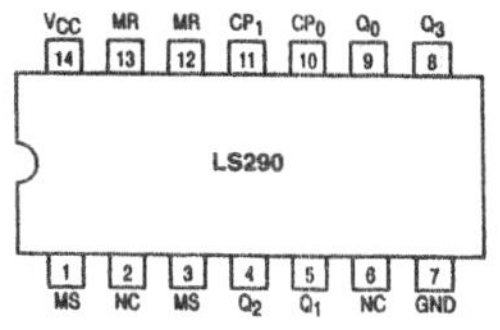

293 : 4-Bit Binary Counter

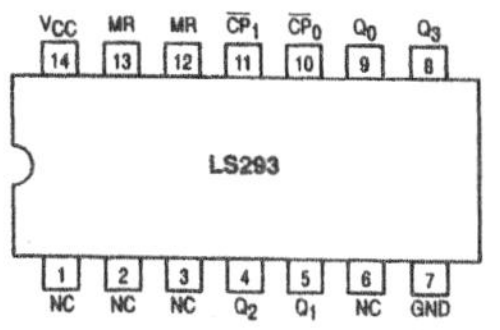

295 : 4-Bit Shift Register PIPO 3 State

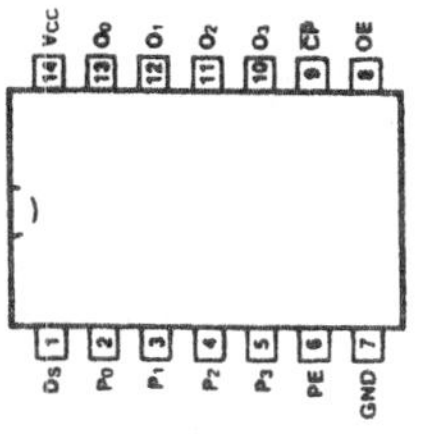

298 : Quad 2-Input Multiplexer with Storage

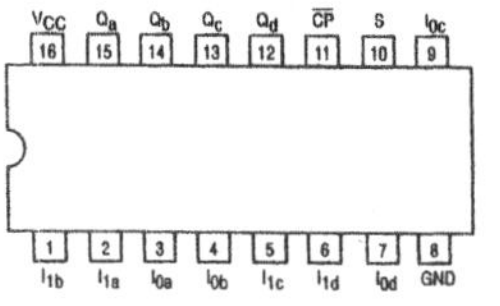

299 : 8-Bit Universal Shift / Storage Reg.

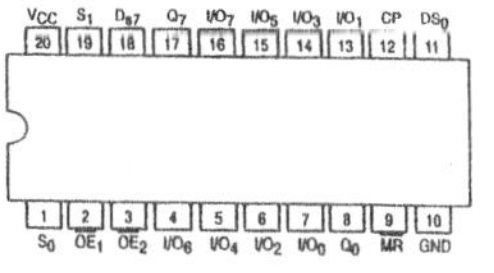

322 : 8-Bit Shift Register with Sign Extended

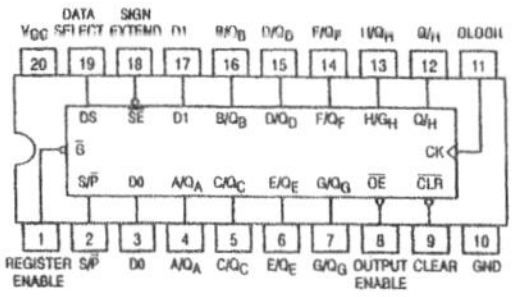

323 : 8-Bit Shift Register with 3 State

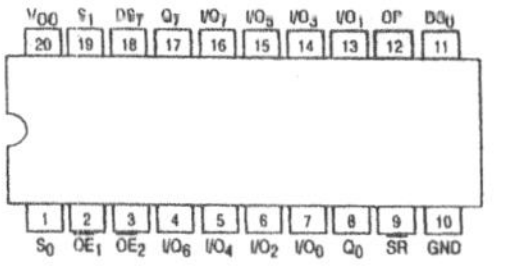

352 : Dual 4 to 1 Line Data Selector

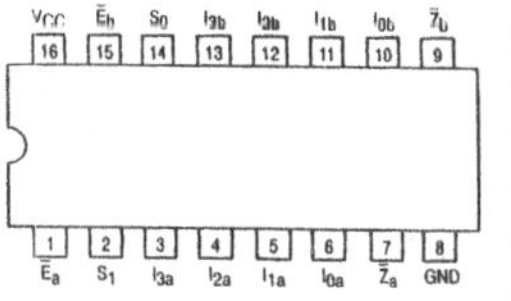

353 : Dual 4 to 1 Line Data Selector 3 State

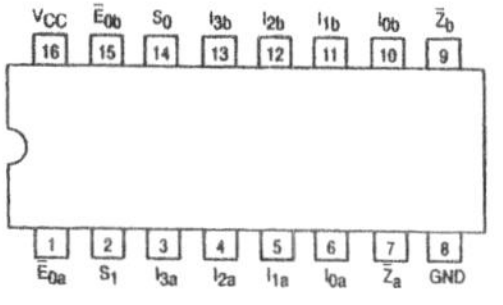

354, 356 : 8-Ch Tri-State Multiplexer with Latches

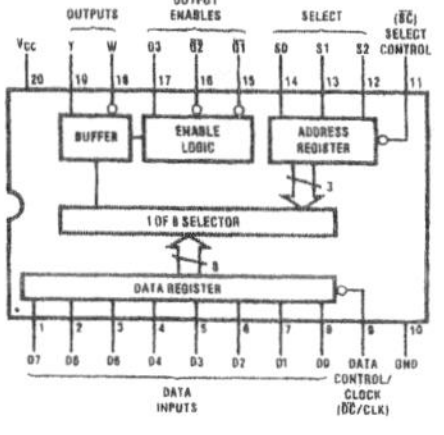

365 : Hex Bus Driver 3 State

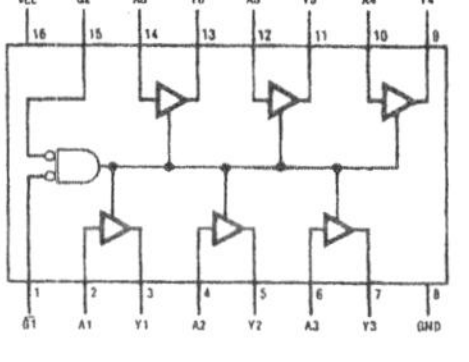

366 : Hex Bus Driver 3 State

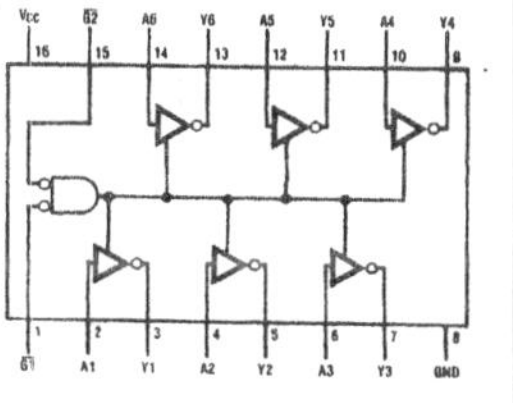

367 : Hex Bus Driver 3 State

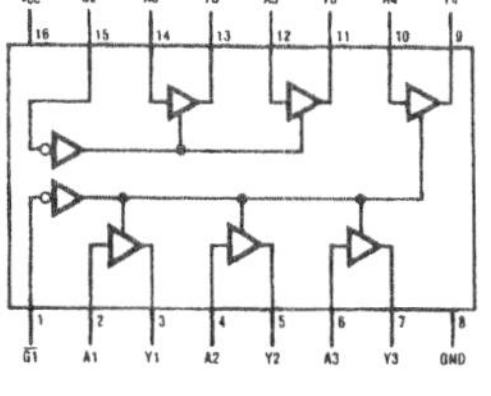

368 : Hex Bus Driver 3 State

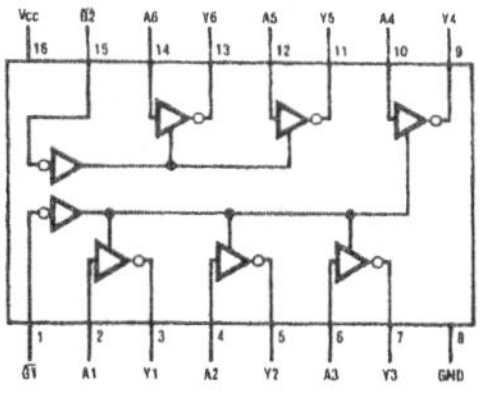

373 : Octal Transparent Latch 3 State

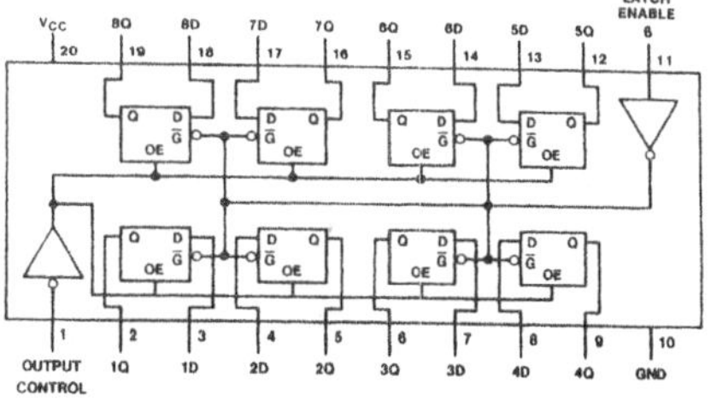

374 : Octal D type Flip Flop 3 State

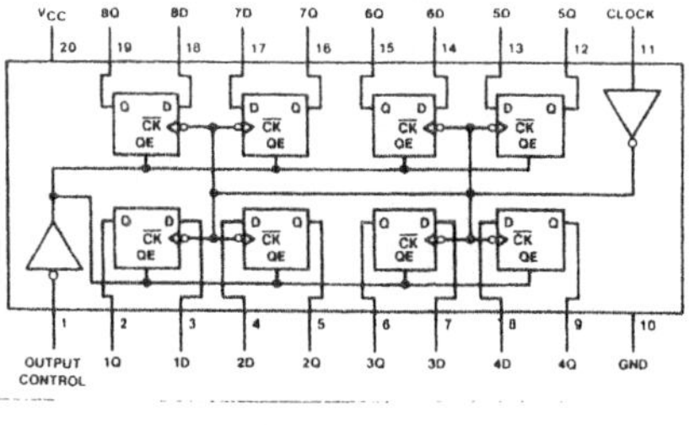

375 : 4-Bit Latch

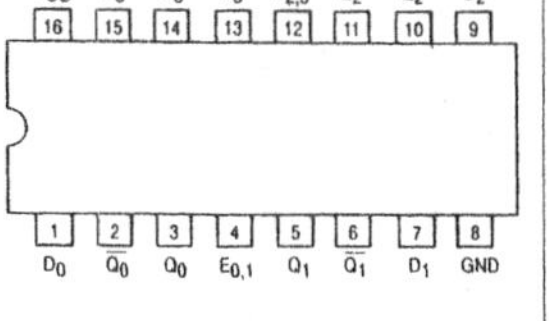

377 : Octal D type Flip Flop with Enable

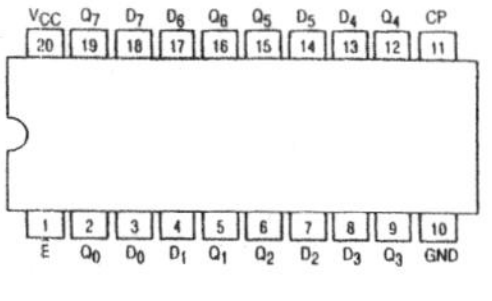

378 : Hex D Type Flip Flop with Enable

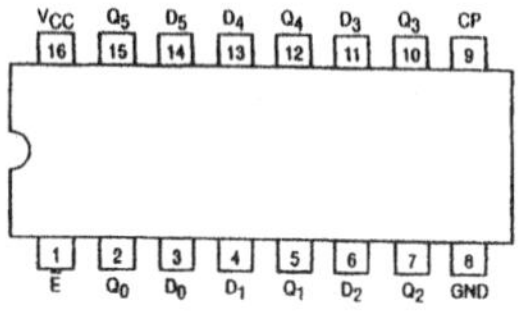

379 : 4 Bit D Type Flip Flow with Enable

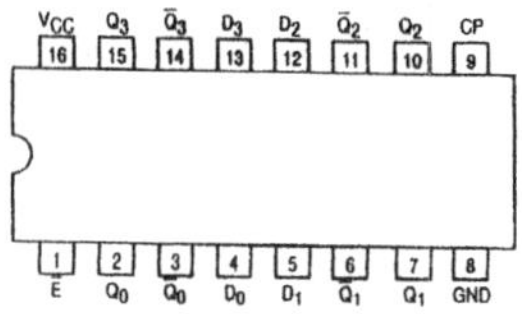

381,382 : ALU / Function Generator

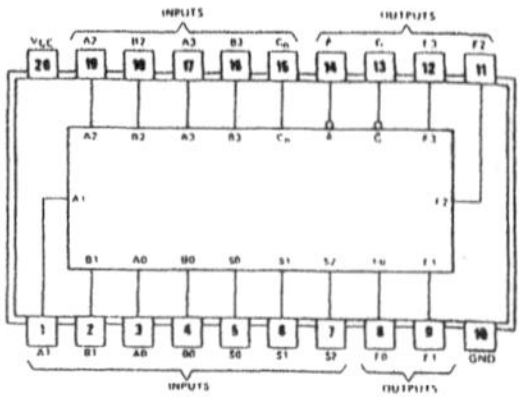

384 : 8 Bit by 1 Bit 2's Complement Multiplier

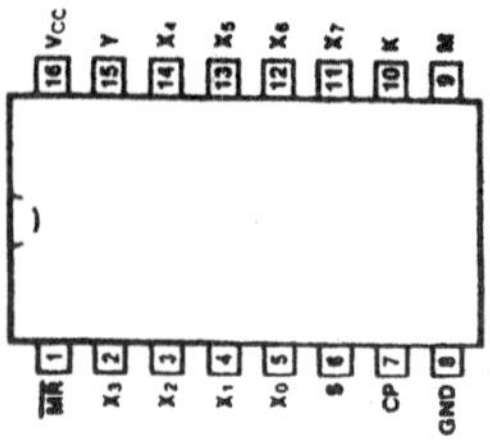

386 : Quad Exclusive OR

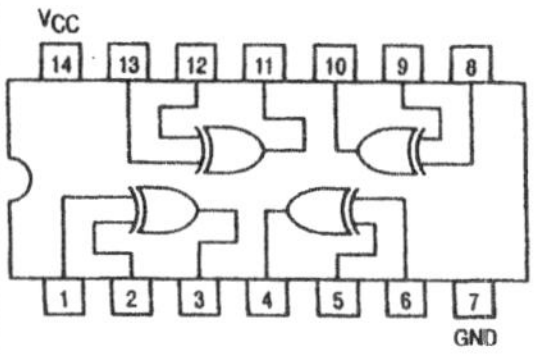

390 : Dual Decade Counter

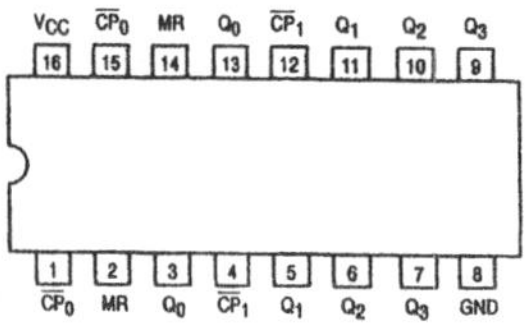

393 : Dual 4 Bit Binary Counter

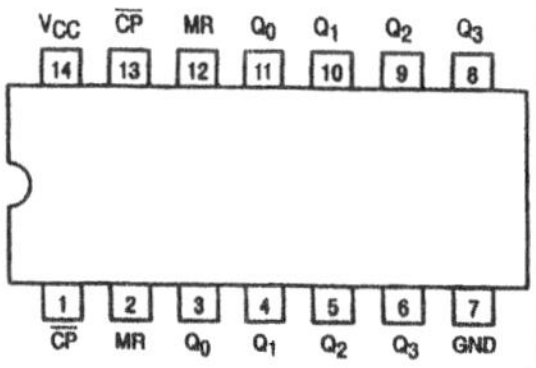

395 : 4 Bit Shift Register with 3-state out

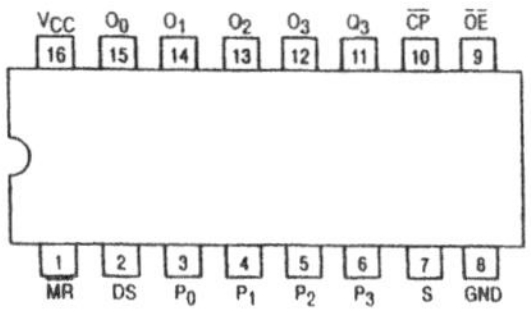

398 : Quad 2-In Multiplexer with Storage

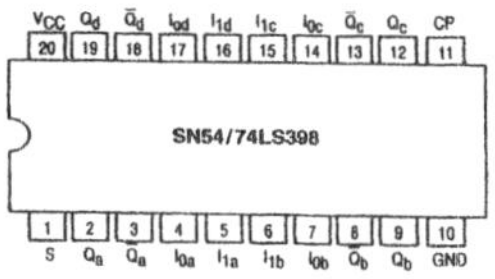

399 : Quad 2-In Multiplexer with Storage

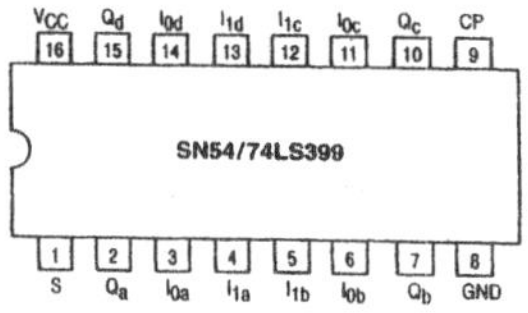

423 : Dual Retriggerable Monostable Multivibrator

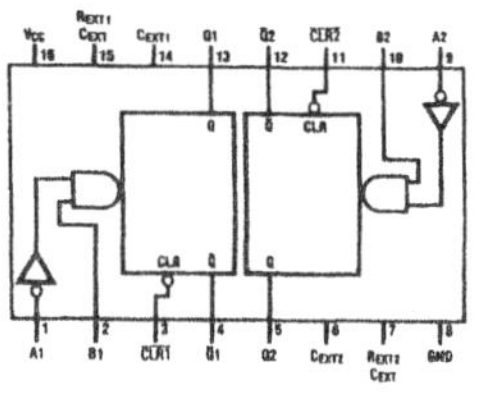

490 : Dual Decade Counter

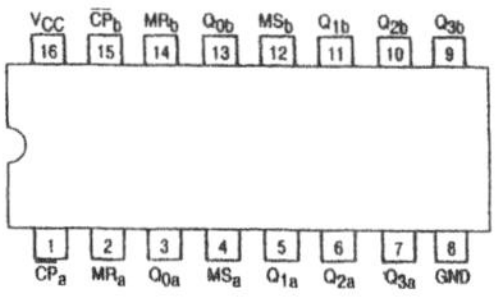

521 : 8-Bit Magnitude Comparator (Equality Detector)

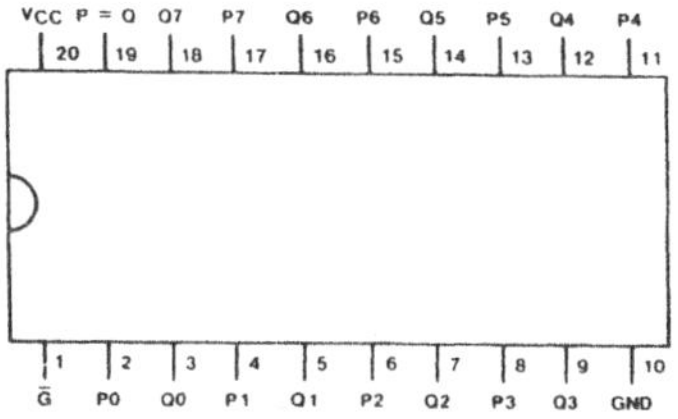

533 : Octal 3 State Transparent Latch (inverted)

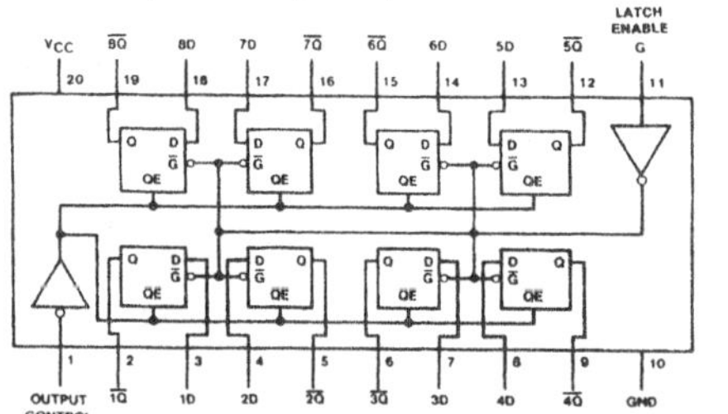

534 : Octal 3 State D Flip Flop (inverted)

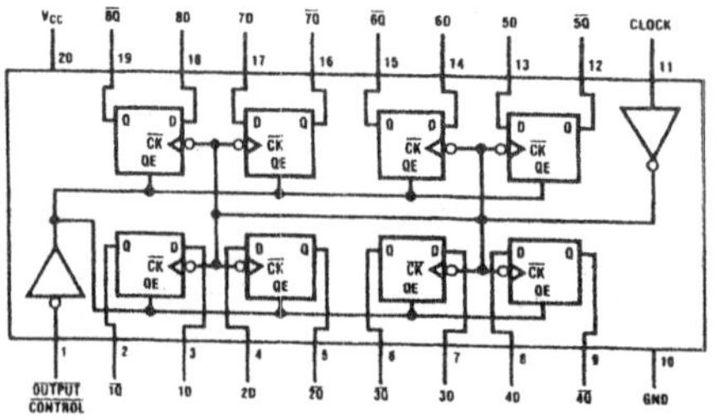

540 : Octal 3 State Bus Inverter

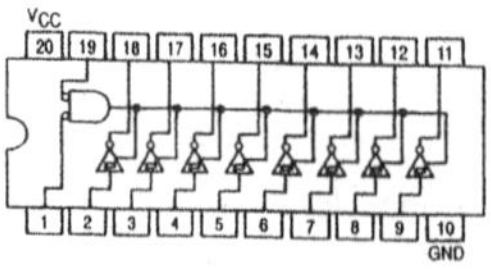

541 : Octal 3 State Bus Buffer

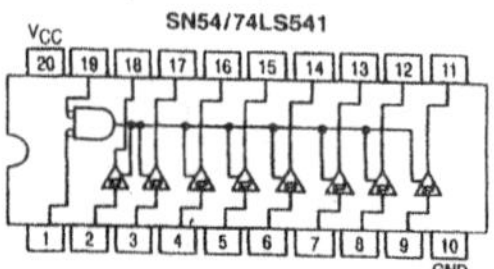

563 : Octal 3 State Transparent Latch (inverted)
573 : Octal 3 State Transparent Latch (non-inverted)

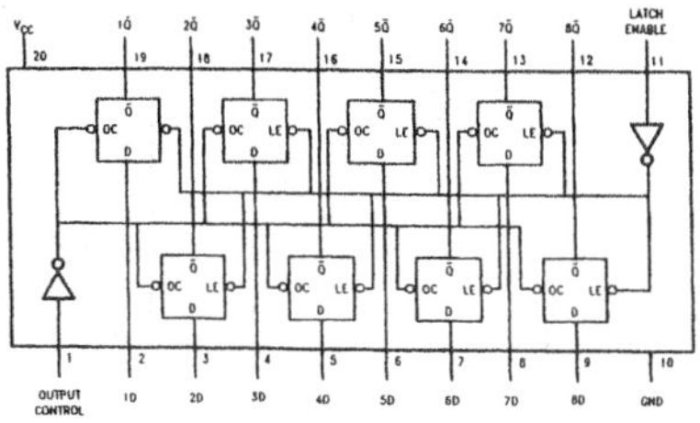

564 : Octal 3 State D Flip Flop (inverted)
574 : Octal 3 State D Flip Flop (non-inverted)

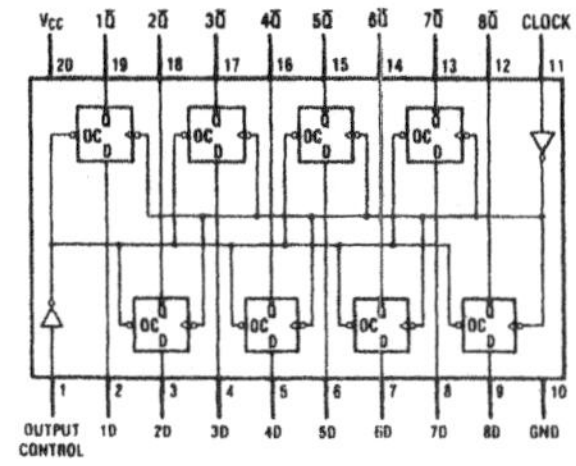

589 : 8-Bit Shift Register with Input Latch, Tri-State Out

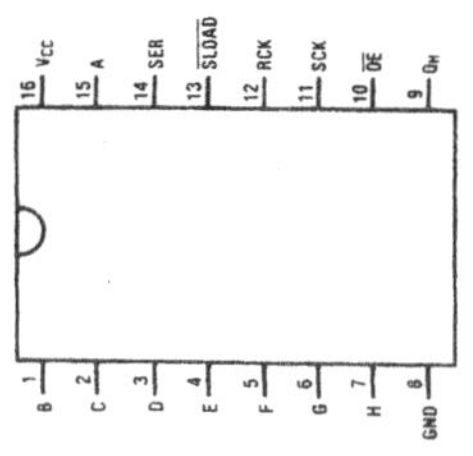

590 : 8-Bit Binary Counter / Register

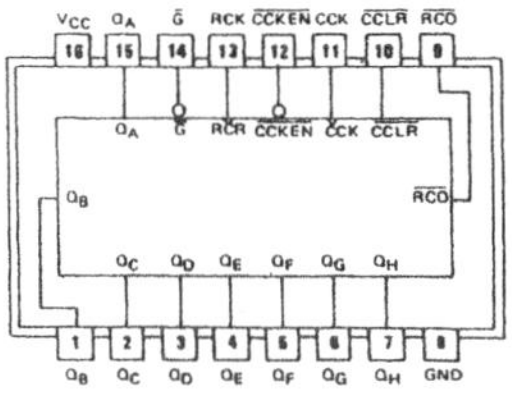

595 : 8-Bit Shift Register with Output Latch

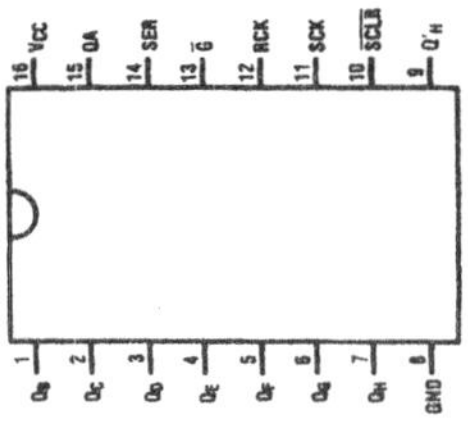

597 : 8-Bit Parallel Latch Input

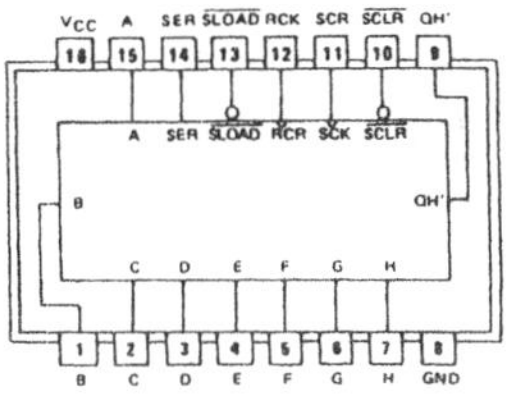

620 : Octal 3 State Bus Transceiver (inverted)

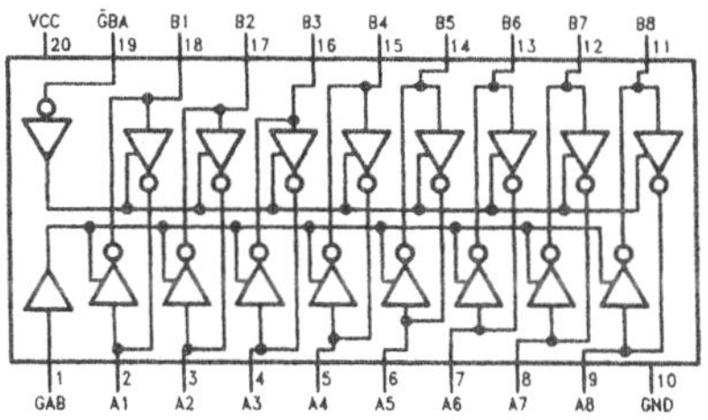

621 : Octal Bus Transceiver with OC
623 : Octal 3 State Bus Transceiver

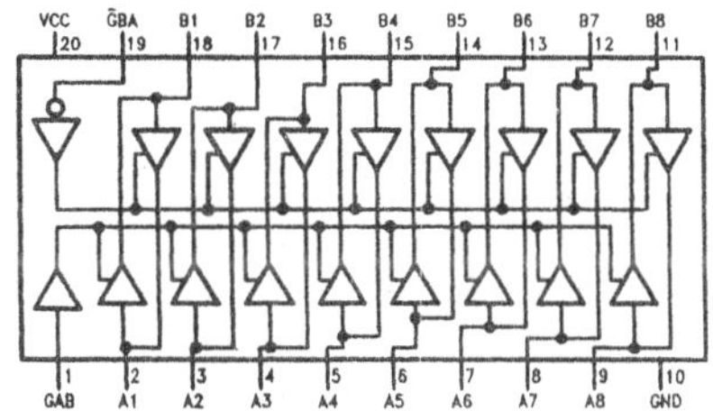

640 : Octal Bus Transceiver, (3 State)
640 : Octal Bus Transceiver with OC

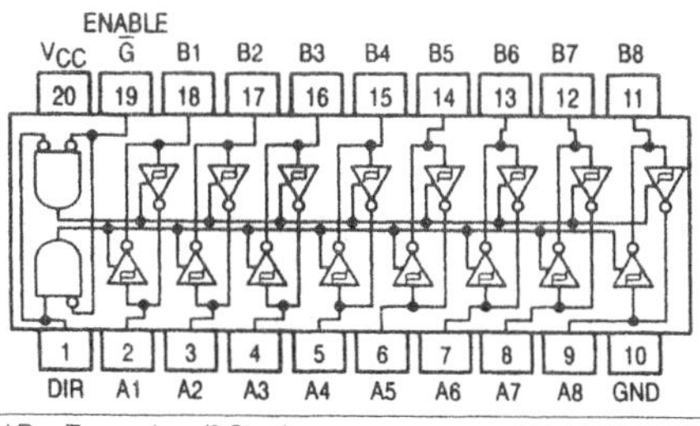

641 : Octal Bus Transceiver with OC
645 : Octal 3 State Bus Transceiver

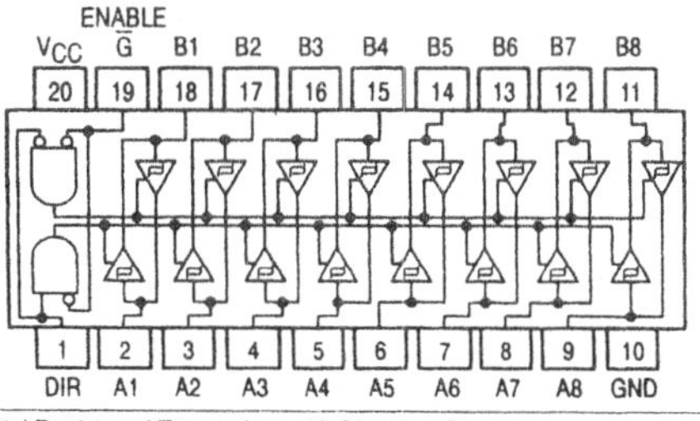

643 : Octal Bus Transceiver, (3 State)

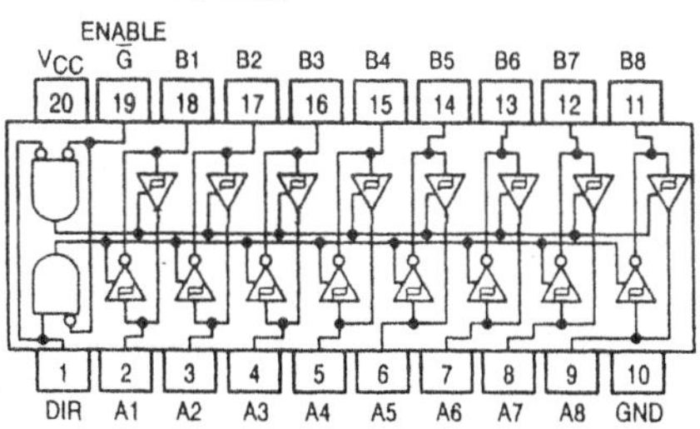

646 : Octal Registered Transceiver with Direction Control
648 : Inverting Octal Registered Transceiver with Direction Control

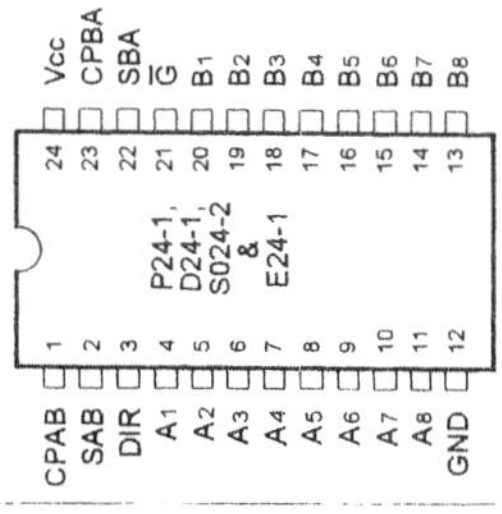

668 : Synchronous Presettable Up-Down Decade Counter
669 : Synchronous Presettable Up-Down Binary Counter

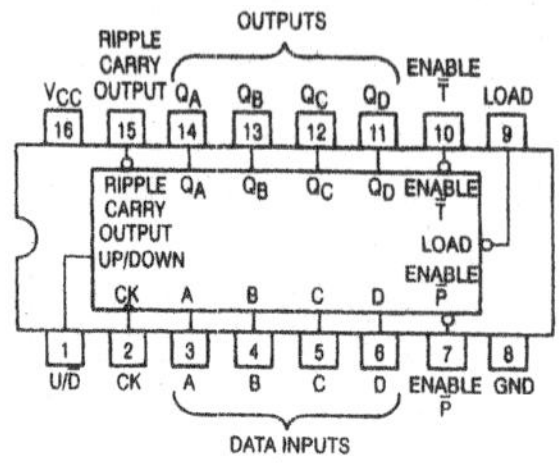

670 : 4 x 4 Register File with 3 State Outputs

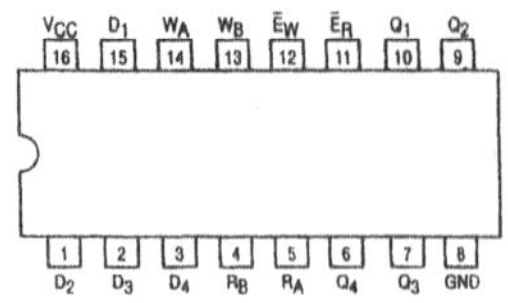

682 : 8-Bit Magnitude Comparator with Pull-up on Q-Inputs
684 : 8-Bit Magnitude Comparator

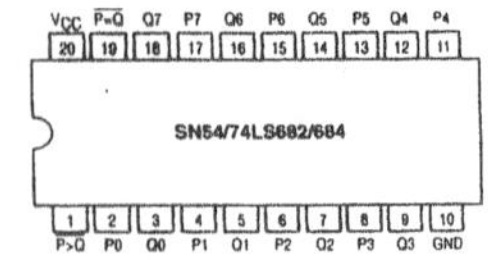

688 : 8-Bit Magnitude Comparator

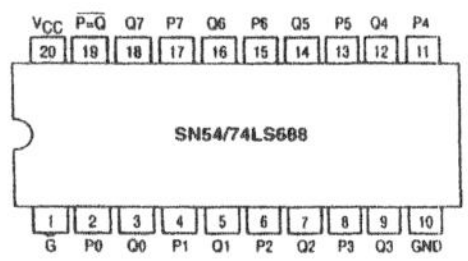

827 : 10-Bit Line Driver with 3 State

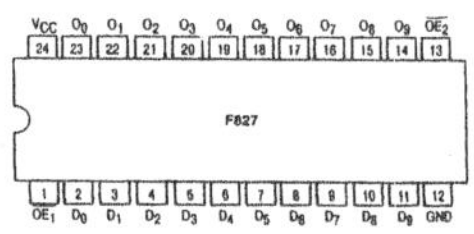

828 : Inverting 10-Bit Line Driver with 3 State

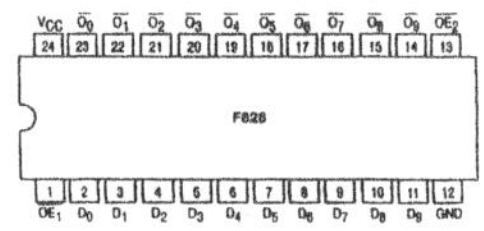

디지털 회로 실험

발　　행 / 2022년 9월 8일

저　　자 / 홍성민, 김용성, 소용철,
손진근, 조명현

펴 낸 이 / 정 창 희

펴 낸 곳 / 동일출판사

주　　소 / 서울시 강서구 곰달래로31길7 (2층)

전　　화 / (02) 2608-8250

팩　　스 / (02) 2608-8265

등록번호 / 제109-90-92166호

판 권
소

ISBN 978-89-381-1418-1 93560

값 / 19,000원